人人伽利略系列 23

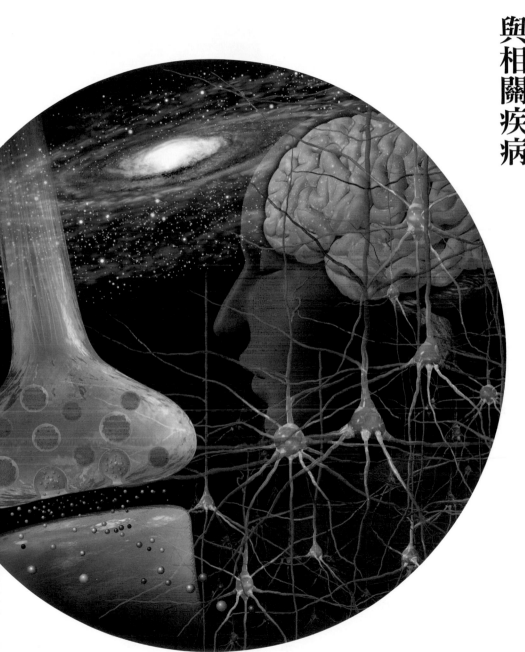

# 圖解腦科學

解析腦的運作機制
與相關疾病

人人出版

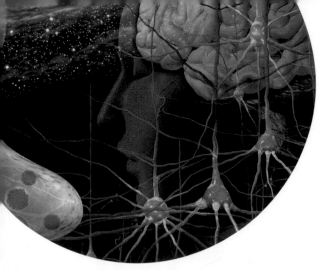

人人伽利略系列 23

解析腦的運作機制與相關疾病

# 圖解腦科學

# 1 腦科學的最新研究

協助 鍋倉淳一／松崎政紀／河西春郎／銅谷賢治／入來篤史／
神谷之康／下條信輔／小川誠二／岡野榮之／宮脇敦史

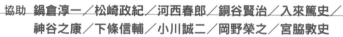

# 2 天才的腦

協助 渥美義賢／岩田 誠／坂井克之／田中啓治／正高信男／山本三幸

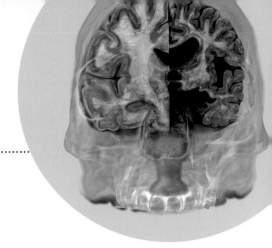

# 3 腦的疾病與治療

協助 西道隆臣／樋口真人／內田和彥／John Hardy／村山雄一／
羽田康司／本望 修／功刀 浩／堀越勝／松本俊彥／鶴身孝介

# 4 日常生活中的腦科學

協助 友野典男／春野雅彥／村上宣寬／坂井克之

# 腦是生命演化歷程中最美妙的作品

日常生活中，我們很少意識到腦的存在，但腦在生活的每個環節都扮演重要的角色。幫助我們處理各種複雜事務的「腦」，究竟是如何組成的？

銀河系內有1000多億顆星星。試著想像這些星星間有互相通訊的線路，會用非常快的速度，頻繁地傳遞訊息。這些通訊線路組成的網路，可以迅速處理大量資訊，使1000多億顆星星成為一整個個體。

這聽起來是個難以想像的浩瀚世界。不過，我們的腦就有類似的結構。「神經元」（neuron）是一種可以傳遞電訊號的特殊細胞。腦內約有1000億個神經元，可說形成了一個有如銀河規模的資訊結構。

生物在38億年中演化出腦，並持續變大，最後長到我們現在所知的大小。最初的生命別說是腦，連神經都沒有。直到約5億4000萬年前，某些生物體內開始出現名為神經管的原始腦。脊椎動物演化出哺乳類、原始靈長類、人類的過程中，腦部變得越來越大。同時，神經細胞之間的連結也越來越複雜。經過了漫長的演化，精巧而奧妙的人腦終於誕生。

本書將從各種角度，帶各位探索生物學的最後祕境──人類的腦。

## 如宇宙般廣大複雜的器官 ──腦

男性成人的腦部重量平均為1400公克，女性則約1250公克。腦由1000億個名為「神經元」的細胞組成。神經元的「樹突」（dendrites）與「軸突」（axon）末端，有名為「突觸」（synapse）的結構，能釋放出名為「神經傳導物」（neurotransmitter）的化學物質，將電訊號傳遞給其他神經元。有研究指出，人腦內約有100兆個突觸。

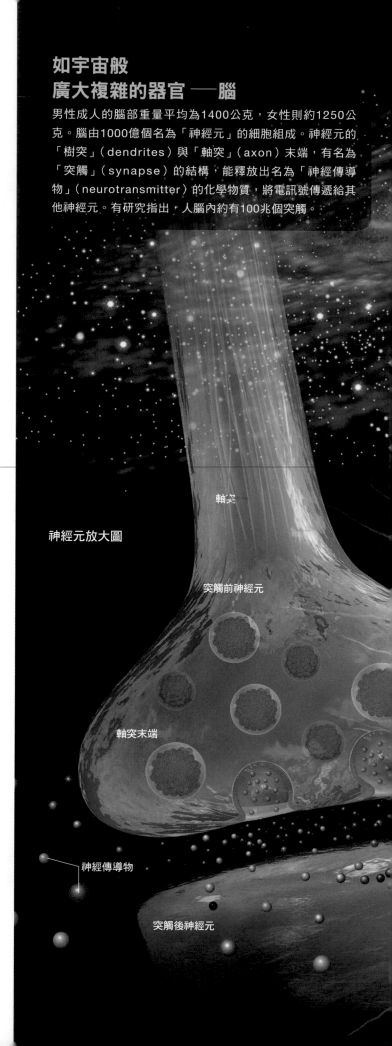

軸突

神經元放大圖

突觸前神經元

軸突末端

神經傳導物

突觸後神經元

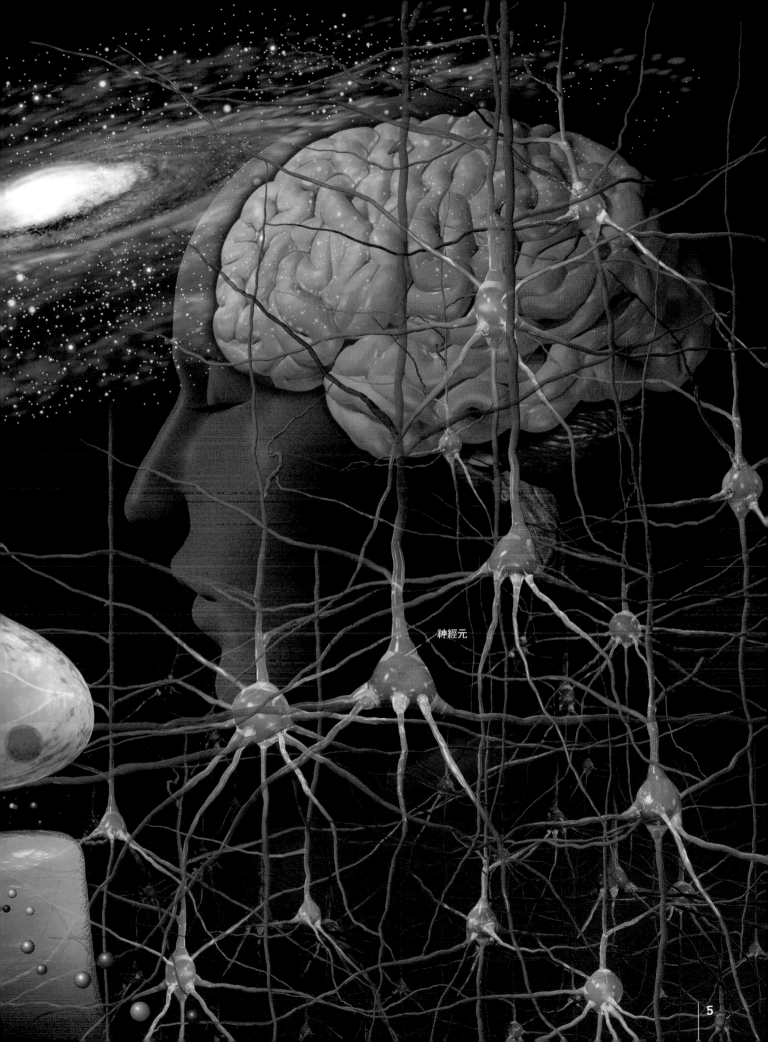

神經元

# 1

# 腦科學的
# 最新研究

近年來研發出了各種技術幫助我們了解腦部活動。包括能將腦部活動區域視覺化的fMRI、以光線操控腦部活動的技術、「取出」腦內畫面並進行解讀等，每一項都是劃時代的技術。

研究人員還發現腦部會自行檢查、修復受傷的神經細胞，而且每天神經細胞的形狀都會有些微變化。這些過去不為人知的腦部活動，也一一成為現代人積極學習的科學知識。第1章將介紹腦科學研究的最新技術與發現。

協助　鍋倉淳一／松崎政紀／河西春郎／銅谷賢治／入來篤史／
神谷之康／下條信輔／小川誠二／岡野榮之／宮脇敦史

# 以新的研究方法為工具，解開各種與腦有關的「謎題」

**腦**是體內最神奇的器官，但這質量約1.4公斤左右的細胞團，卻可以控制我們全身的運動、讓我們說話、產生想法。腦也是結構最複雜的器官，其運作機制目前還有很多未解之謎。

目前的腦科學研究進展到哪裡了？某位學者說「現在的分析技術已有很大的進步，新的研究方法也在陸續增加」。顯微鏡的性能、基因操作、腦內圖像化等相關研究技術進步神速，現今已有更強大的工具輔助研究。

## 以圖像表現的腦科學研究

隨著分析技術的進步，研究人員得以用各種「視覺化」的方式，呈現出腦細胞的活動狀態。以下介紹幾張與腦科學研究有關的圖像。

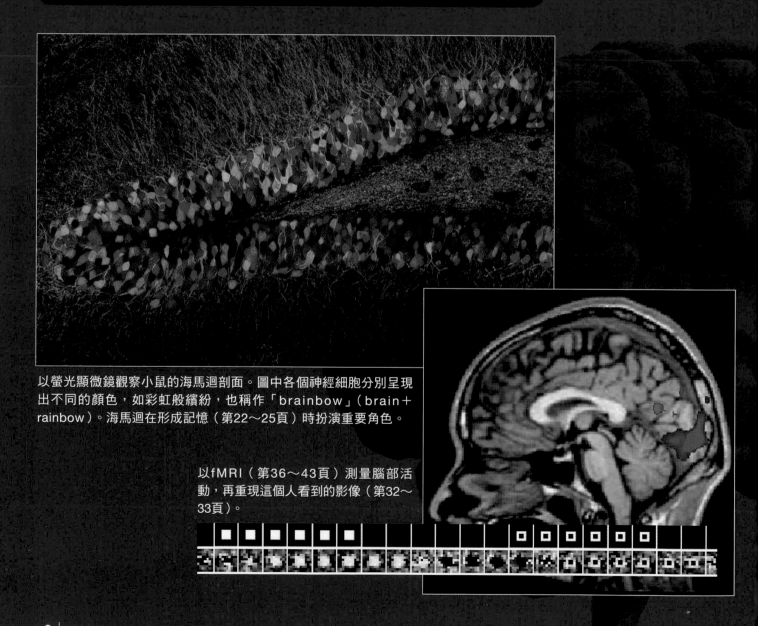

以螢光顯微鏡觀察小鼠的海馬迴剖面。圖中各個神經細胞分別呈現出不同的顏色，如彩虹般繽紛，也稱作「brainbow」（brain＋rainbow）。海馬迴在形成記憶（第22～25頁）時扮演重要角色。

以fMRI（第36～43頁）測量腦部活動，再重現這個人看到的影像（第32～33頁）。

腦科學的研究是如何進行的？美國、歐洲與日本各國同為世界腦科學研究的領先國。第 1 章將會介紹日本與世界各國學者所發表的最新研究成果，並將其分成三個主題。

第一個主題是**「腦的發育」**（第14～19頁）。這個主題會將焦點放在孩童的能力發展與教育。孩童的腦發育時，神經細胞會出現的各種變化。

第二個主題是**「記憶與學習」**（第22～29頁）。記憶與學習是人類行為的基礎。研究人員會觀察活細胞，以及有學習功能的機器如何行動，從各個角度了解記憶與學習的本質。

第三個主題是**「腦的資訊處理」**（第30～35頁）。大部分的腦部活動都是在下意識進行的。研究腦部如何處理各種資訊的機制，或許可以回答腦科學研究中的最大難題：「意識」與「智能」究竟從何而來？。

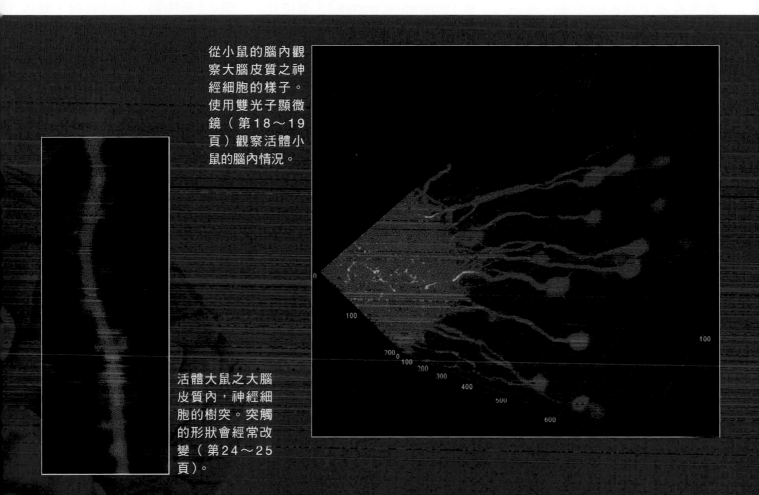

從小鼠的腦內觀察大腦皮質之神經細胞的樣子。使用雙光子顯微鏡（第18～19頁）觀察活體小鼠的腦內情況。

活體大鼠之大腦皮質內，神經細胞的樹突。突觸的形狀會經常改變（第24～25頁）。

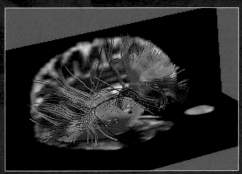
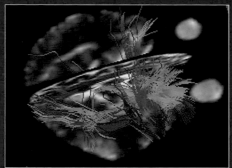
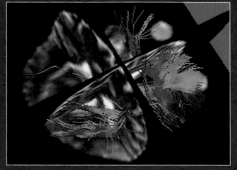

以MRI裝置將人腦神經細胞間的連接方式圖像化，也稱做「tractography」（神經纖維圖像）。以MRI裝置（第36～43頁）「觀看」腦內的技術正在不斷革新。

# 控制身體所有部位的
# 神經細胞集合體

**在** 介紹最先進的研究之前，
先來說明腦的基本結構。

成人的腦約1200～1500公
克。由顱內名為「腦脊髓液」
（cerebrospinal fluid）的無色
透明液體予以包圍浸潤。腦由

「神經細胞」（神經元）與「神
經膠細胞」（glia cells）組成。

人腦表面布滿了許多皺摺
（**A**）。這些「皺摺」就是能控制
知覺、思考、運動的「大腦皮
質」（cerebral cortex）。皺摺分

布並非完全隨機，大型皺摺（腦
溝）的位置大致上是固定的。以
這些大型皺摺為界，可將腦分成
額葉、頂葉、顳葉、枕葉等區域
（如下方插圖所示）。順帶一
提，「葉」（lobe）為解剖學用
語，指一個內臟的某個部分。

腦基本上是個左右對稱的結構
（**B**）。其表面的「大腦皮質」顏
色較深，這裡是神經細胞「本
體」（細胞體）的聚集處。腦內

## 腦的結構

這裡整理了腦的側剖面與橫剖面
結構。然而，腦的結構十分複
雜，沒辦法在這裡詳細說明所有
的結構。這裡的介紹以第1章解
說的部位為主。

### B. 從腦的前方看向腦的剖面圖

腦表面（大腦皮質）是許多神經細胞的細胞體聚集的地方，腦內部（大腦髓質）則含有許
多神經細胞的軸突。

由插圖可以看出，腦的內部也有「尾狀核」（caudate nucleus）與「殼核」（putamen）
等顏色比大腦皮質深、聚集了許多神經細胞的區域，且呈左右對稱分布（大腦基底核）。像
是大腦皮質、大腦基底核這種聚集了許多神經細胞的大腦部位（圖中深色部分），合稱「灰
質」（gray matter）。

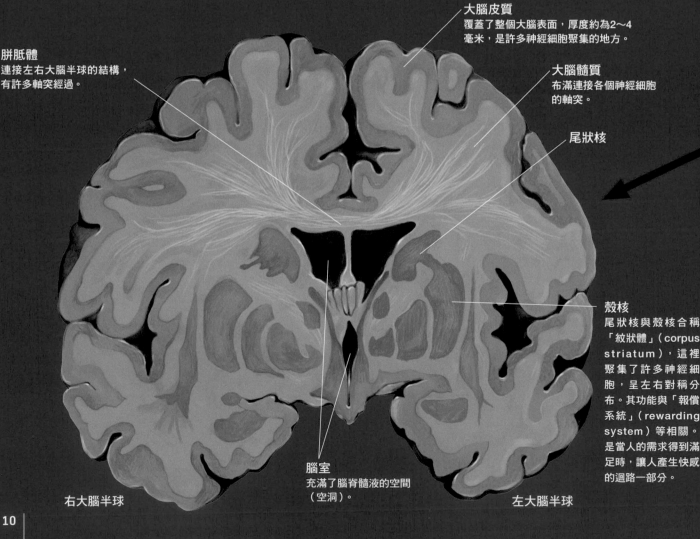

**胼胝體**
連接左右大腦半球的結構，
有許多軸突經過。

**大腦皮質**
覆蓋了整個大腦表面，厚度約為2～4
毫米，是許多神經細胞聚集的地方。

**大腦髓質**
布滿連接各個神經細胞
的軸突。

**尾狀核**

**殼核**
尾狀核與殼核合稱
「紋狀體」（corpus
striatum），這裡
聚集了許多神經細
胞，呈左右對稱分
布。其功能與「報償
系統」（rewarding
system）等相關。
是當人的需求得到滿
足時，讓人產生快感
的迴路一部分。

**腦室**
充滿了腦脊髓液的空間
（空洞）。

**右大腦半球**

**左大腦半球**

部則是顏色較淡、偏白的「大腦髓質」（白質）。其內有許多「纜線」（神經細胞的軸突）將大腦左右半球的神經細胞連接在一起，並且也將大腦深處中央部位與表面皮質的神經細胞連接在一起。

另外，腦內某些特定區域聚集了許多神經細胞，在腦內呈左右對稱分布，稱做「大腦基底核」（basal ganglia），與動作及情感之形塑與決行等等功能有關。

沿著左右半腦的界線切開，得到的剖面圖如(C)所示。「間腦」（diencephalon）位於腦深處中央部位，被大腦包覆著，其中心部位為「視丘」（thalamus）。視丘能匯集嗅覺之外的各種感覺訊號，然後把接收到的感覺訊號傳到大腦。

視丘下方「橋腦」（pons）、「延腦」（medulla）等結構，可以調整呼吸與心臟的節奏。

「小腦」（cerebellum）位於橋腦與延腦的後方，表面有比大腦皮質更細緻的皺摺。小腦可以調節眼球、手腳動作、姿勢。

如果把腦比喻成一棵樹，間腦、橋腦、延腦就像是「樹幹」一樣，所以三者也合稱「腦幹」。延腦末端與「脊髓」相連，脊髓是沿著脊椎骨延伸的神經束。

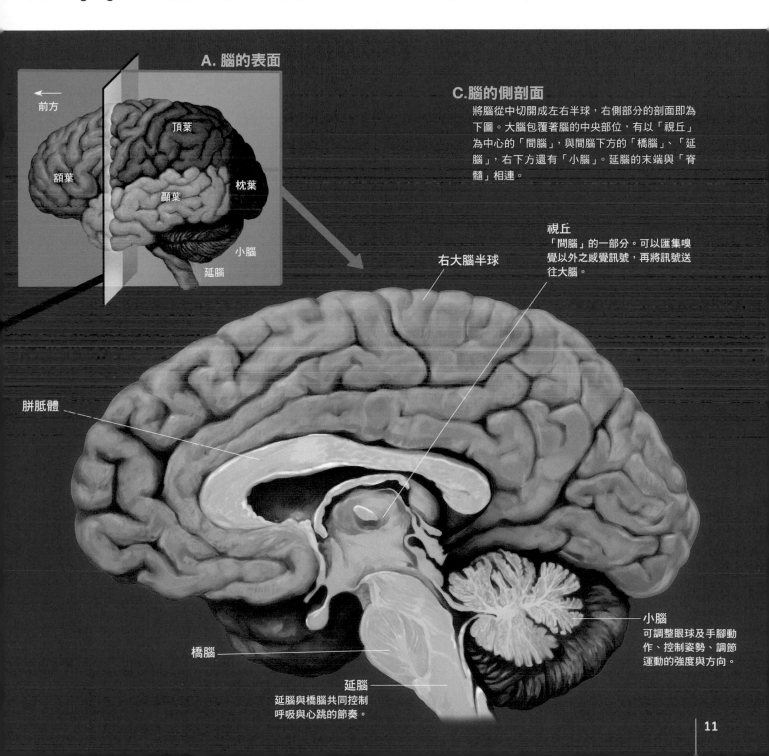

**A. 腦的表面**

前方

頂葉

額葉

顳葉

枕葉

小腦

延腦

**C. 腦的側剖面**

將腦從中切開成左右半球，右側部分的剖面即為下圖。大腦包覆著腦的中央部位，有以「視丘」為中心的「間腦」，與間腦下方的「橋腦」、「延腦」，右下方還有「小腦」。延腦的末端與「脊髓」相連。

右大腦半球

視丘
「間腦」的一部分。可以匯集嗅覺以外之感覺訊號，再將訊號送往大腦。

胼胝體

小腦
可調整眼球及手腳動作、控制姿勢、調節運動的強度與方向。

橋腦

延腦
延腦與橋腦共同控制呼吸與心跳的節奏。

# 腦的神經細胞會使用
# 化學物質來傳遞訊號

**腦**內有「神經細胞」(神經元)以及「神經膠細胞」。神經細胞是腦部活動的主角,神經膠細胞則分布在神經細胞周圍,能輔助神經細胞活動,不但能夠為其提供營養,也能移除功能不正常的神經細胞。

神經細胞的連接相當複雜。**腦內的神經細胞會像「牽手」般伸出許多「手」連接其他神經細胞,藉此傳送訊號。**腦內有1000億個以上的神經細胞,每個神經細胞能連接上數萬個神經細胞。

神經細胞是用什麼方式傳遞訊號?在同一個神經細胞內,訊號會**以電訊號的形式傳送**。

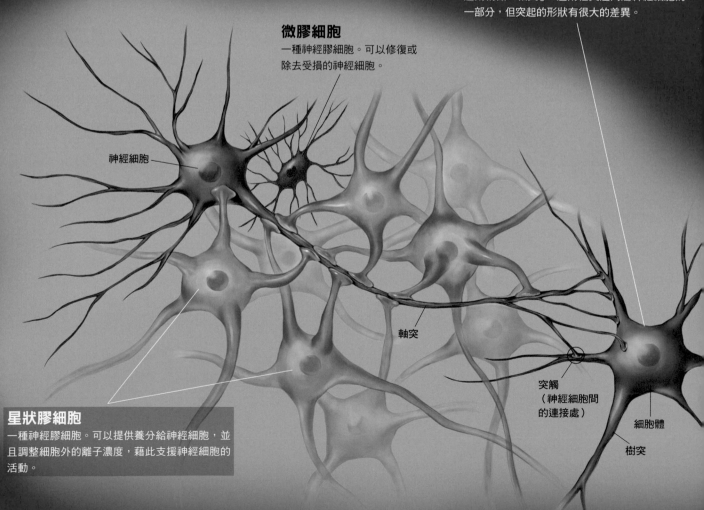

## 構成腦的細胞
腦由「神經細胞」(神經元)與「神經膠細胞」構成。下圖中有神經細胞與星狀膠細胞(astrocyte)、微膠細胞(microglia)兩種神經膠細胞。除此之外,神經系統內還有「寡突膠細胞」(oligodendrocyte)、「許旺細胞」(Schwann cell)等神經膠細胞,不過這裡沒有畫出來。就細胞數量而言,神經膠細胞的數目遠比神經細胞還要多5～10倍。

### 神經細胞(神經元)
有許多用來傳遞訊號的細長突起。細胞內使用電訊號的形式傳遞訊號,細胞間則使用化學訊號(神經傳導物)的形式遞傳訊號。細胞體負責接受訊號的突起稱做「樹突」,負責傳送訊號的突起則稱做「軸突」。這兩種突起同屬神經細胞的一部分,但突起的形狀有很大的差異。

### 微膠細胞
一種神經膠細胞。可以修復或除去受損的神經細胞。

**神經細胞**

**軸突**

**突觸**
(神經細胞間的連接處)

**細胞體**

**樹突**

### 星狀膠細胞
一種神經膠細胞。可以提供養分給神經細胞,並且調整細胞外的離子濃度,藉此支援神經細胞的活動。

不過，電訊號沒辦法直接從一個神經細胞傳到另一個神經細胞。這是因為**兩個神經細胞以「突觸」相連，突觸前後的兩個神經細胞間，有一定的「間隙」**，電訊號沒辦法直接穿過這個空隙。此時神經細胞就會改用名為「神經傳導物」的化學物質，將訊號傳給下一個神經細胞。

神經細胞會將神經傳導物釋放到突觸的間隙內。被釋放出來的神經傳導物，會與下一個神經細胞表面的蛋白質結合，這種蛋白質稱做「受體」（receptors）※。兩者結合後，接受神經傳導物的神經細胞便會產生電訊號。於是，神經傳導物便在這裡再一次轉變成為電訊號。

藉由電訊號與化學訊號的頻繁變換，腦部便能傳遞無數個訊號。

※：與神經傳導物結合後，有些受體會改變結構，直接在中心開一個「孔洞」貫穿細胞膜，使細胞內外的離子出入細胞。由於離子帶有靜電，出入細胞時便可能改變細胞內外之電位差，產生電訊號。不同受體之孔洞，或稱通道，可能具有不同之離子選擇性，亦即可能只容許某一或某些離子通過。一般而言，因為陽離子（一般是鈉離子）流入而觸發細胞產生電訊號的過程，稱為「興奮」。另一方面，陽離子（一般是鉀離子）流出細胞或陰離子（一般是氯離子）流入細胞，將可能阻止電訊號產生，這個過程便稱為「抑制」。

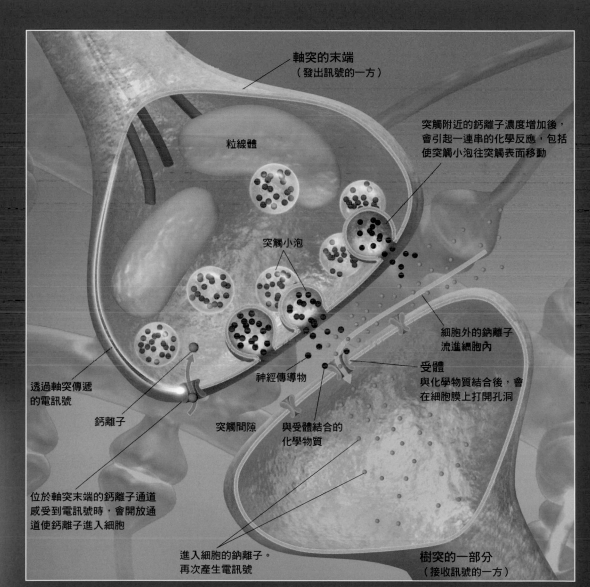

軸突的末端
（發出訊號的一方）

粒線體

突觸附近的鈣離子濃度增加後，會引起一連串的化學反應，包括使突觸小泡往突觸表面移動

突觸小泡

細胞外的鈉離子流進細胞內

受體
與化學物質結合後，會在細胞膜上打開孔洞

透過軸突傳遞的電訊號

神經傳導物

鈣離子

突觸間隙

與受體結合的化學物質

位於軸突末端的鈣離子通道感受到電訊號時，會開放通道使鈣離子進入細胞

進入細胞的鈉離子。再次產生電訊號

樹突的一部分
（接收訊號的一方）

上圖為兩個神經細胞的連接處——「突觸」的示意圖。神經細胞會藉著將神經傳導物釋放至突觸間隙內，作為傳遞給下一個神經細胞的訊號。下一個神經細胞上之神經傳導物受體，接收到此一訊號後，有些受體具有的「孔洞」構造會打開，使離子出入細胞產生電訊號，以接續在細胞內傳遞訊息。

# 腦的發育，並非只是原本單純的神經細胞網路的持續複雜化

**胎**兒在母體時，腦就已經有了基本的「形狀」。受精後 5 個月左右，胎兒的腦開始形成皺摺（大腦皮質產生摺疊），並於受精後 9 個月，發育成現今所知的「人腦」形狀。

隨著腦的發育，各種「功能」也陸續發展出來。首先是控制心跳等維持生命必要的功能。接著，耳朵、眼睛的功能也陸續成熟。到了受精後第 9 個月，胎兒聽到聲音時會嚇一跳並出現反應，不過在聽到幾次相同的聲音後，胎兒就不再反應。這表示胎兒的腦已經能「習慣」重複的刺激。

受精約10個月後，胎兒首次接觸到外面的世界，開始接受

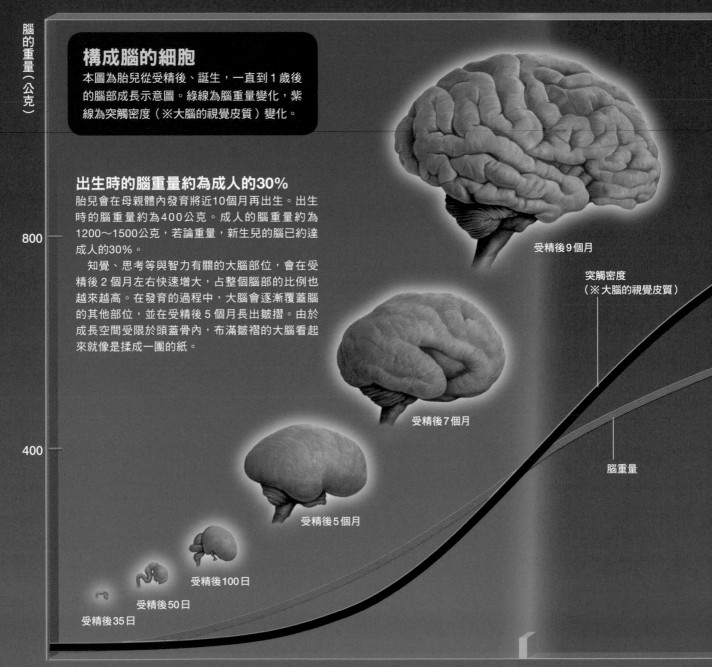

腦的重量（公克）

## 構成腦的細胞

本圖為胎兒從受精後、誕生，一直到1歲後的腦部成長示意圖。綠線為腦重量變化，紫線為突觸密度（※大腦的視覺皮質）變化。

### 出生時的腦重量約為成人的30%

胎兒會在母親體內發育將近10個月再出生。出生時的腦重量約為400公克。成人的腦重量約為1200～1500公克，若論重量，新生兒的腦已約達成人的30%。

知覺、思考等與智力有關的大腦部位，會在受精後 2 個月左右快速增大，占整個腦部的比例也越來越高。在發育的過程中，大腦會逐漸覆蓋腦的其他部位，並在受精後 5 個月長出皺摺。由於成長空間受限於頭蓋骨內，布滿皺褶的大腦看起來就像是揉成一團的紙。

受精後9個月

突觸密度
（※大腦的視覺皮質）

腦重量

受精後7個月

800

400

受精後5個月

受精後100日

受精後50日

受精後35日

0歲（出生）

周圍各式各樣的刺激。此時，腦部仍會持續發育，最終發育成熟。

　　**腦的神經細胞會以網路（神經迴路）的形式活動，藉此發揮腦的功能。**一般認為，幼兒在學習新的語言或動作時，腦內會逐漸形成新的網路，使腦的結構越來越複雜。

　　不過，腦的發育還不只如此。1970年代左右，研究人員發現神經細胞的連接處——「突觸」的數量，在1～3歲前後會急遽增加，過了3歲之後又會慢慢減少。

　　後來的研究也證實，突觸總量逐漸減少，是因為在這個階段，腦會陸續消除「生產過多」的突觸，也就是說，**幼兒期間的神經細胞會一口氣伸出大量的「手」，與其他神經細胞相牽，之後再將沒有必要繼續連接的部分放開。**與「必要時再增加連接處」相比，這種「先連接多個細胞，之後再減少連接處」的方式，似乎比較能應對周圍狀況變化。

　　最近的研究也顯示，在幼兒發育期間，不只神經細胞相連的方式會產生變化，神經細胞本身的性質也會改變。我們會在下一頁說明。

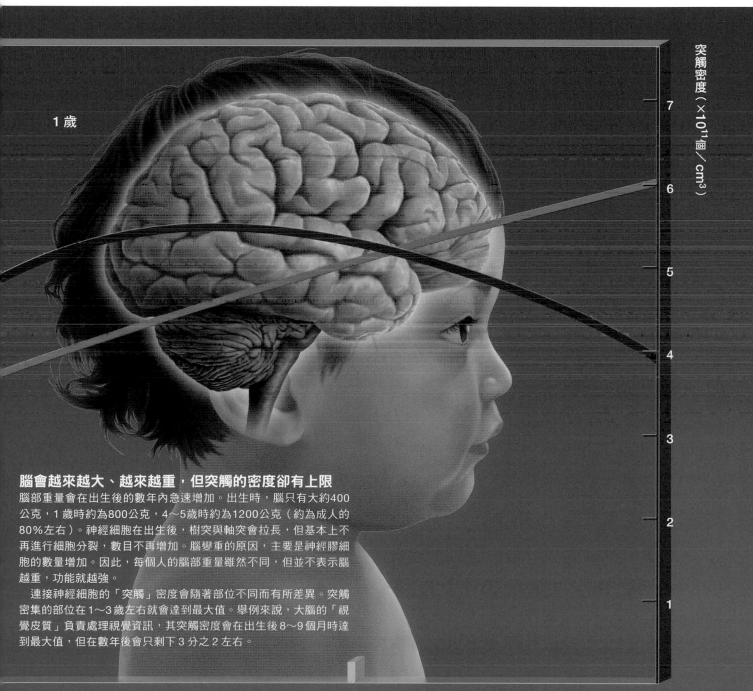

1歲

突觸密度（×10^{11}個／cm³）

7
6
5
4
3
2
1

**腦會越來越大、越來越重，但突觸的密度卻有上限**
腦部重量會在出生後的數年內急速增加。出生時，腦只有大約400公克，1歲時約為800公克，4～5歲時約為1200公克（約為成人的80%左右）。神經細胞在出生後，樹突與軸突會拉長，但基本上不再進行細胞分裂，數目不再增加。腦變重的原因，主要是神經膠細胞的數量增加。因此，每個人的腦部重量雖然不同，但並不表示腦越重，功能就越強。

　連接神經細胞的「突觸」密度會隨著部位不同而有所差異。突觸密集的部位在1～3歲左右就會達到最大值。舉例來說，大腦的「視覺皮質」負責處理視覺資訊，其突觸密度會在出生後8～9個月時達到最大值，但在數年後會只剩下3分之2左右。

1歲

# 成長期的腦內神經細胞會巧妙「變身」

**如**前頁所述，神經細胞一開始會「伸出許多手，連接其他神經細胞」。幼兒的手指之所以沒辦法做出細膩的動作，就是因為操控手指運動的神經細胞所構成的網路（神經迴路）過於龐大（本頁上圖）。隨著幼兒成長，腦會逐漸捨去不必要的迴路，只留下必要的，幼兒才能開始做出細膩的動作（下圖）。

此外，日本生理學研究所的鍋倉淳一教授也說：「腦內正值成長期的神經細胞不只會改變連接方式（**1**），**神經細胞本身的性質也會變化。**」

具體來說，神經細胞會出現兩種變化。一種是改變對神經傳導物的反應（**2**）。「GABA」（γ胺基丁酸）是一種神經傳導物。在幼兒發育早期，某些神經細胞接受到GABA時會產生電訊號（稱作「興奮」）。**但隨著幼兒的成長，這些神經細胞在接受到GABA時，卻會開始阻止電訊號的產生（稱作「抑制」）。**成長前後的神經細胞會做出截然不同的反應。「這種變化可以防止神經細胞過於興奮，導致訊號過度擴散」（鍋倉教授）。

另一種變化則是隨著個體的成長，腦使用的神經傳導物也會改變（**3**）。事實上，以前沒有人想過細胞在發育的過程中會出現這種改變。鍋倉教授等人發現，負責小鼠聽覺的神經**細胞在成長的過程中，使用的神經傳導物會從「GABA」轉變成「甘胺酸」（glycine）。**甘胺酸做為神經傳導物，反應時間比GABA還要短。鍋倉教授說道：「使用反應時間較短的甘胺酸做為神經傳導物，可以提升神經網路的訊號傳遞速度及精確度。」

鍋倉教授還提到「若能瞭解個體成長時神經迴路的變化狀態，或許有助於治療孩童的腦部發育障礙。」

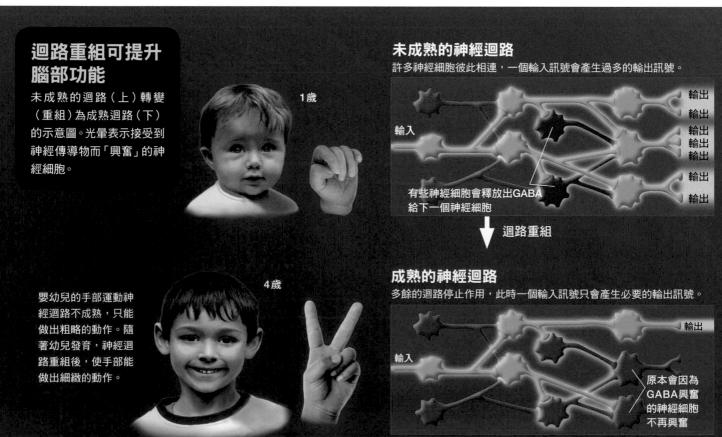

## 迴路重組可提升腦部功能

未成熟的迴路（上）轉變（重組）為成熟迴路（下）的示意圖。光暈表示接受到神經傳導物而「興奮」的神經細胞。

1歲

嬰幼兒的手部運動神經迴路不成熟，只能做出粗略的動作。隨著幼兒發育，神經迴路重組後，使手部能做出細緻的動作。

4歲

### 未成熟的神經迴路
許多神經細胞彼此相連，一個輸入訊號會產生過多的輸出訊號。

輸入

有些神經細胞會釋放出GABA給下一個神經細胞

輸出
輸出
輸出
輸出
輸出
輸出
輸出

迴路重組

### 成熟的神經迴路
多餘的迴路停止作用，此時一個輸入訊號只會產生必要的輸出訊號。

輸入

輸出

原本會因為GABA興奮的神經細胞不再興奮

# 三種變化使神經迴路重組，效率提升

神經迴路重組時，會出現三種變化。除了神經細胞連接方式（1）的改變外，神經細胞對特定神經傳導物的反應（2），以及使用的神經傳導物（3）也會出現變化，使重組後的神經迴路更有效率。

鍋倉淳一 教授
日本生理學研究所

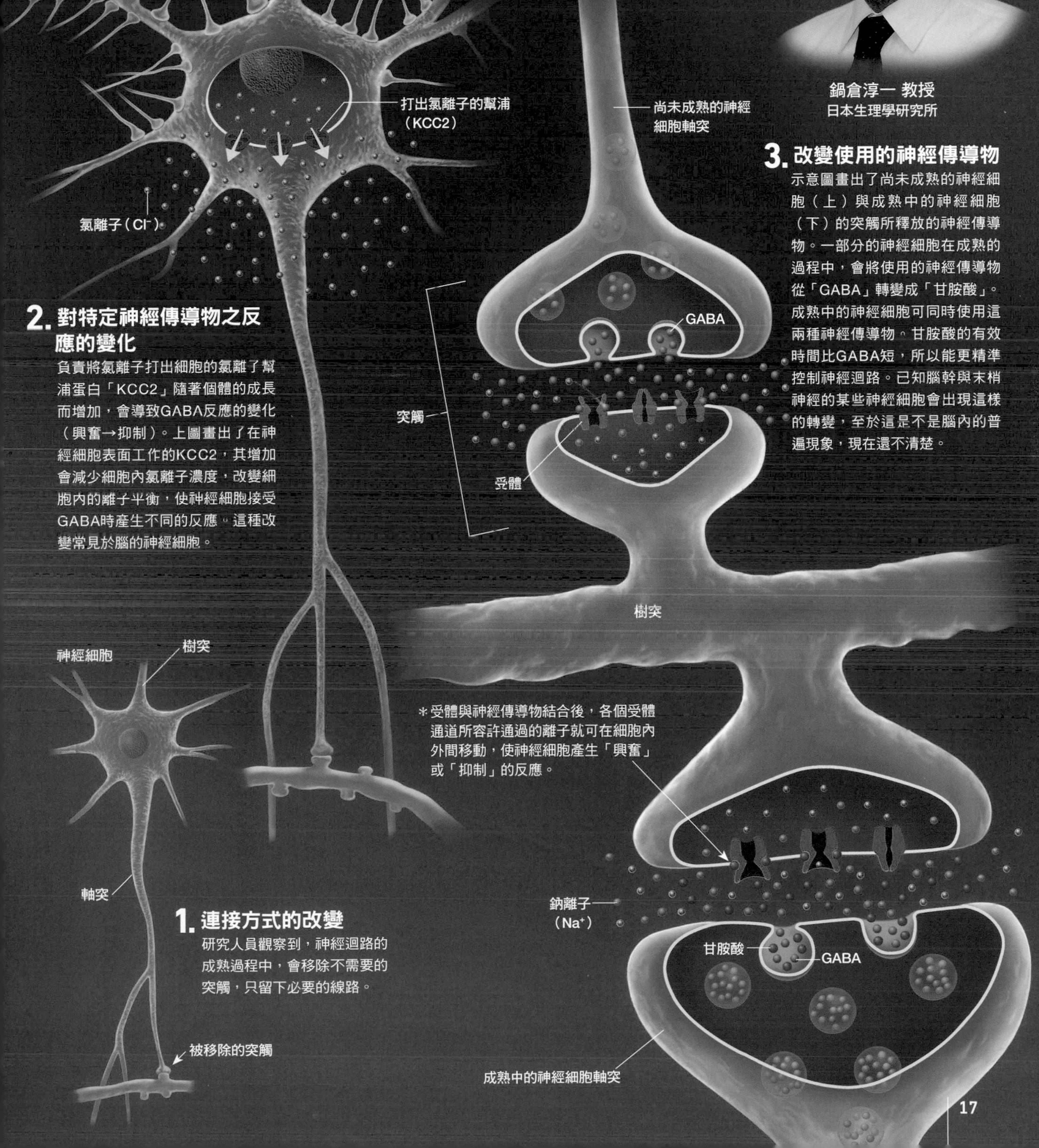

打出氯離子的幫浦
（KCC2）

氯離子（Cl⁻）

尚未成熟的神經
細胞軸突

## 3. 改變使用的神經傳導物

示意圖畫出了尚未成熟的神經細胞（上）與成熟中的神經細胞（下）的突觸所釋放的神經傳導物。一部分的神經細胞在成熟的過程中，會將使用的神經傳導物從「GABA」轉變成「甘胺酸」。成熟中的神經細胞可同時使用這兩種神經傳導物。甘胺酸的有效時間比GABA短，所以能更精準控制神經迴路。已知腦幹與末梢神經的某些神經細胞會出現這樣的轉變，至於這是不是腦內的普遍現象，現在還不清楚。

GABA

## 2. 對特定神經傳導物之反應的變化

負責將氯離子打出細胞的氯離子幫浦蛋白「KCC2」隨著個體的成長而增加，會導致GABA反應的變化（興奮→抑制）。上圖畫出了在神經細胞表面工作的KCC2，其增加會減少細胞內氯離子濃度，改變細胞內的離子平衡，使神經細胞接受GABA時產生不同的反應。這種改變常見於腦的神經細胞。

突觸

受體

樹突

＊受體與神經傳導物結合後，各個受體通道所容許通過的離子就可在細胞內外間移動，使神經細胞產生「興奮」或「抑制」的反應。

神經細胞      樹突

軸突

鈉離子
（Na⁺）

甘胺酸

GABA

## 1. 連接方式的改變

研究人員觀察到，神經迴路的成熟過程中，會移除不需要的突觸，只留下必要的線路。

被移除的突觸

成熟中的神經細胞軸突

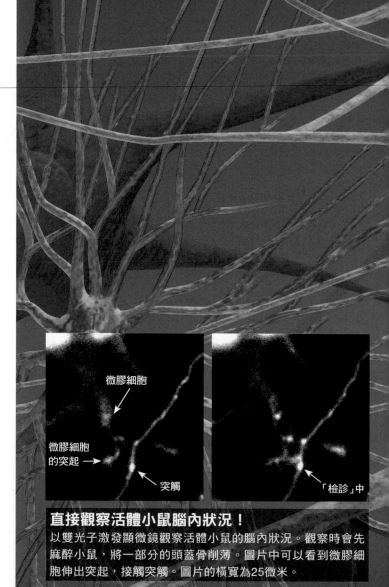

# 腦是如何察覺「損傷」的？

**發**生事故或罹患某些疾病可能會讓一部分的腦受損，造成例如身體運動功能的降低。經復健等治療後，可恢復到一定的程度。這和孩童的腦部發育、記憶新動作的過程類似。鍋倉教授認為，修復與發育的神經迴路重組過程有許多共通點。

不過，修復過程與發育過程有個很大的不同。**修復神經組織時，要找到功能受損的神經細胞**。「微膠細胞」是一種腦內的神經膠細胞。受損腦組織的周圍常有許多微膠細胞，一般認為微膠細胞與受損神經組織的修復有關。不過，目前還不曉得微膠細胞的實際運作機制。

鍋倉教授說，「若想確認腦細胞的功能，最好是直接觀察活體動物的腦。」近年來確實出現了一種新的技術，可以實現這種過去認為不可能的方法，就是使用名為「**雙光子激發顯微鏡**」的特殊儀器。

鍋倉教授的團隊使用這種顯微鏡，**觀察到活體小鼠腦內的微膠細胞活動狀況，成為全世界第一個觀察活體動物腦部的團隊**。首先，他們觀察沒有受損的正常腦部，發現微膠細胞在**1小時內，有5分鐘會伸出突起，接觸兩神經細胞間的突觸**。團隊認為，這是微膠細胞在檢查神經突觸是否正常運作。

接著，團隊停下血流，**觀察受損的神經細胞，發現微膠細胞會花1小時以上仔細檢查突觸的狀況**。鍋倉教授說：「若能善用微膠細胞的功能，或許就能盡早修復腦部受損狀況。」如果此說法正確，這項技術未來就可以應用在治療腦梗塞。

## 「檢診」中的微膠細胞

在小鼠的腦（大腦皮質）內，微膠細胞會伸出突起，接觸神經細胞的突觸，「檢查」突觸功能是否正常。下圖為實際的小鼠腦部顯微鏡圖像。

即使神經細胞沒有任何異常，微膠細胞也會定期進行突觸檢診。如果神經細胞受損，微膠細胞便會花更長的時間檢診。另外，有時候也會觀察到突觸在檢診後消失的案例，目前只能猜測是檢診結果不樂觀。微膠細胞會在檢診時具體確認什麼、會不會將檢診結果通知其他細胞、如何除去不需要的突觸，這些問題至今尚未獲得解答。

微膠細胞

微膠細胞
的突起 →

突觸

「檢診」中

## 直接觀察活體小鼠腦內狀況！

以雙光子激發顯微鏡觀察活體小鼠的腦內狀況。觀察時會先麻醉小鼠，將一部分的頭蓋骨削薄。圖片中可以看到微膠細胞伸出突起，接觸突觸。圖片的橫寬為25微米。

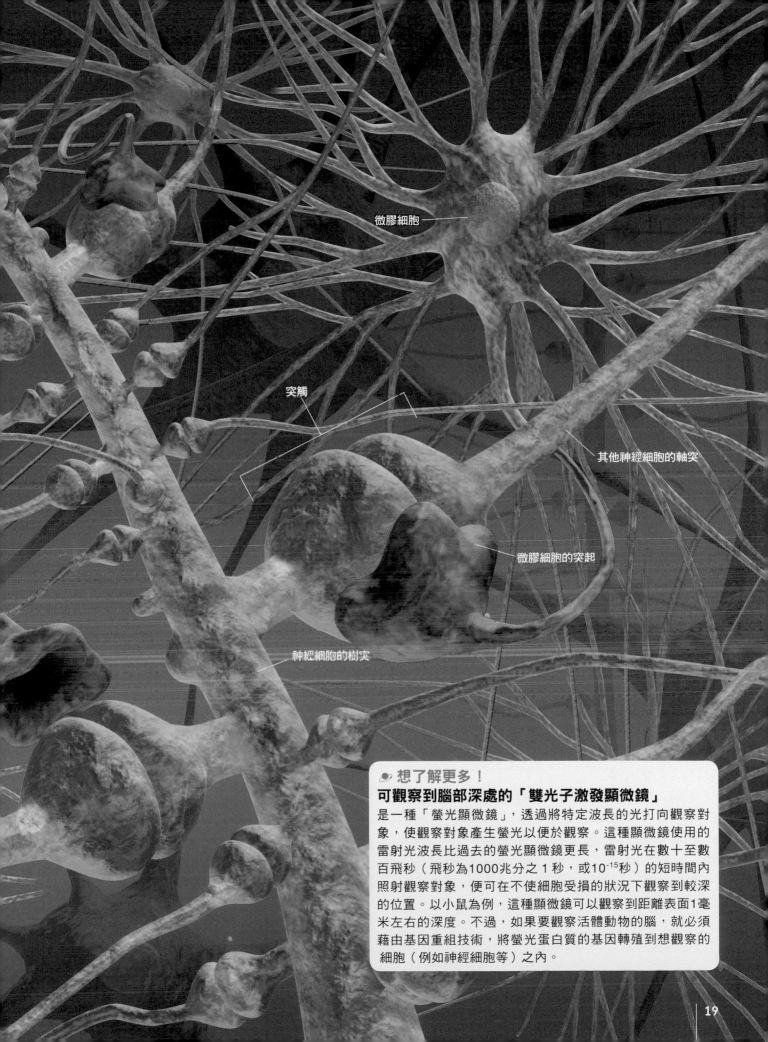

微膠細胞

突觸

其他神經細胞的軸突

微膠細胞的突起

神經細胞的樹突

🪐 想了解更多！
**可觀察到腦部深處的「雙光子激發顯微鏡」**
是一種「螢光顯微鏡」，透過將特定波長的光打向觀察對
象，使觀察對象產生螢光以便於觀察。這種顯微鏡使用的
雷射光波長比過去的螢光顯微鏡更長，雷射光在數十至數
百飛秒（飛秒為1000兆分之 1 秒，或$10^{-15}$秒）的短時間內
照射觀察對象，便可在不使細胞受損的狀況下觀察到較深
的位置。以小鼠為例，這種顯微鏡可以觀察到距離表面1毫
米左右的深度。不過，如果要觀察活體動物的腦，就必須
藉由基因重組技術，將螢光蛋白質的基因轉殖到想觀察的
細胞（例如神經細胞等）之內。

# 用光「操控」腦部活動的最新技術

**新**的研究方法讓我們能進一步理解腦的運作機制。這裡要介紹的是**用光照射神經細胞，便可自由操控其活動的最新技術「光敏感通道」**（channelrhodopsin）。

如果我們想知道動物腦內特定的神經細胞有什麼功能，以前的做法是將極細電極插入細胞，給予細胞電刺激，觀察其反應。然而，插入電極與給予電刺激都會破壞腦部細胞，而且電極也會同時刺激到周圍的細胞。

如果使用光敏感通道，**只要從外界以光線照射神經細胞就可以了，不會對腦部造成傷害。而且，我們可以只讓特定神經細胞對光產生反應，或者控制光的照射範圍，藉此限制受刺激的細胞種類與數量。**

光敏感通道是一種原本存在於萊茵衣藻上，照到光時會改變結構的蛋白質。我們可以透過基因工程，使動物的腦神經細胞製造出光敏感通道。這麼一來，只要照到光，動物的腦神經細胞活動就會出現變化。2003年，德國的研究團隊發現了這種蛋白質。2005年，美國的研究團隊成功將這種蛋白質應用在控制神經細胞的活動上。

與過去的方法相比，這種方法的最大優點就是能以更短的時間為單位（數毫秒內），控制神經細胞的活動。在某些情況下，我們可以瞬間改變神經細胞的活動方式，並觀察它們的瞬間反應。

**從前，人們對許多腦神經機制仍不太了解。不過在光敏感通道的幫助下，現在已能用更清楚的形式呈現出這些神經的運作機制。**這是很新的技術，所以目前還沒有具體的重大成果。但有人認為，這個技術將會是研究腦科學的利器。

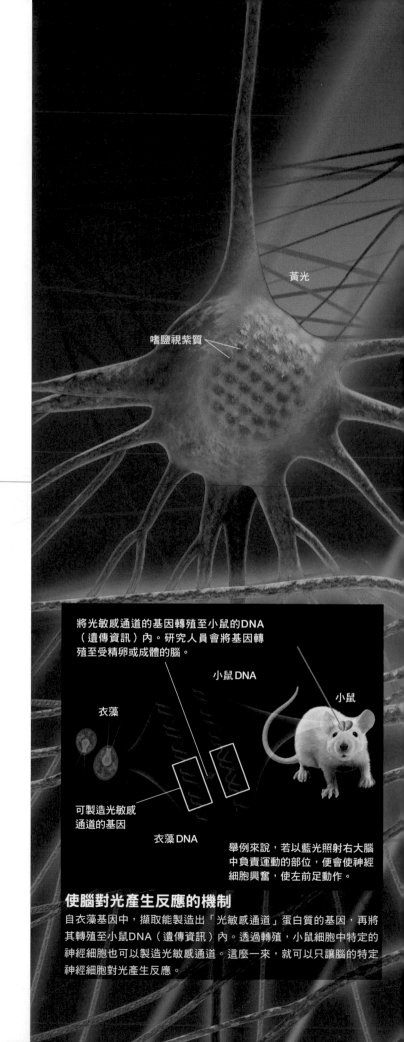

黃光

嗜鹽視紫質

將光敏感通道的基因轉殖至小鼠的DNA（遺傳資訊）內。研究人員會將基因轉殖至受精卵或成體的腦。

小鼠DNA

小鼠

衣藻

可製造光敏感通道的基因

衣藻DNA

舉例來說，若以藍光照射右大腦中負責運動的部位，便會使神經細胞興奮，使左前足動作。

### 使腦對光產生反應的機制

自衣藻基因中，擷取能製造出「光敏感通道」蛋白質的基因，再將其轉殖至小鼠DNA（遺傳資訊）內。透過轉殖，小鼠細胞中特定的神經細胞也可以製造光敏感通道。這麼一來，就可以只讓腦的特定神經細胞對光產生反應。

## 藍光興奮！
## 黃光抑制！

下圖中顯示，當藍光照射到神經細胞表面上的光敏感通道時，會使神經細胞興奮。除了光敏感通道之外，研究人員還發現了其他對光敏感的蛋白質，可用來改變神經細胞的活動。其中，「嗜鹽視紫質」（halomodopsin）就是一種對黃光有反應的蛋白質。

藍光照射光敏感通道時，會促進神經細胞興奮（機制請參考下圖），嗜鹽視紫質則相反，被黃光照到後，會抑制神經細胞活動。只要將這兩種開關（蛋白質）放在同一個神經細胞上，就能夠藉由切換光源顏色，瞬間改變神經細胞的活動模式。

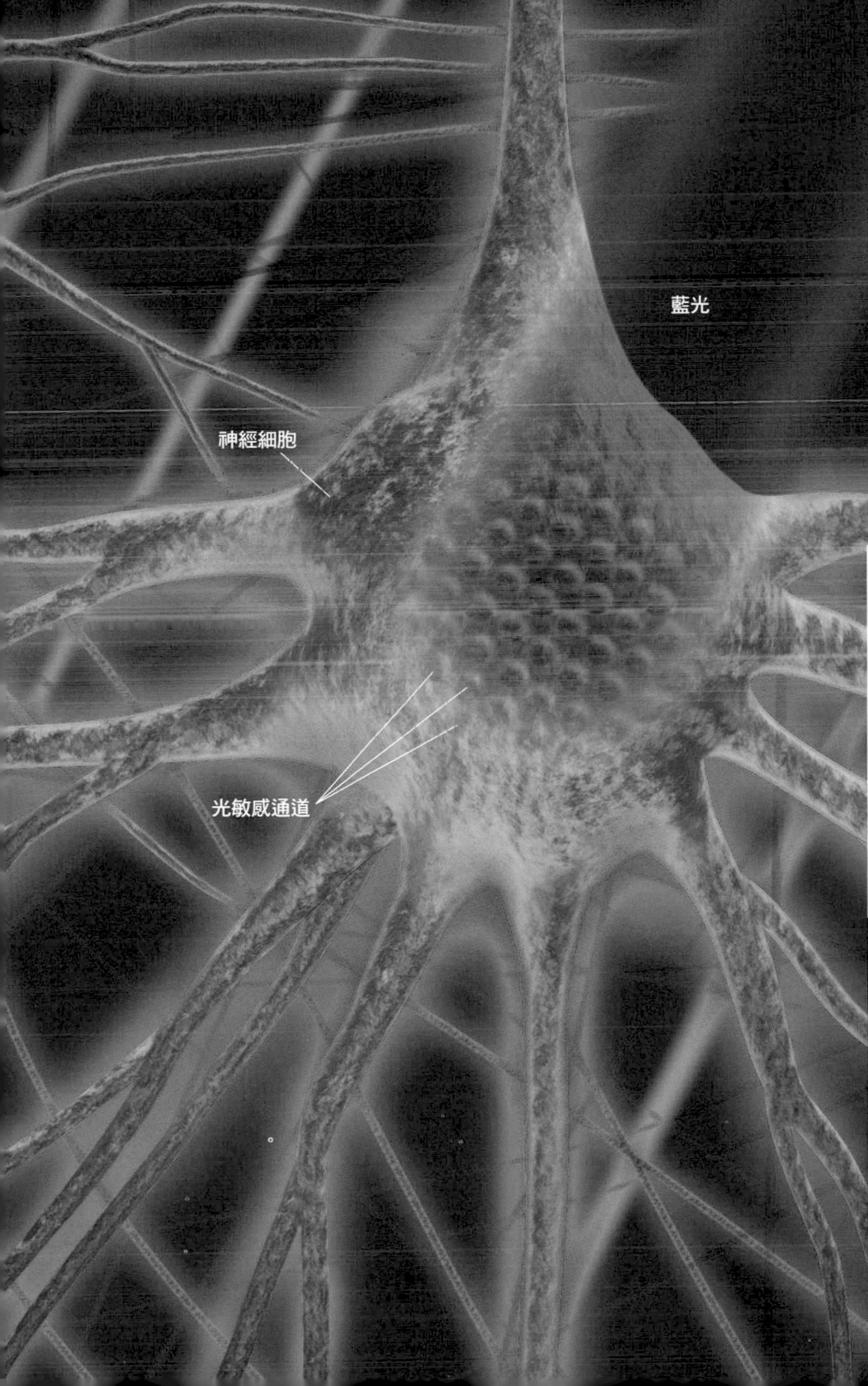

藍光

神經細胞

光敏感通道

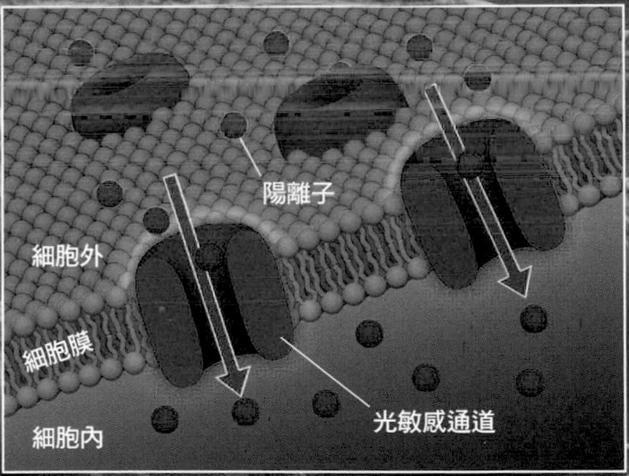

細胞外

陽離子

細胞膜

細胞內

光敏感通道

### 照光後會在細胞膜上開洞

光敏感通道分布於細胞表面，在藍光的照射下，蛋白質結構會產生變化，「打開」連接細胞內外的孔洞（通道），如上圖所示。於是細胞外的陽離子會流入細胞，造成刺激使神經細胞興奮。相反地，嗜鹽視紫質在黃光的照射下，會促使陰離子（氯離子）進入細胞內，並抑制神經細胞的活動。

嚴格來說，不同光敏感通道可以再分成「光敏感通道1」和「光敏感通道2」等等，其性質例如容許通過的陽離子種類不同。目前經基因修改而用於控制神經細胞反應較多的是「光敏感通道2」。

# 記憶會深深刻印在腦中

「記憶」究竟是什麼？一般認為，在發生的某個事件後，我們的腦中應該會留下某種「記憶的痕跡」，就像用手往黏土用力一壓後留下手印一樣。目前學界認為，神經細胞網路（神經迴路）的變化，就是記憶的痕跡。

這裡指的痕跡，就是連接點（突觸）擴大，提升訊號傳遞效率，或者是改變連接方式等變化。當然，這個過程中可能會形成新的突觸，也可能造成舊突觸縮小，甚至消失。

更重要的是，變化後的結果會維持一段時間。既然迴路的變化不會馬上消失，就表示仍可以在短時間內輸出相同的訊息。也就是說，我們可以「回想起」曾經發生過的事情。

隨著內容與記憶時間長短，可以將記憶分成許多種。不同種類的記憶，會用腦部的不同區域處理與保存。舉例來說，以手術治療癲癇時，會取出患者一部份的腦。此時，患者會連帶地出現與記憶有關的奇妙症狀。

一位患者在27歲時，動手術取出了稱為「海馬迴」的部位，這使他無法回想起剛發生的事，例如記不得剛看過的餐廳菜單。由此可見，海馬迴是產生新記憶的必要部位。雖說如此，當研究人員要求患者看著鏡子描出「☆」的圖案時，患者的動作卻一天比一天熟練。也就是說，患者可以記住與身體動作有關的記憶。這麼看來，隨著記憶的種類不同，用到的腦部位也不一樣。

「學習」也和記憶有密切關係。學習可說是記住新的資訊或行動方式的過程。另外，就

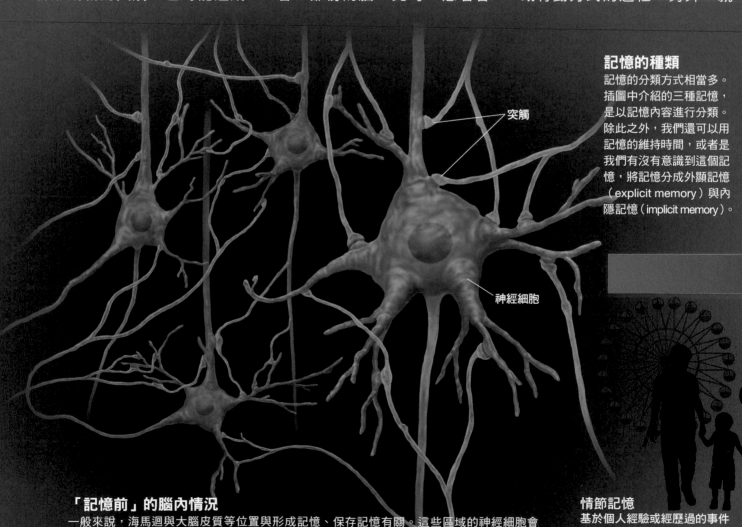

突觸

神經細胞

**記憶的種類**
記憶的分類方式相當多。插圖中介紹的三種記憶，是以記憶內容進行分類。除此之外，我們還可以用記憶的維持時間，或者是我們有沒有意識到這個記憶，將記憶分成外顯記憶（explicit memory）與內隱記憶（implicit memory）。

**「記憶前」的腦內情況**
一般來說，海馬迴與大腦皮質等位置與形成記憶、保存記憶有關。這些區域的神經細胞會形成複雜的網路（如上圖所示），並維持一定的網路形狀。而且，記憶並非分散在各個神經細胞內。神經細胞間的連接方式與連接處大小，才是記憶真正的樣貌。

**情節記憶**
基於個人經驗或經歷過的事件所形成的記憶。如本文所述，失去海馬迴的患者將無法形成新的情節記憶。

像「從失敗中學習」這句話所說的，依據經驗逐漸改變過去的想法或行動方式，也能稱為一種學習。與記憶相同，我們也是靠著神經細胞網路的變化實現學習這件事。

記憶與學習的機制至今仍充滿謎團，下一頁將介紹目前的最新研究。

## 記憶刻印在腦中之前

一般認為，我們的記憶被保存在「大腦皮質」。新記憶在大腦皮質內的形成過程如右方插圖所示。

形成記憶時，最重要的部位是腦內部的「海馬迴」（插圖中的紅色部分）。海馬迴可以蒐集視覺與嗅覺等感覺的資訊，並協助我們將記憶刻印在大腦皮質上。

讀取暫時性的記憶（最長約數個月之前）時，也會用到海馬迴。不過，如果是一定時間以前的記憶（例如已經過較長時間，反覆存取使用多次之記憶），就算沒有海馬迴的幫助，我們也可以從大腦皮質直接加以讀取。

海馬迴和與其相連的「穹窿」（fornix）（黃色部分）從腦的中央部位往左右延伸出去，畫出特殊的螺旋狀弧線，看起來就像是圍繞著位於腦中央部位的「視丘」（參考第11頁的剖面圖）一樣。

另外，與身體動作，或是與無法以言語表示之概念有關的記憶，有一部分被認為保存在小腦。關於記憶的形成過程與儲存位置，至今仍有許多未解之謎。

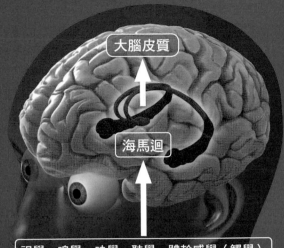

大腦皮質

海馬迴

視覺、嗅覺、味覺、聽覺、體幹感覺（觸覺）

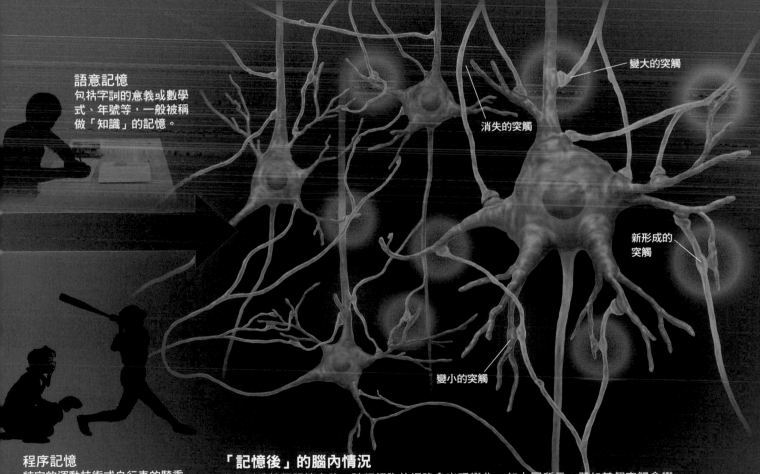

**語意記憶**
包括字詞的意義或數學式、年號等，一般被稱做「知識」的記憶。

變大的突觸

消失的突觸

新形成的突觸

變小的突觸

**程序記憶**
特定的運動技術或自行車的騎乘方式等，與身體動作有關的記憶。即使沒有海馬迴，也可以記住這類記憶。

## 「記憶後」的腦內情況

腦在形成某個記憶之後，神經細胞的網路會出現變化，如上圖所示。譬如某個突觸會變大，增強特定神經細胞間的連結、或形成新的突觸（黃色）。也可能反過來造成突觸變小、甚至消失（藍色）。反覆記憶同一件事（學習），可以強化特定連結，使腦不容易忘記這個記憶。

# 解開記憶之謎的關鍵，就在細胞的形狀！

**背**了一整個晚上的數學公式可能會在瞬間忘記，在小學時候所背的九九乘法現在卻還記得。為什麼記憶會有這種奇妙的性質？

日本東京大學的河西春郎教授認為「腦也是由細胞組成的，所以只要知道細胞的性質，應該就能夠說明記憶的奇妙性質了」。他把研究**焦點放在樹突的突出結構，也就是「棘」**。樹突棘（dendritic spine）位於兩個神經細胞的連接處（突觸），是神經細胞接受來自另一個神經細胞之訊號（神經傳導物）的結構。

目前已知，**如果反覆學習同一件事，同一個樹突棘就會一直收到訊號，這會使樹突棘變得越來越大**。樹突棘變大後，接收訊號的效率也會跟著提升。這種現象被認為是腦部儲存記憶的一種方式。

過去認為，只有學習產生的刺激可以讓樹突棘變大。不過，河西教授等人的研究證實，就算沒有學習造成的刺激，樹突棘的大小也會自行改變。研究團隊培養了大鼠海馬迴的神經細胞，觀察數日後發現，樹突棘的大小常會變動。

河西教授認為，**樹突棘的變動可以說明記憶與學習的部分奇妙性質**。「新的記憶，也就是小小的樹突棘，很可能在神經迴路變動時馬上被消滅。若要真正學到知識，必須反覆學習，使樹突棘變大。另外，與久遠記憶有關的樹突棘本來就很大，所以即使神經迴路稍有變動，也不容易忘記。」（河西教授）

如果能找出神經細胞的運動與形狀，對腦的各種功能會造成什麼樣的影響，或許就能夠說明記憶與學習之間的關聯了。

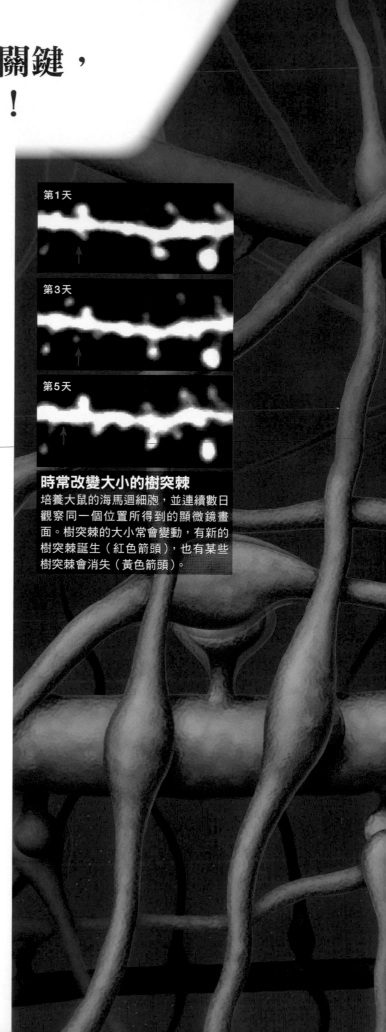

第1天

第3天

第5天

**時常改變大小的樹突棘**
培養大鼠的海馬迴細胞，並連續數日觀察同一個位置所得到的顯微鏡畫面。樹突棘的大小常會變動，有新的樹突棘誕生（紅色箭頭），也有某些樹突棘會消失（黃色箭頭）。

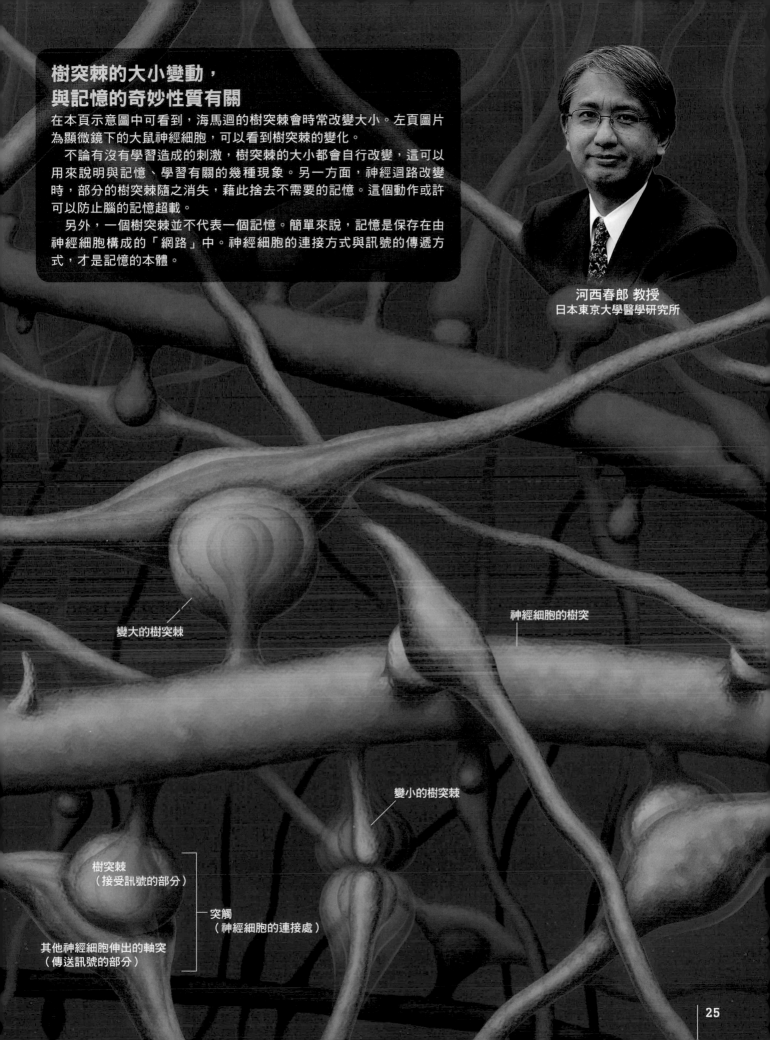

## 樹突棘的大小變動，與記憶的奇妙性質有關

在本頁示意圖中可看到，海馬迴的樹突棘會時常改變大小。左頁圖片為顯微鏡下的大鼠神經細胞，可以看到樹突棘的變化。

不論有沒有學習造成的刺激，樹突棘的大小都會自行改變，這可以用來說明與記憶、學習有關的幾種現象。另一方面，神經迴路改變時，部分的樹突棘隨之消失，藉此捨去不需要的記憶。這個動作或許可以防止腦的記憶超載。

另外，一個樹突棘並不代表一個記憶。簡單來說，記憶是保存在由神經細胞構成的「網路」中。神經細胞的連接方式與訊號的傳遞方式，才是記憶的本體。

河西春郎 教授
日本東京大學醫學研究所

變大的樹突棘

神經細胞的樹突

變小的樹突棘

樹突棘
（接受訊號的部分）

突觸
（神經細胞的連接處）

其他神經細胞伸出的軸突
（傳送訊號的部分）

# 利用機器人研究強化學習的機制

**如**果發現某間餐廳好吃，就會再去一次，如果不好吃，就不想再去。我們會以行動後獲得的「滿足度」，學習到何種行動是最適當的行動。這樣的學習稱做「**強化學習**」（reinforcement learning）。日本沖繩科學技術大學院大學神經計算研究室的銅谷賢治博士，就曾利用機器人研究腦的強化學習機制。

銅谷博士的團隊在開發的**鼠型機器人上搭載強化學習程式**。這種機器人會自行移動、覓食（尋找電池並充電），還能以紅外線通訊與其他機器人交換程式。機器人藉由這些動作，能夠使自己的程式逐漸進化。

## 有些機器人會表現出與憂鬱症患者類似的行為

**有些機器人的行為會有點像得到憂鬱症的人**，即使看到遠方有電池，也會待在原地不動。分析這些機器人的程式後，發現他們會過度低估未來的報酬。所以，不會為了獲得電力而移動到很遠的地方。

目前已知道憂鬱症患者的腦內缺乏稱為「血清素」（serotonin）的神經傳導物。銅谷博士把焦點放在這裡，認為「憂鬱症患者過度低估未來報酬的現象，說不定與血清素有關」。為了驗證這個假說，研究團隊以人作為實驗對象，**發現體內的血清素較少時，腦部對於眼前的報酬會有較大的反應**，對於一段時間後的報酬則沒什麼反應，這些實驗數據證實了銅谷博士的假說。他說道：「我們會持續在現實環境中用機器人來驗證各種理論，希望能藉此明白腦的運作機制。」

## 用機器人建立假說，再用人腦驗證

鼠型機器人「cyber rodent」搭載了強化學習的程式，這個程式能夠自行進化（1）。然而進化過程中，卻有某些機器人表現出與憂鬱症患者類似的行為（2）。由此建立出憂鬱症致病機制的假說「血清素會調整對未來報酬的預測」，再以人腦驗證（3）。

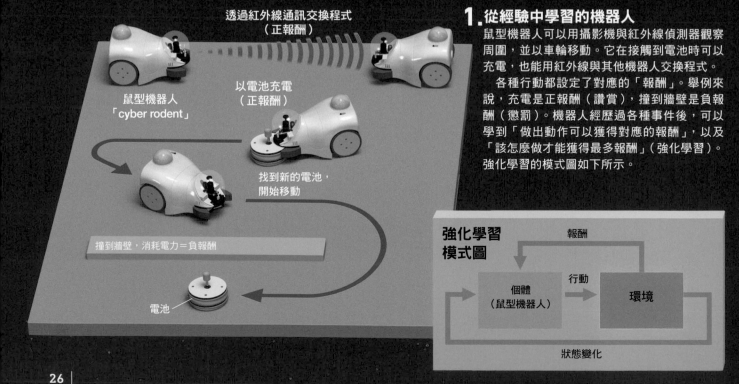

透過紅外線通訊交換程式
（正報酬）

鼠型機器人
「cyber rodent」

以電池充電
（正報酬）

找到新的電池，
開始移動

撞到牆壁，消耗電力＝負報酬

電池

### 1. 從經驗中學習的機器人

鼠型機器人可以用攝影機與紅外線偵測器觀察周圍，並以車輪移動。它在接觸到電池時可以充電，也能用紅外線與其他機器人交換程式。

各種行動都設定了對應的「報酬」。舉例來說，充電是正報酬（讚賞），撞到牆壁是負報酬（懲罰）。機器人經歷過各種事件後，可以學到「做出動作可以獲得對應的報酬」，以及「該怎麼做才能獲得最多報酬」（強化學習）。強化學習的模式圖如下所示。

強化學習
模式圖

報酬

個體
（鼠型機器人）

行動

環境

狀態變化

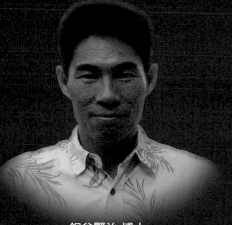

銅谷賢治 博士
日本沖繩科學技術大學院
大學神經計算研究室 教授

**紋狀體**

紋狀體是腦內大腦基底核的一部分，對於多巴胺、血清素等神經傳導物的輸入相當敏感。紋狀體與人類的「報償系統」有關，能使人在達成食物、金錢等欲望時獲得滿足感。目前已知，這個部位也和行動執行與價值判斷有關。

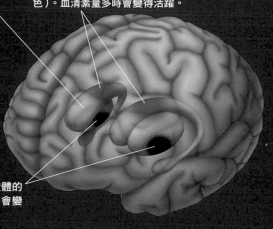

選擇「偏好長期」的選項時，紋狀體的活躍區域（藍色）。血清素量多時會變得活躍。

選擇「偏好短期」的選項時，紋狀體的活躍區域（紅色）。血清素量少時會變得活躍。

### 3. 血清素與未來預測

血清素由一種稱為「色胺酸」的必需胺基酸製成。色胺酸攝取量的增減，會暫時影響增減腦內的血清素。銅谷博士的團隊藉由暫時改變受試者血清素的量進行實驗，測試受試者會選擇眼前的報酬（偏好短期），還是選擇未來的報酬（偏好長期）。結果發現，做出時間偏好不同的選擇時，「紋狀體」（corpus striatum）部位的活動區域也不一樣（如上方插圖所示）。或許紋狀體的活躍區域也可能會受血清素濃度影響。

#### 機器人 A 的未來預測

報酬（電力的增減）

報酬折現率

正報酬（電池充電）

① ② ③ ④

時間

負報酬（消耗電力）

「一開始雖然會消耗部分電力，但之後可以再補充回來，整體而言對我有利」→ 行動！

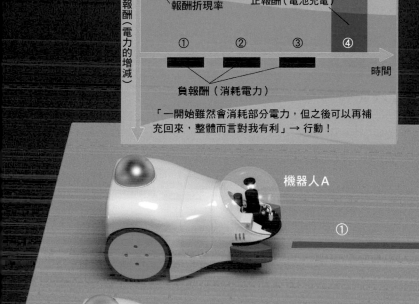

機器人A

機器人B

① ② ③

④

①

①

#### 機器人 B 的未來預測

報酬折現率

①

時間

只重視眼前的負報酬（消耗電力）

「行動只會消耗一堆電力，不如不要動」→ 不行動

### 2. 表現出有如憂鬱症患者行為的機器人

這個實驗中的兩台車會用不同的標準估計未來獲得的報酬。機器人旁邊的小圖表就相當於它們「腦中」出現的圖表。

距離現在越遠的未來，得到的報酬會打越多折扣。折扣的程度稱作「折現率」（discounting rate）。機器人A的折現率較小（折現情況比較不明顯），未來的報酬不會打太多折扣，所以會「考慮未來的情況」再行動。相較之下，機器人 B 的折現率很大，幾乎無視未來的報酬，只考慮現在的情況。如此一來，會使得機器人 B 不願意前往較遠的電池補充電力。

# 人類的智慧源自何處？

有 研究報告指出，**就像重訓可以增大肌肉一樣，學習也能增加腦容量**。日本理化學研究所的相關研究團隊主任入來篤史教授在實驗中讓猴子學習使用工具，並以高性能MRI（磁振造影，將於第36～43頁介紹）測量腦結構的變化。分析結果顯示，猴子的大腦在當時出現過去未曾發現的劇烈變化。

入來主任找來不會使用工具的日本獼猴，訓練牠們用耙子將遠方的食物拉近。過了20天左右，**猴子已熟練這些工具的使用方法。這時再分析猴子的腦，發現儀器的訊號顯示腦特定部位的體積比之前大**[※]，其中一個案例的訊號甚至增加了17％，過去

## 學習工具使用方法的猴子，腦部會出現變化

研究團隊訓練日本獼猴使用工具。儀器訊號顯示，學習前與學習後，猴腦的大腦皮質有三個地方（右方插圖，紅色部分）會出現結構上的改變。這些部位可匯集視覺、觸覺等感覺資訊，並控制行動。另外，本頁右下方的圖示，說明了工具使用熟練度與訊號強度的關係。

除了大腦皮質之外，名為「小腦腳」（cerebellar peduncle）的腦內部位也會產生體積變化。這個部位有許多連接小腦與大腦的軸突，可以說是一個「聯絡通道」。過去的研究中，觀察到的都是大腦皮質等神經細胞本體聚集處（灰質）在學習後出現體積變化，這是第一個觀察到小腦腳部這種軸突聚集處（白質）出現體積變化的例子。

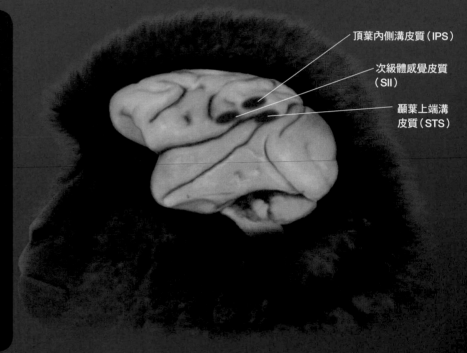

頂葉內側溝皮質（IPS）

次級體感覺皮質（SII）

顳葉上端溝皮質（STS）

入來篤史 研究團隊主任
日本理化學研究所生命功能科學研究中心

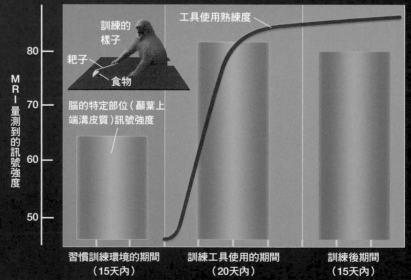

訓練的樣子

耙子

食物

工具使用熟練度

MRI量測到的訊號強度

腦的特定部位（顳葉上端溝皮質）訊號強度

習慣訓練環境的期間（15天內）　訓練工具使用的期間（20天內）　訓練後期間（15天內）

### 短期內的巨大變化

訓練期間中，猴子只花了10天左右就充分學習到如何使用耙子。隨著使用工具的熟練度增加，MRI的訊號強度也逐漸上升（上圖），代表腦部正在膨脹。這裡的訊號強度為MRI裝置所觀測到的數值。一般認為這個數值的大小，代表腦部特定部位的體積變化。不過目前仍不清楚具體的變化。

從來沒有在如此短的時間內增加那麼多腦容量的案例。入來主任表示「如此大的改變，無法用神經細胞的大小或連接方式的變化來說明。或許是不曾用過工具的猴子開始學習如何使用工具，才讓腦部在如此短的時間內出現這樣的變化」。

這個研究原本的目的是想知道「人類的智慧」源自何處。使用工具是智慧的一項重要因素。**「使用工具」讓猴子的腦產生的改變，或許和人類獲得智慧時的腦部變化也有相似之處。**

實驗中猴腦出現變化的部位，可以對應到人腦中用於學習使用工具、言語、概念等複雜功能的部位。團隊準備著手詳細研究猴腦變化的機制，或許我們可以透過動態改變中的猴腦，瞭解人類獲得智慧的過程。

※：引用自 Quallo et al.（2009） Proc Natl Acad Sci USA，106:18379-84.

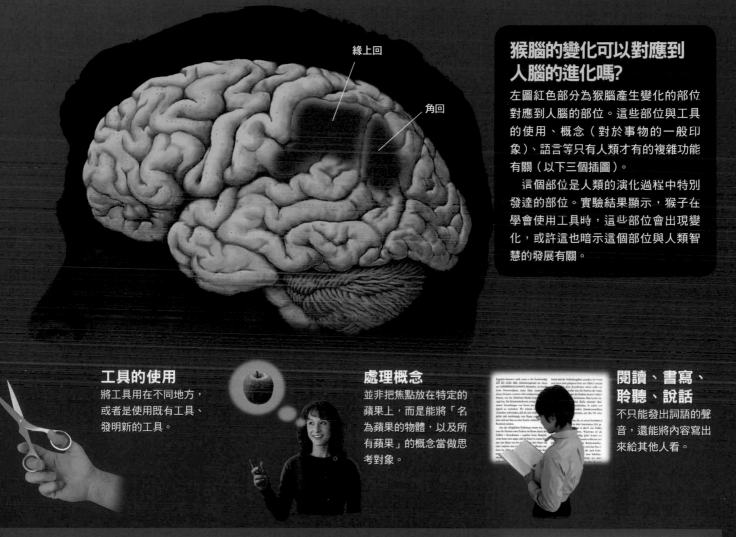

緣上回

角回

## 猴腦的變化可以對應到人腦的進化嗎？

左圖紅色部分為猴腦產生變化的部位對應到人腦的部位。這些部位與工具的使用、概念（對於事物的一般印象）、語言等只有人類才有的複雜功能有關（以下三個插圖）。

這個部位是人類的演化過程中特別發達的部位。實驗結果顯示，猴子在學會使用工具時，這些部位會出現變化，或許這也暗示這個部位與人類智慧的發展有關。

**工具的使用**
將工具用在不同地方，或者是使用既有工具、發明新的工具。

**處理概念**
並非把焦點放在特定的蘋果上，而是能將「名為蘋果的物體，以及所有蘋果」的概念當做思考對象。

**閱讀、書寫、聆聽、說話**
不只能發出詞語的聲音，還能將內容寫出來給其他人看。

### 🔖 想了解更多！　學者的腦會比較大嗎？

以MRI裝置獲得腦部影像，再以此分析腦部結構變化的方法，稱做「體素基礎形態計量學」（voxel based morphometry，VBM）。這是由英國倫敦大學神經學研究所的研究團隊所開發的，也是這裡提到用來分析猴腦變化的方法。

許多研究都使用這種分析技術來研究各種腦部結構差異。舉例來說，「海馬迴」與空間（地圖）記憶的行程有關。因此有人用這種方法研究熟悉倫敦街道的計程車司機和一般人之間的海馬迴差異。另外，「額葉」與注意力、思考能力等複雜功能有關。某些研究就發現數學家的額葉比一般人還要大。目前仍不曉得腦部在學習的具體變化，但可以確定的是，腦部動態改變本身結構的頻率已超出預期。

倫敦計程車

數學家

# 能同時處理
# 龐大資訊的腦

**腦**可以同時處理大量資訊。舉例來說,你的腦現在正同時進行著調整體溫,驅使心臟跳動、腸胃蠕動。看雜誌時,除了要牽動手臂、手指的肌肉翻頁之外,還要讀取頁面上的文字。究竟腦是用什麼方法同時處理大量資訊?

以「看到蘋果,記住它的形狀」為例,接著就來比較電腦與人腦會怎麼處理這個資訊。

電腦會用數位相機等工具拍攝蘋果的圖像,將其識別成許多個像素(點),**用名為「CPU」的高速計算裝置,依序計算出每個像素的位置與顏色。**因為CPU並沒有記錄的功能,會使用「記憶體」或「硬碟」等記憶裝置,保存處理到一半的資訊,等到處理結束後,再將圖像存在硬碟內。

另一方面,人眼看到蘋果的影像後,視網膜的細胞會將影

## 電腦 VS 腦

電腦與腦擁有類似的功能。比方說,兩者都能識別圖像中的蘋果,並加以記憶(記錄)下來。但兩者記憶的方式並不一樣。電腦會藉由名為「CPU」的計算裝置,依序處理每個像素的資訊。另一方面,散布在腦內各處的「神經細胞網路」(神經迴路)可以同時活動,平行處理這些資訊。神經細胞的迴路相當複雜,會時常改變,與電腦完全不同。關於腦的記憶、感覺等功能,至今仍有許多未解之謎。

電腦記錄的蘋果示意圖

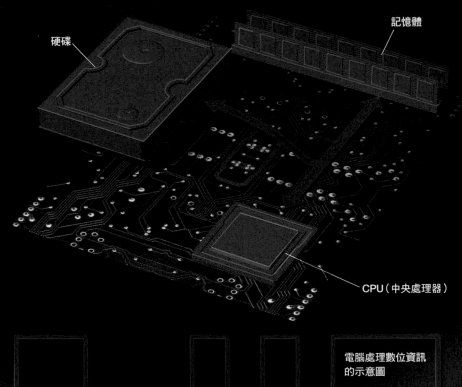

電腦可將資料從頭到尾、滴水不漏地正確保存。只要裝置沒有故障,保存的資料就不會有任何變化。

硬碟

記憶體

CPU(中央處理器)

電腦處理數位資訊
的示意圖

### 電腦的資訊處理

電腦內有計算裝置「CPU」、可以暫時儲存資訊的記憶裝置「記憶體」、保存記錄的記憶裝置「硬碟」。電腦會使用這些裝置依序處理資訊。電腦處理的資訊皆可寫成由「0」與「1」組成的數位資訊。處理資訊的速度相當快,也相當正確,不會有任何「模糊」的空間。

像資訊轉變成電訊號，透過視神經傳到腦部。腦部處理視覺資訊的區域稱做「視覺皮質」，這裡的神經細胞會構成特殊網路（神經迴路），從影像中識別出蘋果。再透過海馬迴，記憶在大腦皮質內（參考第22～23頁）。

**腦內並沒有能與CPU或記憶體完全對應的部位**。不過神經迴路的功能就像CPU，可將暫時性記憶儲存在大腦皮質部分的「工作記憶區」，功能與記憶體相當接近，大腦皮質及海馬迴的功能則類似硬碟。**神經迴路與電腦還有一個很大的不同，就是神經迴路可以同時、平行處理許多資訊**，是非常複雜的資訊處理方式。

另外，**我們意識到的腦部活動，只占了所有腦部活動的一小部分**。而且，**潛意識下的腦部活動，還會影響到我們可意識到的行動與意志**。

意識的「水面下」究竟發生了什麼事？下一頁將介紹腦內資訊處理機制的最新研究。

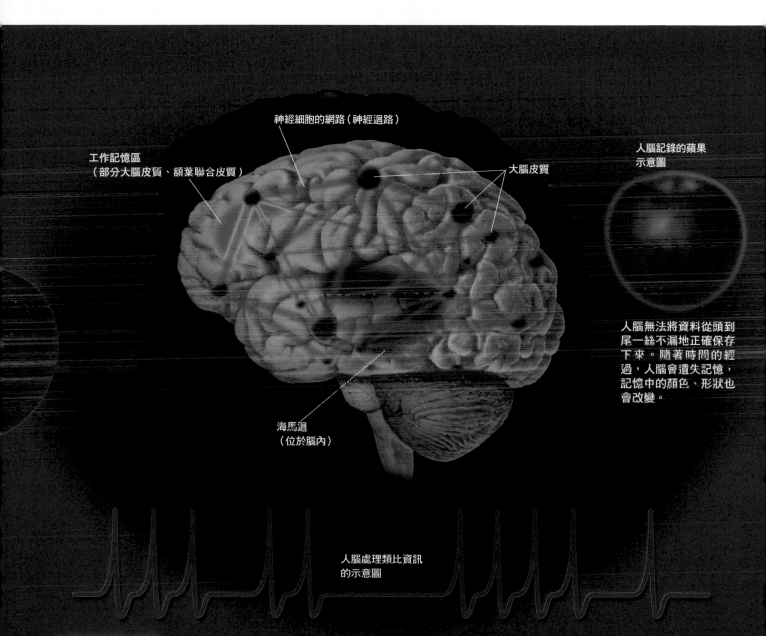

工作記憶區
（部分大腦皮質、額葉聯合皮質）

神經細胞的網路（神經迴路）

大腦皮質

人腦記錄的蘋果示意圖

海馬迴
（位於腦內）

人腦無法將資料從頭到尾一絲不漏地正確保存下來。隨著時間的經過，人腦會遺失記憶，記憶中的顏色、形狀也會改變。

人腦處理類比資訊的示意圖

## 人腦的資訊處理

分布於腦內的「神經細胞網路」（神經迴路）能同時活動、平行處理各種資訊。人腦的「神經迴路」就像電腦的CPU，人腦用來存放暫時記憶的「工作記憶區」可以對應到電腦的記憶體，「大腦皮質」與「海馬迴」則可以對應到電腦的硬碟。人腦會將數位資訊與類比資訊混在一起處理，處理速度比電腦慢，精確度也遜於電腦。不過，即使將不完全的資訊輸入人腦，也能得到一定程度的答案，因為人腦「創造」與「啟發」的能力比電腦強。

# 如果能解讀腦的密碼，就能讀出夢的內容

**假**設有一個人正在看著蘋果。即使我們試著分解這個人的腦，找遍每個腦細胞，也無法在腦內找到「蘋果的圖像」。眼睛所看到的蘋果資訊會轉換成電訊號，送到人腦。而「蘋果的圖像」會以

「特定神經細胞的網路（神經迴路）活動」形式存在腦內。但是，就算我們將觀測到的神經迴路活動記錄下來，也沒辦法馬上轉換成蘋果的圖像。

不過，如果能「解讀」出這些「密碼」般的神經細胞活

動，照理來說應該能讀取出蘋果的圖像。實現了這個想法的人，就是日本京都大學資訊研究所的神谷之康教授。

神谷教授用fMRI觀察人看到某個圖像時，其「視覺皮質」的活動。視覺皮質位於枕葉，是負責處理視覺資訊的大腦部位。**透過fMRI得到的腦部活動資訊，看起來就和「雜訊」沒兩樣。過去從來沒有人想過可以從一張張fMRI的觀**

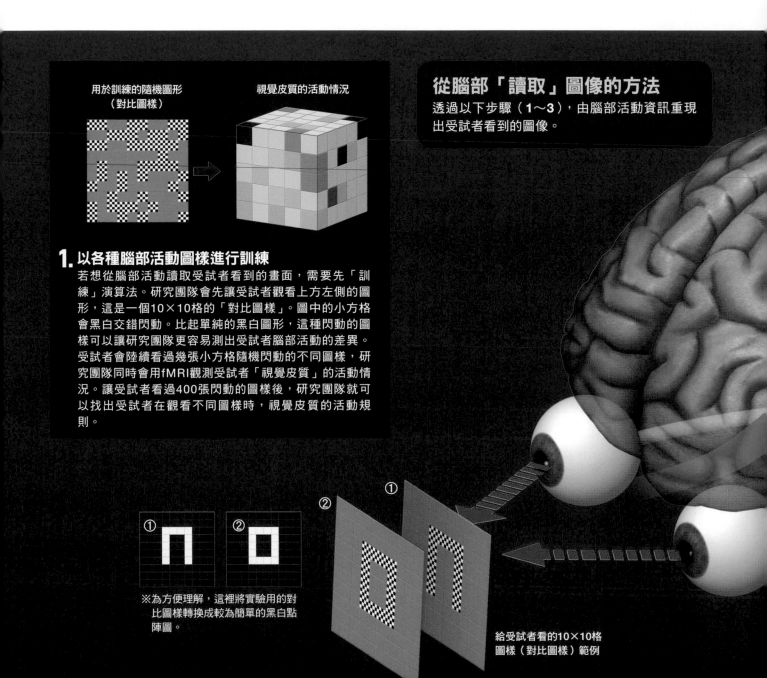

用於訓練的隨機圖形
（對比圖樣）

視覺皮質的活動情況

## 從腦部「讀取」圖像的方法

透過以下步驟（1～3），由腦部活動資訊重現出受試者看到的圖像。

**1.** **以各種腦部活動圖樣進行訓練**

若想從腦部活動讀取受試者看到的畫面，需要先「訓練」演算法。研究團隊會先讓受試者觀看上方左側的圖形，這是一個10×10格的「對比圖樣」。圖中的小方格會黑白交錯閃動。比起單純的黑白圖形，這種閃動的圖樣可以讓研究團隊更容易測出受試者腦部活動的差異。受試者會陸續看過幾張小方格隨機閃動的不同圖樣，研究團隊同時會用fMRI觀測受試者「視覺皮質」的活動情況。讓受試者看過400張閃動的圖樣後，研究團隊就可以找出受試者在觀看不同圖樣時，視覺皮質的活動規則。

① ②

※為方便理解，這裡將實驗用的對比圖樣轉換成較為簡單的黑白點陣圖。

給受試者看的10×10格
圖樣（對比圖樣）範例

察結果得到有意義的資訊。

神谷教授的團隊要求受試者觀看幾張隨機選出的點陣圖，並將受試者的視覺皮質分成幾個區域，用識別圖形的演算法分析腦部活動，最後**成功找出受試者觀看的圖像與腦部活動之間的規則**。之後，他們不斷調整這些規則，**現在研究人員已可直接從腦中「讀取」到受試者看到的圖像**。也就是說，用MRI裝置觀察受試者的腦部，便可以將受試者目前看到的圖像重現在螢幕上。

神谷教授現在正在挑戰讀取人在睡眠時做的「夢」。「這項研究未來或許能幫助我們理解心靈與意識的形成機制。」（神谷教授）

神谷之康 教授
日本京都大學資訊研究所

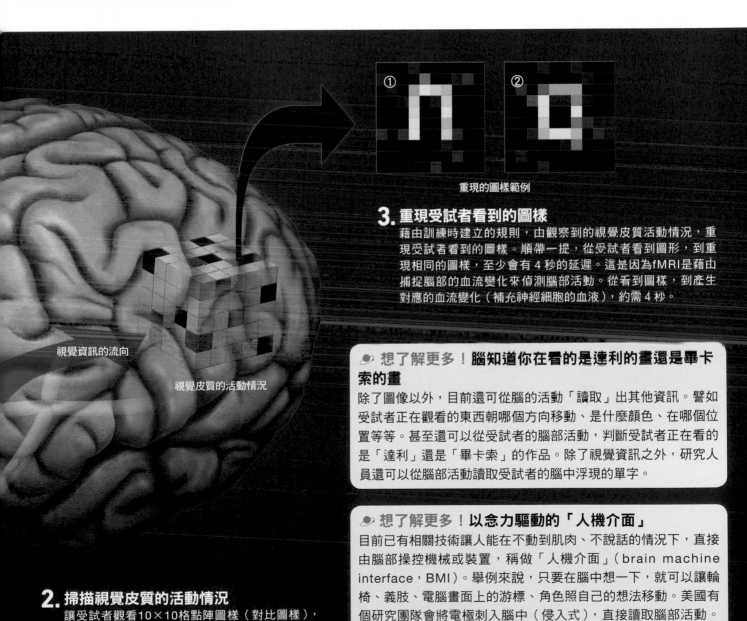

① ②

重現的圖樣範例

## 3. 重現受試者看到的圖樣

藉由訓練時建立的規則，由觀察到的視覺皮質活動情況，重現受試者看到的圖樣。順帶一提，從受試者看到圖形，到重現相同的圖樣，至少會有 4 秒的延遲。這是因為fMRI是藉由捕捉腦部的血流變化來偵測腦部活動。從看到圖樣，到產生對應的血流變化（補充神經細胞的血液），約需 4 秒。

### 🪐 想了解更多！腦知道你在看的是達利的畫還是畢卡索的畫

除了圖像以外，目前還可從腦的活動「讀取」出其他資訊。譬如受試者正在觀看的東西朝哪個方向移動、是什麼顏色、在哪個位置等等。甚至還可以從受試者的腦部活動，判斷受試者正在看的是「達利」還是「畢卡索」的作品。除了視覺資訊之外，研究人員還可以從腦部活動讀取受試者的腦中浮現的單字。

### 🪐 想了解更多！以念力驅動的「人機介面」

目前已有相關技術讓人能在不動到肌肉、不說話的情況下，直接由腦部操控機械或裝置，稱做「人機介面」（brain machine interface，BMI）。舉例來說，只要在腦中想一下，就可以讓輪椅、義肢、電腦畫面上的游標、角色照自己的想法移動。美國有個研究團隊會將電極刺入腦中（侵入式），直接讀取腦部活動。相較之下，日本的研究團隊則使用fMRI等儀器，從外部讀取腦部活動（非侵入性）。

視覺資訊的流向

視覺皮質的活動情況

## 2. 掃描視覺皮質的活動情況

讓受試者觀看10×10格點陣圖樣（對比圖樣），同時觀測受試者的視覺皮質活動情況。這時給受試者看的圖樣與訓練時用的圖樣不同，是全新的圖樣。

# 我們真的是由自己的意志做出決定嗎？

**想**必有不少人聽過「人類只發揮了腦部能力10％」的說法吧。然而，這只是眾多「神話」中的一個，沒有任何科學根據。但我們可以確定，**幾乎所有腦部活動都在我們沒有意識到的地方獨自運作。**

美國加州理工學院的下條信輔教授發起了「下條潛在腦功能計畫」，他與各地研究機構合作，一起研究腦的潛意識。

「選擇」是研究主題之一。舉例來說，走進便利商店，從一排罐裝咖啡中選出想要的品項。這個看似稀鬆平常的選擇，**其實大多是受到潛意識的影響**，而電視廣告就是一大影響來源。

下條教授的團隊打造出讓受試者在店內選購商品的情境，並使用MRI裝置觀測受試者的腦部活動。只要受試者按下手邊的按鈕，就可以透過吸管喝到想喝的飲料，螢幕則會播放類似商品廣告的影片。研究團隊嘗試用fMRI觀察，當廣告影響到受試者的選擇時，腦的哪個部分會變得比較活躍。結果發現，腦部的「殼核」，明顯與受試者的選擇有關（1），即與欲望及快樂的控制有關。**看來廣告會直接作用在我們『原始的欲望』上。**想要用理性強制排除廣告帶來的影響，想必是很困難的事吧。」（下條教授）

另一方面，研究團隊也找到了與物品價值判斷有關的大腦部位（2）。實驗中，研究團隊會以磁場刺激受試者腦部，暫時抑制受試者「右背外側前額葉皮質」的功能，接著再詢問受試者最多願意花多少錢買某項商品。相較於沒有受磁場影響的受試者，接受磁場處理的受試者都設定了較低的價格。**這些受試者都沒有發現，自己之所以會做出不正確的價格設定，是因為右背外側前額葉受到干擾的關係。**

研究者至今仍試著從各個角度，分析潛藏在腦中的祕密。如果這些研究成果就像神經細胞一樣，能夠形成網路彼此相連，我們對腦的理解也就能更進一步。🪐

價值判斷　　過去的飲用經驗　　廣告的影響

## 為什麼你會這樣行動？

當你嘗試著從各種廠牌的罐裝咖啡中進行挑選時，各式各樣的資訊會影響你的選擇。

影響選擇的潛意識資訊大致可以分成兩類。一類是連我們沒注意到的資訊，另一類則是我們雖然注意到，卻並不知道會影響選擇的資訊。以電視廣告為例，一般人知道自己看過廣告，卻可能未曾意識到廣告會影響自己的選擇。

## 我們沒注意自己受到影響

下條團隊研究的是「影響決定的腦部活動」，以下介紹其中兩個研究主題。一個是廣告發揮效果時，活躍的腦部位（1）。另一個則是找出負責進行價值判斷的腦部位（2）。

下條信輔 教授
美國加州理工學院

### 1. 廣告會作用於腦部深處

由研究結果得知，當廣告發揮效果時，「殼核」的部分細胞會活躍起來（下方插圖）。簡單來說，廣告產生的效果可以分成兩種「制約反應」（onditioned response）的組合，即在兩個原本無關的事物之間建立起關聯。當我們感受其中一項事物時，就會自動產生對另一項事物的反應。

舉例來說，如果我們一直看到同一支罐裝咖啡的廣告，在看到特定罐裝咖啡的商標時，就會自動聯想到對應的廣告，也會變得想喝這種咖啡，這種效果稱做「古典制約」（classical conditioning）。另一方面，在商店內選擇罐裝咖啡時，就相當於為了求得報酬（這裡指的是罐裝咖啡）而多次執行特定行動（這裡指的是選擇咖啡）的「操作制約」（operant conditioning）。這兩種條件制約基本上屬於不同的現象。不過，當我們在商店內看到特定罐裝咖啡的商標時，這兩種制約就會同時發揮作用，使我們在不知不覺中買下這種罐裝咖啡。此時，殼核的部分區域也會變得比較活躍。

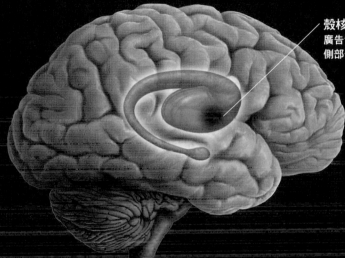

殼核
廣告發揮效用時，「殼核腹外側部分」（紅色區域）。

### 大鼠的同一部位也會變得比較活躍

對大鼠而言，當「古典制約」與「操作制約」同時發生時，同一個部位（殼核）會活躍起來。廣告所觸發的人類反應也可以在大鼠上看到，是一種相對原始的功能。

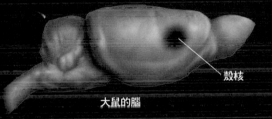

殼核

大鼠的腦

### 2. 腦如何判斷事物的價值？

下條教授利用fMRI進行研究，結果顯示腦的「右背外側額葉皮質」（rDLPFC）（下方插圖）在判斷事物價值時扮演重要角色。為了瞭解rDLPFC的功能，研究團隊使用「TMS」（穿顱磁刺激）方式，以磁場暫時抑制腦內特定部位的功能，進行以下實驗。

研究團隊首先請受試者評估50項商品（各種零食）的價格。接著以磁場抑制受試者rDLPFC的功能，再請他們評估一次這50項商品的價值。結果顯示，rDLPFC功能被抑制之後，受試者所評估出來的價值全部偏低。rDLPFC可能會提供與價值有關的資訊給「眼眶額葉皮質」（OFC），OFC在「選擇」過程中扮演重要角色。

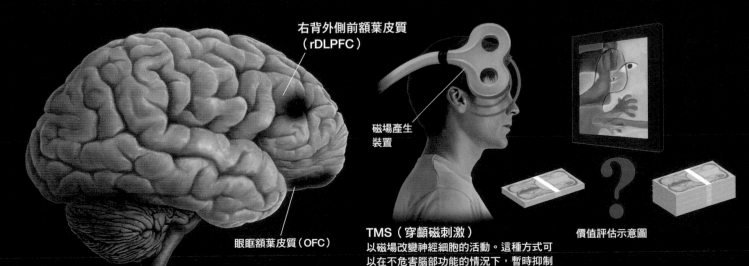

右背外側前額葉皮質
（rDLPFC）

磁場產生裝置

眼眶額葉皮質（OFC）

TMS（穿顱磁刺激）
以磁場改變神經細胞的活動。這種方式可以在不危害腦部功能的情況下，暫時抑制（或促進）某個部位的功能。

價值評估示意圖

# 能將腦部活動影像化的 fMRI

## 研究腦部時不可或缺的裝置，是怎麼開發出來的？

即使是此刻，你的腦細胞也都處於繁忙狀態。究竟是腦的哪個區域在工作？雖然腦像個「黑盒子」一樣，從外面看不到，我們自身也無法察覺。不過，還是有方法能在不破壞腦部的情況下，將腦部活動影像化。這個方法就是「fMRI」（功能性磁振造影）。日本學者小川誠二博士在fMRI基本原理的研究與相關裝置的開發上有很大的貢獻。現在fMRI已廣泛用於腦科學研究與醫療現場，小川博士也被認為有機會獲得諾貝爾獎。以下將介紹fMRI的基本機制與其開發故事。

協助 │ **小川誠二**
日本東北福祉大學特聘教授

**我**們的能夠思考、回憶過去、運動身體，這些行為都須仰賴腦的活動。說得精準一點，我們是仰賴腦的神經細胞（神經元）才能夠做到這一些事。

一般認為成人的腦有超過1000億個神經細胞，神經細胞之間以複雜的網路（迴路）相連。透過這個網路傳送電訊號或化學物質訊號，就是腦部活動的本質。

### 在不傷害腦部的情況下觀測腦部活動？

上述是腦的基本運作原理。但即使知道這些，還是不能說明腦為何能做到這些事。舉例來說，當你讀到這行字的時候，是腦部神經網路的哪個部分在運作？訊號是依照什麼順序傳遞的？翻頁或喝咖啡的時候腦會如何運作？小川博士身為學者，會對這些問題產生疑惑也是理所當然的。那要用什麼方法，才能測定腦部活動？

如果對象是實驗動物，我們可以在其頭蓋骨上開一個洞，直接將電極插入腦內，測量腦部的電訊號。但是在研究人類時，就不能這麼做了。只有在腦部出現某些異常，需要動手術的時候，才會用電極測量腦的電訊號。

另一方面，腦部「電波」的觀測倒是很久以前就有記錄了。將電極放在頭皮上，記錄腦部活動時產生的電訊號，就可以得到腦波，也不會傷到身體。問題在於從腦波測定的結果很難區分訊號是由腦的哪個部位發出。

一般希望可以在不傷害身體的前提下，以一定程度的空間解析度（區分腦內細部位置的能力）測定腦部活動。「fMRI」（功能性磁振造影）能同時滿足這兩個條件，因此也廣泛應用於研究工作。

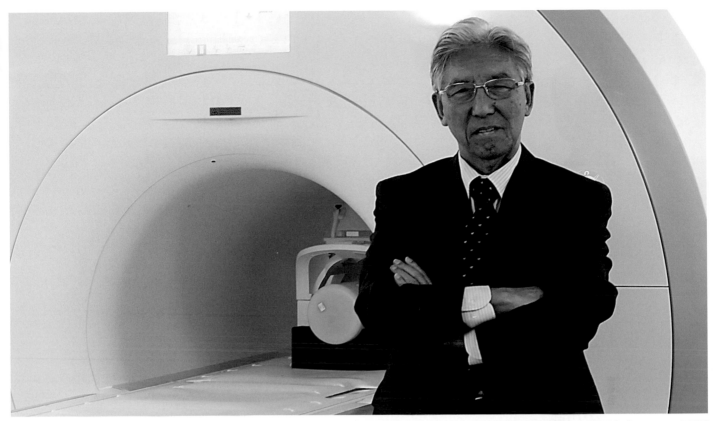

站在fMRI裝置前的小川誠二博士。使用fMRI時，會讓受試者躺在能產生強力磁場的甜甜圈狀裝置（線圈）內。fMRI可測量腦部活動時產生的訊號，藉此瞭解腦內哪個區域正在活動。照片後方為讀取訊號用的裝置。「MRI」攝影技術能讀取身體各部位結構，而fMRI則是其進一步的應用，可直接使用MRI裝置。

## 原子核就像 棒型磁鐵？

　　fMRI為functional（功能性的）magnetic（磁力的）resonance（共振）imaging（成像方法）的簡稱。原本醫學界就會使用「MRI」技術觀察身體內部結構。fMRI則是這種技術的進一步應用，不只能觀察腦的結構，還能觀測到腦部運作。接著來看看MRI的基本運作原理。

　　MRI是利用NMR（nuclear magnetic resonance）的現象，拍攝人體內部結構。就像

### ⊙ 以 fMRI 將腦部活動影像化

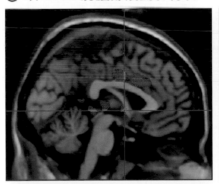
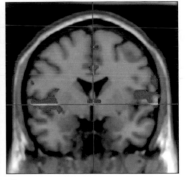
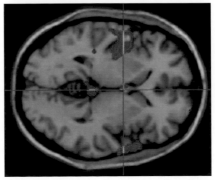

以fMRI觀測到的腦部活動區域圖像。黑白圖案顯示腦部各結構的位置，腦部活動區域則以黃色、橘色標示。由於fMRI可以觀測到任何方向的任一剖面，因此可顯示腦內每個位置的活動情況。

nuclear（原子核的）這個名字一樣，NMR的主角是位於「原子」中心的粒子「原子核」（atomic nucleus），由帶有正電荷的「質子」及電中性的「中子」組成，所以原子核帶正電。

另外，原子核還擁有「自旋」（spin）的性質，這與「自轉」（rotation）類似，為了方便起見，我們可以假設原子核像顆一直在旋轉的陀螺（實際上並非如此）。

一般來說，帶電粒子運動時會產生電流，電流便會產生磁場（magnetic field）。而原子核的自旋也會產生磁場。我們可以將原子核視為許多微小的棒型磁鐵（左下圖）。也就是

說，所有物質都含無數個名為原子核的棒型磁鐵。以上就是NMR中N與M（nuclear magnetic）的說明。

## 把焦點放在原子核「改變方向」的訊號

一般狀態下，構成身體物質的每個原子核的方向都不一樣（1）。如果從外界施加方向固定的磁場，會讓所有原子核轉到與磁場平行的方向。這些原子核會像轉動的陀螺一樣（2），開始出現「歲差運動」（axial precession）。

這個時候，如果再發射一道與磁場方向垂直的特殊電磁波，原子核的方向便會改變，

歲差運動的位相也會趨於一致（3）。這一種現象就稱作「共振」，也就是NMR的R（resonance）。

原本歲差運動不同的原子核在共振狀態下，可以視為一個旋轉的大磁鐵。當磁鐵旋轉時，環繞在周圍的線圈會產生電流，這一個現象就稱為「電磁感應」（electromagnetic induction），產生的電流則稱為「NMR訊號」。

接下來停止發射與磁場方向垂直的電磁波。這時，歲差運動的共振就會消失，使NMR訊號變弱（4）。

由於肌肉、骨骼、體液的組成物質各不相同，根據身體部位的不同，原子核共振消失的

---

### ⊙ MRI 的運作原理

#### 原子核就像棒型磁鐵

原子核的自旋性質，就像在自轉一樣。自旋會使原子核帶有磁場，與棒型磁鐵的原理相似。

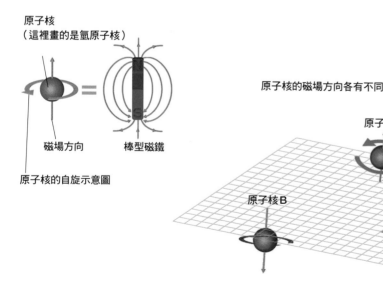

原子核
（這裡畫的是氫原子核）

磁場方向　棒型磁鐵

原子核的自旋示意圖

### 1. 原子核的方向各有不同

實際的物質含有無數個原子核，為方便說明，這裡僅畫出三個原子核。一般情況下，原子核的磁場方向各有不同。

原子核的磁場方向各有不同

原子核A

原子核B　　原子核C

### 2. 施加磁場

自外界施加一定方向的磁場（這裡以垂直向上磁場為例），此時原子核的磁場方向會跟著變動，最後與外界磁場平行。這就像指南針受到地球磁場的影響，指向南北方一樣。

受外界磁場影響的原子核，會像轉動中的陀螺，從轉軸開始旋轉，稱做「歲差運動」。隨著原子核種類及施加磁場的不同，歲差運動在1秒內的旋轉周數（Larmor precession，拉莫爾進動）也不一樣。

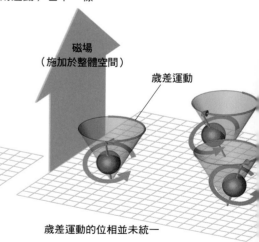

磁場
（施加於整體空間）

歲差運動

歲差運動的位相並未統一

速度（回到原先狀態的速度）也不一樣。因此，只要將原子核從共振狀態回到原本狀態時的NMR訊號圖像化，就可以看到體內各個部位的輪廓。

另外，一般MRI偵測的是氫原子核的NMR訊號。這是因為人體各個組織都含有水，氫原子身為構成水的元素之一，很適合做為MRI的偵測對象。

## 不論柔軟或堅硬的組織，都有適合的拍攝方式

以MRI拍攝體內的狀況時，不會對身體造成傷害，能保有一定的空間解析度，還可以拍到被骨骼所包圍的內部組織。「CT」（computed tomography，

電腦斷層掃描）是一種以X光拍攝體內構造的技術，與MRI同為觀察人體的常用技術。

CT適合用來拍攝骨骼等硬組織，但不容易拍出腦部等軟組織的影像。相較之下，MRI適合用來拍攝含有大量水分的組織，磁場也不會受到骨骼影響，因此適合用來拍攝腦部等被骨骼包圍住的組織。

## 血紅素與氧氣之間的奇妙關係

MRI技術誕生於1970年代，當時小川誠二博士在美國的貝爾實驗室工作。到了1980年代，他突然想到，MRI技術除了可以用來拍攝身體內部結

構，是不是也能夠拍攝體內發生的「變化」？於是他投入了相關研究。

小川博士的團隊以大鼠為實驗對象。有一次，團隊用MRI拍攝大鼠的腦時，可能是麻醉效果過強，大鼠陷入缺氧狀態。這時團隊緊急給予氧氣，卻發現MRI影像瞬間產生變化。明明腦部結構沒有改變，MRI卻拍出了不同的影像。這些變化顯然與氧氣有關。

氧氣被吸入肺部之後，會與紅血球內的一種名為血紅素（hemoglobin）的蛋白質結合，運送到身體各處。每當抵達氧氣濃度低的地方，血紅素便會斷開與氧氣的連結，釋放出氧氣。

## 3. 發射特殊電磁波時會開始共振

發射一道與外界磁場方向垂直，並且頻率與原子核之拉莫爾進動頻率（歲差運動的頻率）相同的電磁波（這裡以左右向電磁波為例）。這麼做可讓每個原子核微小磁棒的方向與歲差運動的位相趨於一致。這就是共振。

眾多原子核的歲差運動共振時，可將之視為旋轉中的大磁鐵。這可以讓周圍的線圈產生電流（NMR訊號）。

## 4. 停止發射特殊電磁波後，會漸漸恢復原樣

停下電磁波後，原子核方向便會恢復原狀，歲差運動的位相也會逐漸錯開。這會使NMR訊號逐漸減弱。不過，即使都是氫原子的原子核，水的氫原子核和脂肪的氫原子核表現出來的NMR訊號減弱速度並不相同。因此，只要測定並比較NMR訊號減弱的情況，就可以描繪出體內構造的輪廓。

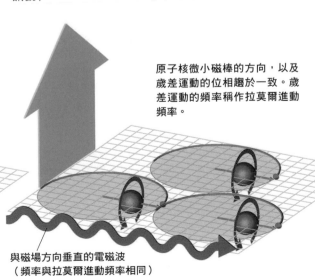

原子核微小磁棒的方向，以及歲差運動的位相趨於一致。歲差運動的頻率稱作拉莫爾進動頻率。

與磁場方向垂直的電磁波（頻率與拉莫爾進動頻率相同）

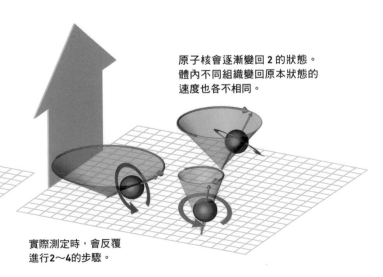

原子核會逐漸變回 2 的狀態。體內不同組織變回原本狀態的速度也各不相同。

實際測定時，會反覆進行2～4的步驟。

沒有與氧氣結合的血紅素，在磁場內的磁力較強，就像一個小型磁鐵。反之，與氧氣結合的血紅素，磁力會變得比較弱。缺氧狀態下，表現出磁鐵性質的血紅素會干擾周圍物質的氫原子核的共振狀態，使NMR訊號減弱。

氧氣供給正常時，進入腦部之前的紅血球，血紅素幾乎都載滿氧氣。抵達腦部後，血紅素會與氧氣分離，缺氧的紅血球再跟著血液離開腦部。這表示氧氣供應正常時，表現出磁鐵性質的血紅素數量減少，NMR訊號增強，使大鼠腦部的MRI影像出現變化，所以我們可以用MRI影像的變化看出各部位的氧氣需求／供給。

小川博士的團隊持續進行研究，發現這種變化其實也顯示了實際的腦部活動。腦部某些區域的活躍，對應該區域神經細胞的活躍，氧氣消耗量也會增加。這個區域的血管中，與氧氣分離的血紅素會增加。為了減緩缺氧狀態，該區血管會擴張以增加血流量。血流量的增加會提供必要充足的氧氣給神經細胞。也就是說，離開腦部活躍區域的紅血球不帶氧氣，帶著含氧血紅素的紅血球則大量進入。這會使NMR訊號出現變化，讓我們可以偵測到腦部活躍區域。

小川團隊在1990年發表與大鼠腦神經活動有關的影像，在1992年成功測定了人類的腦部活動。雖然其他團隊發表成功測定人類腦部活動的時間較早，不過奠定fMRI基礎的人仍是小川博士。

## 除了做為腦功能地圖之外，fMRI還有各種應用

fMRI可以說是腦科學研究的寶物。研究團隊會讓受試者進行各種活動，再以fMRI觀測此時的腦部活動，以歸納出腦部各區域的功能。另外，在研究如何讓腦與機械溝通的領域「腦機介面」（BMI）中，已可透過fMRI的幫助，讓受試者藉

### ⊙ fMRI 可以觀察到血紅素所造成的 NMR 訊號變化

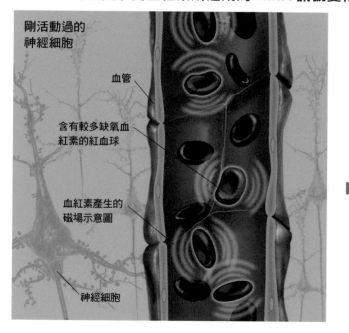

剛活動過的神經細胞

血管

含有較多缺氧血紅素的紅血球

血紅素產生的磁場示意圖

神經細胞

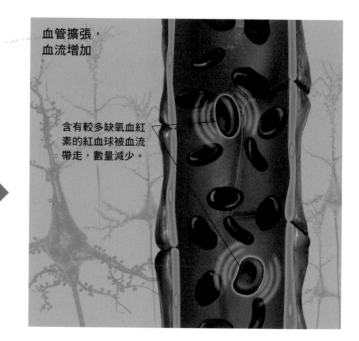

血管擴張，血流增加

含有較多缺氧血紅素的紅血球被血流帶走，數量減少。

左圖為腦內剛活動過的神經細胞周圍的血管。神經活動會消耗氧氣，故血紅素多呈缺氧狀態。圖中以紫色表示含有較多缺氧血紅素的紅血球。缺氧紅血球會表現出與磁鐵相似的性質，圖中以黃色線條來表示磁場。血紅素磁場會降低周圍物質之原子核的共振程度，使NMR訊號變弱。

消耗氧氣後，血管會稍微擴張，增加血流，如右圖所示。增加的血流會帶走含有大量缺氧血紅素的紅血球，增強周圍的NMR訊號。fMRI可以藉由NMR訊號的變化，測出腦部特定區域的活動情況。從神經細胞活動到血流量增加，要花幾秒鐘的時間。

由腦中的想像來操控特定機械。另外，目前也有團隊在研究如何透過睡眠時的fMRI測定結果，推測受試者的夢境。腦被稱作「人體最後的祕境」，而在腦科學的研究中，fMRI已是不可或缺的工具。

另一方面，腦科學研究也會遇到一些難關，首先是空間解析度（spatial resolution）的問題。目前fMRI的空間解析度約為1毫米。聽起來好像解析度很高，但對腦科學研究來說還遠遠不足。

腦內有所謂「柱狀結構」（columnar structure）的單位，約10萬個神經細胞會聚集成團處理資訊。這種單位廣泛存在於腦中，在處理資訊的過程中扮演重要角色。柱狀結構的大小約為0.5毫米，因此如果想分辨出各個柱狀結構的活動情形，需要更高的空間解析度。若想提高空間解析度，則需要更強的磁場，但這在技術上卻沒那麼簡單。

## 難以區分出腦內
## 各部位的活動順序

第二點的時間解析度問題更為嚴重。目前fMRI捕捉的訊號並非源自神經活動本身，而是由神經活動造成的血流量變化（精確來說，應該是神經細胞的活動造成血流量改變時，缺氧血紅素的數量變化）。神經活動的結果至少要幾秒鐘，才能反映到血流量上。

然而，神經活動卻會以數十毫秒（1毫秒為1000分之1秒）為間隔持續變化。研究團隊也想追蹤這些變化迅速的神經活動記錄。畢竟，如果想理解腦部運作機制，除了要知道腦部的活動區域之外，掌握活動順序也是很重要的。

近年來，學界開始把焦點轉向「讓受試者處在放鬆模式」時的腦部活動，也就是在沒有特別處理某個問題時，腦部的自發性活動。這時的腦部並非無秩序狀態，我們可以透過fMRI工具，觀察到此時的腦部仍會依循某種特定模式活動。研究特定模式或許能讓我們進一步瞭解過於複雜、難以看清全貌的腦部網路結構。若想捕捉這種動態活動，就必須提高時間解析度，才能知道各個部位對應的活動順序。

然而，以fMRI測定血流變化時，無法達成必要的時間解析度。若想解決這個問題，就必須觀測血流變化以外的資料，做為腦部活動的依據。

或許，可以把焦點放在神經細胞活動時產生的電流。電流會產生磁場，照理說會影響fMRI的NMR訊號，但這樣的影響非常小，目前的fMRI裝置偵測不到這些變化。

## 新型測定裝置或許能
## 拓展腦科學的研究領域

除了fMRI之外，還有MEG（magnetoencephalography，腦磁波儀）技術，可以用來觀測神經細胞活動時產生電流所造成的磁場變化。在神經元將訊號傳送給另一個神經元時，MEG可以從頭部外側，測量到神經元接收到訊號後產生電流（突觸後電位）造成的磁場變化。

腦的表層（皮質）上有許多名為「錐體細胞」（apical dendrite）的神經細胞。這些細胞的神經纖維方向多與腦部表面垂直。也就是說，每個錐體細胞的神經纖維彼此平行。當數萬個錐體細胞同時產生突觸後電位時，加總後的磁場變化大到在腦的外部就可以測量得到。

MEG的空間解析度僅約1公分，但時間解析度可高達數毫秒，唯一缺點在於MEG只能用來測定腦表層部分的活動。

不管是哪個時代，科學的各個領域都在研究、開發新的工具。fMRI正是一個為腦科學研究開啟新時代的工具。近年來，能整合fMRI與MEG測定結果的工具也正在陸續開發中，推動著腦科學研究繼續往前邁進。

專訪 小川誠二 博士

# 大發現的契機，出自偶然

在美國貝爾實驗室進行研究工作的小川誠二博士，開發出觀測腦部活動的劃時代工具「fMRI」。本書藉由與小川博士對談的機會，深入了解開發的經過。

**Galileo**——您從東京的高中畢業之後，便進入東京大學的工學院就讀。後來為什麼會參與fMRI的開發工作呢？

**小川**——我原本就很喜歡自然科學和數學，就讀大學前曾想過以後要建造船舶等等大型物體。但我入學以後，發現自己不適合繪製詳細設計圖之類的細緻工作，於是便轉往研究物理現象。當時，以輻射線研究各種物質的性質是學界的熱門研究主題。所以我便進入以輻射線改良纖維品質的研究室，後來在大日本紡績（現在的UNITIKA）公司工作。

**Galileo**——後來您就到美國留學了嗎？

**小川**——是的。我後來在梅隆研究所研究「EPR」（electron paramagnetic resonance），也就是電子的磁共振現象。這時我深深體會到自己的知識不足，決定進入美國的大學繼續深造。我在史丹佛大學研究電子的磁共振現象，獲得博士學位後進入貝爾實驗室工作。

**Galileo**——貝爾實驗室出了好幾個諾貝爾獎得主，是個相當有名的實驗室呢。

**小川**——我能進貝爾實驗室是運氣好，再加上當時的指導教授極力推薦。

## 缺氧的大鼠是開發 fMRI技術的契機

**Galileo**——您在貝爾實驗室的期間，都在進行什麼樣的研究呢？

**小川**——將細胞放入試管內，再進行各種代謝（生物為維持生命而進行的各種化學反應）實驗，觀察NMR訊號會有什麼變化。

**Galileo**——研究對象從原本的電子磁共振現象，變成原子核的磁共振嗎？

**小川**——是啊。我開始對NMR的影像化產生了興趣。使用NMR的MRI技術早在1970年代便已開發出來，而我投入相關研究時已經是1980年代。單純的MRI研究在那時候也玩不出什麼花樣。於是我便開始思考，MRI觀測到的訊號是否含有其他資訊，譬如體內發生的各種變化，並著手研究。

**Galileo**——這樣的想法在當時很少見嗎？

**小川**——我不曉得當時有沒有其他研究人員有類似的想法，但這個想法應該沒那麼普遍。當時大部分的研究人員都把目標放在提

小川誠二（Ogawa Seiji）
日本東北福祉大學特聘教授。1934年出生於東京，美國貝爾實驗室成員。1990年發表fMRI基本原理的論文。2003年獲得蓋爾德納國際獎，2009年獲得湯森路透引文桂冠獎，被認為是諾貝爾獎的熱門候選人。

高MRI性能的方向上。

Galileo——在研究工作的初期，您就訂下開發fMRI技術的計畫了嗎？

小川——不，雖然不是什麼值得誇耀的事，但fMRI的開發完全是個偶然。那時候我正以大鼠為實驗對象進行研究。有一次，麻醉後的大鼠陷入缺氧狀態。

在我緊急的提供氧氣之後，MRI圖像的對比突然降低。我們從很久以前就知道，帶有氧氣的血紅素與不帶氧氣的血紅素有不同的磁性。所以我馬上就聯想到，MRI圖像的改變應該和血紅素有關。

Galileo——原來如此。這個事件就是您開發fMRI的契機囉。

小川——沒錯。接著只要做實驗確認這個想法是否正確就可以了。我們用MRI檢測缺氧而死的大鼠腦部，得到了對比很高的圖像。然而同樣是缺氧而死，因一氧化碳中毒而死亡的大鼠，腦部MRI圖像的對比則非常低。一氧化碳與血紅素的結合能力相當強，死於一氧化碳中毒的大鼠，血紅素皆處於與一氧化碳結合的狀態。血紅素是否有與其他物質結合，會影響到血紅素做為磁鐵的性質。我們從MRI圖像的變化確認了這點。

學界在100年前左右就已經注意到「腦部活動時，血流量會出現變化」。現今也確實有某些團隊利用血流量的變化來測定腦部活動。

Galileo——您所說的是PET※技術嗎？

小川——沒錯。不過我們並不是直接測定血液流量本身，而是試著記錄血紅素與氧氣結合或分離時，MRI圖像會出現的改變。1990年時，我們發表了以大鼠為實驗對象的論文。後來也用人類做實驗，並於1992年發表論文。不過在人類實驗的結果發表上，倒是其他團隊早了一步。

Galileo——當時有獲得很大的迴響嗎？

小川——沒錯。我們能在不傷害身體的情況下，直接測量腦部活動，這項技術吸引了很多人的關注。於是以fMRI研究腦部活動的團隊一下子增加了許多。

## 重要的是
## 學好基礎知識

Galileo——小川博士您本身後來有繼續做fMRI的研究嗎？

小川——我做過各種研究，想試著改善fMRI的時間解析度。但到至今都難以實現。我們想過要用血紅素以外的物質做為fMRI訊號的來源，或者用完全不同於fMRI原理的方式進行研究，但仍沒什麼進展。希望以後有人能開發出更新的研究方法。

Galileo——回顧您自身的研究經歷，您能得到如此豐碩的研究成果，關鍵是什麼呢？

小川——我只是幸運處在很好的環境下而已。在某種程度上，貝爾實驗室的研究人員相當自由。這種能進行基礎研究的環境，可以說是第一條件吧。

另一個條件則是剛好碰上有趣的問題。做基礎研究的時候，有些人一開始就想試著挑戰很大的問題，但也有人在進行相關研究的時候，發現了有趣的新事物，便著手研究新的問題。當時的我就是後者。

Galileo——對於現在的科學研究環境，您有什麼樣的想法呢？

小川——目前幾乎所有研究都被要求要能「應用在社會上」。一項研究成果能馬上對社會做出貢獻固然很好，但很多研究工作並非如此。不少研究工作在最初並不曉得可以用在哪裡，後來才找到了相關用途，我的研究就是這樣。所以我認為「要是不能貢獻社會，就不該享有研究資源」的想法並不恰當。

Galileo——有什麼話想對年輕讀者說嗎？

小川——如果問我「在自己的人生經驗中，最重要的事是什麼？」我的答案會是「學好基礎知識」。進行某項研究時，能不能用基礎知識理解各種現象，可以說是最重要的課題。國中、高中的數學、自然科學等，都是大學知識的基礎。如果你下的功夫夠深，或許以後能幫你解決各種問題。　　　　　　　●

※：PET（正子斷層照影）為Positron Emission Tomography的縮寫。測量時，會先為受測者注射能產生正子（帶有正電荷，與電子相似的粒子）的藥劑，然後藉由測定正子在體內的分布，將體內結構圖像化。

專訪 **岡野榮之** 博士・**宮脇敦史** 博士

# 以解明腦部全貌為目標之 「革新腦」計畫的未來

2014年，繼美國、歐洲之後，日本也啟動了國家級腦科學研究計畫。腦控制了我們的行動與思想，而這個計畫的目標就是了解腦部全貌，並希望能藉此改善現代社會中失智症、運動障礙、精神疾病等問題，是一個相當龐大的計畫。日本究竟要用什麼戰略執行這個計畫？具體來說又該怎麼做？以下是計畫主任岡野榮之博士、宮脇敦史博士的專訪。

＊：本篇為2016年8月採訪的內容

## 人類基因體計畫的成功 在後面推了一把

**Galileo**——為了解人類腦部的神經迴路全貌，2013年時美國推出了「腦科學計畫」（Brain initiative）、歐洲推出了「人類腦計畫」（Human Brain Project，HBP），而在2014年時，日本也推出了「藉由革新技術解明腦部網路全貌的計畫」（革新腦，brain/minds）[※1]。這些計畫都是長達10年的大型計劃。為什麼現在世界各地都在推動國家等級的計畫呢？

**岡野**——人類的腦還有許多未知的部分，可以說是生物學中最後

※1：革新腦計畫屬於日本國立研究開發法人日本醫療研究開發機構（AMED）的業務。計畫分成47個主題，由日本國內各大學、研究機構共600名研究者共同執行。

的秘境。一般認為失智症與精神疾病的起因是腦部神經迴路的異常，但我們至今仍不清楚神經迴路究竟如何形成、如何運作。為了徹底瞭解這些原理，才有了這個計畫。

不過，這個大工程不是靠一個研究室或一個國家就能辦到的。在1980年代末開始的「人類基因體計畫」（Human Genome Project）中，為了解開人類的30億對鹼基序列，全世界的研究者跨越國界，彼此合作，共同朝著目標前進，最後達成目標。這樣的前例讓世界各地的研究者更有意願一起來解決這個問題。

**Galileo**——這三個計畫是將腦分成好幾個區域，然後用相同的方法分析該區域嗎？

**岡野**——不，這三個計畫並非彼

此分工的關係。三個計畫的研究方法、制度都不一樣。不過在「解明腦部結構與功能，研究腦部疾病，以開發出創新的治療方法」這一點上，我們的目的是相同的。

**Galileo**——是不是有某些新發明的技術，或者改良過的技術，間接推動了這些計畫呢？

**岡野**——光遺傳學（optogenetics）就是其中之一。我們可以用光照射特定神經元，暫時操控該神經元的功能。所以，我們可以藉此分析出每個神經迴路分別負責的行動。

另外，腦部視覺化技術的進步也是重要推手之一。過去研究人員常使用稱為fMRI（功能性磁振造影）的視覺化技術觀察腦部變化。但fMRI反映在圖像上的過

岡野榮之（Okano Hideyuki）
日本國立研究開發法人理化學研究所腦神經科學研究中心狨猿
神經結構研究計畫主任。日本慶應義塾大學醫學系生理學教室
教授。醫學博士。1959年出生。日本慶應義塾大學醫學系畢
業。專長為分子神經生物學、發育生物學、再生醫學。研究主
題為中樞神經的發育與再生，致力於開發以神經幹細胞修補脊
髓損傷的治療方法。

宮脇敦史（Miyawaki Atsushi）
日本國立研究開發法人理化學研究所腦神經科學研究中心細胞
功能探索技術開發計畫主任。醫學博士。1961年生於岐阜縣。
日本慶應義塾大學醫學系畢業。專長為生物影像。致力於生物
視覺化技術的開發，包括顯微鏡改良、探針開發等。著有《螢
光影像革命》一書。

程中需要一些時間，沒辦法即時掌握腦部活動變化。而且，fMRI的解析度也不足以顯示細胞等級的細部反應。不過，就像接下來會提到的，隨著新技術的登場，我們克服了這些問題。可以說是操作技術與視覺化技術的進步，推動了這個計畫前進。

## 聚焦在狨猿腦的戰略

Galileo——革新腦計畫如何分析腦的運作呢？

岡野——和兩個外國計畫相比，革新腦計畫最大的特徵是於聚焦在狨猿（marmoset）這種小型靈長類的研究上。

Galileo——為什麼要研究狨猿的腦呢？

岡野——一般會用小鼠來做實驗，但小鼠的腦部結構與人類有很大差異。小鼠等嚙齒類動物演化成靈長類時，腦部明顯變大、變得更複雜。因此，我們必須用與人類接近的靈長類動物的腦來做研究。小型靈長類中，狨猿的腦相當小，只有8公克，很適合詳細分析整個腦的神經迴路。而且狨猿的額葉發達，這點與人腦相似。

在開始這項計畫之前，我們成功改造狨猿的基因，培育出實驗所需的疾病模式生物（model organism）。我們使用這些模式生物個體來研究腦的結構、功能、疾病。

Galileo——改造狨猿的基因很簡單嗎？

岡野——是的。狨猿性成熟的時間相當短且繁殖率高，1歲便可繁衍後代。而且雌猿產子數多，一生可產下數十隻子代，是一種很適合用來改造基因的生物。

Galileo——你們用狨猿成功培育出了帶有人類神經疾病、精神疾

病的模式生物嗎？

岡野——沒錯。培育疾病模式生物時，能否將原本用於診斷人類疾病的標準運用在疾病模式生物上，是非常重要的一點。我們培育出來的帕金森氏症猴猿，就表現出了運動障礙與睡眠障礙，疾病進展過程也與人類患者相似。

Galileo——這個計畫會研究每一個神經元的連接方式與功能嗎？

岡野——可惜的是，我們並不會看到那麼細。我們計畫的首要目標在研究神經疾病、精神疾病患者的腦中，那些被認為可能有異常的區域是否真的和正常的腦有所差異，譬如患者的這些腦部區域是不是真的比較小。

另外，我們會特別關注在靈長

類的進化過程當中逐漸發達的某些特定區域，譬如前額葉皮質（prefrontal cortex）、視覺皮質（visual cortex）等。以小鼠做研究時觀察不到這些區域的變化，所以我們認為這些區域相當重要。

### 從整體腦部到單一突觸，用三種層次的比例尺觀察腦部情況

Galileo——革新腦計畫似乎是分成三個計畫吧。

岡野——首先，我的團隊負責研究猴猿腦的視覺化，進行結構與功能的位置對應（mapping）作業。如同前面提到的，我們會改造猴猿的基因，培育出患有疾病

的模式生物個體。

另一方面，宮脇老師的團隊則負責開發位置對應過程中需要的技術。其中，「腦透明化技術」扮演了相當重要的角色，等一下宮脇老師應該會再做說明。

Galileo——能不能請岡野老師說明一下您的團隊負責的位置對應研究？

岡野——我們會將觀察腦的倍率分成三個尺度進行分析，分別是巨觀、中觀、微觀。

Galileo——為什麼要分成三個尺度呢？

岡野——進行腦部的位置對應工作時，用到的尺度範圍很廣。就像看Google地圖一樣，確認個別建築物的位置和確認地球整體

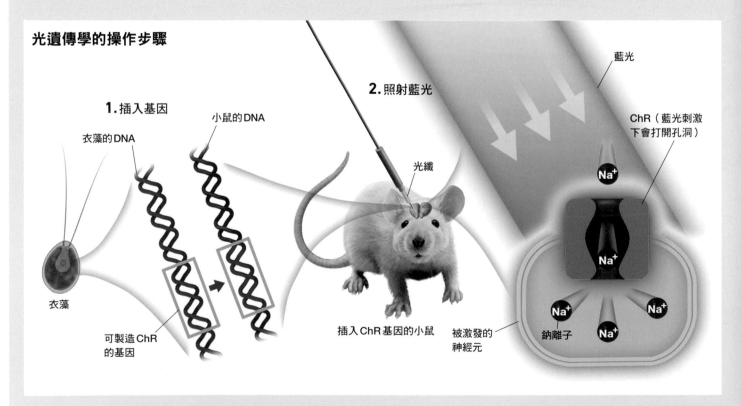

**光遺傳學的操作步驟**

**1.** 插入基因

衣藻的DNA

小鼠的DNA

衣藻

可製造ChR的基因

**2.** 照射藍光

光纖

插入ChR基因的小鼠

被激發的神經元

藍光

ChR（藍光刺激下會打開孔洞）

Na⁺

Na⁺

Na⁺

Na⁺

鈉離子

Na⁺

從衣藻的DNA（去氧核醣核酸）中取出照光時會產生反應之蛋白質「ChR」的基因，再將其插入小鼠的DNA內（**1**），小鼠的神經元便能製造出ChR。ChR被藍光照到時會打開孔洞，使細胞外的鈉離子進入細胞內。故以藍光照射神經元時，表面有ChR的神經元就會被激發（**2**）。從照射藍光到ChR打開孔洞產生電訊號，中間只需要1000分之1秒。

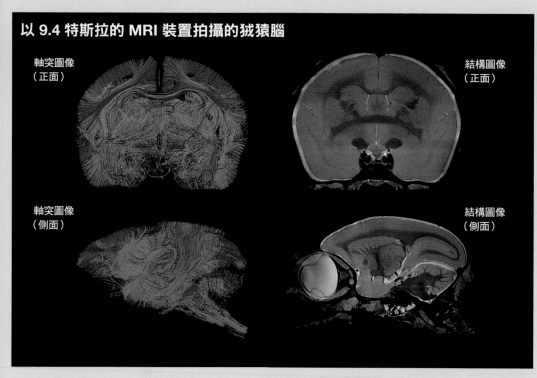

以 9.4 特斯拉的 MRI 裝置拍攝的狨猿腦

軸突圖像（正面）

結構圖像（正面）

軸突圖像（側面）

結構圖像（側面）

以9.4特斯拉的MRI裝置拍攝的狨猿腦圖像。左邊是從正面（上）與側面（下）拍攝神經元軸突連接情形所得到的DTI圖像。為了方便辨識，圖中將不同走向的神經纖維群加上不同的顏色。右邊則是腦部結構的正面（上）與側面（下）圖像。
資料提供：畑純一（日本理化學研究所，慶應義塾大學醫學系）

狀態時，會使用不同的比例尺。我們的最終目標是要確認每個神經突觸的位置，再以此理解腦部整體的運作。但目前沒有方法能夠一次定位每個突觸的位置，所以我們會分成數種尺度，在不同的尺度下使用不同方法研究。

Galileo——巨觀尺度會用什麼方法？

岡野——我們會使用磁場強度為9.4特斯拉的MRI觀察腦部整體的狀況並進行研究。這種MRI配有特殊裝置，可以在給予狨猿行動任務的同時，將腦部活動視覺化。而且我們還可以用這種裝置拍攝擴散張量影像（diffusion tensor imaging，DTI）。DTI可以顯示出神經元軸突的連接情況，也就是能將某個神經元和另一個神經元之間的連接強度視覺化（如上圖所示）。因此，我們可以藉此瞭解腦部各區域間的連接情況。

另外，這種技術也能用來觀察清醒狀態下的腦，所以可用來研究腦部各區域的功能。當我們給予狨猿某項任務時，如果解剖學上的相異腦部區域會跟著一起活躍，就表示這些區域彼此間有功能上的相關性。

我們會用上述方法分析正常狨猿的腦部情況或是疾病模式生物個體，也就是患有帕金森氏症、自閉症等疾病之狨猿的腦部情況，藉以瞭解患者的神經元連接的情況。

Galileo——中觀、微觀尺度的解析會如何進行呢？

岡野——中觀尺度下，我們會用光學顯微鏡來觀察腦部活動。這個尺度下的解析度為微米等級，也就是能夠看清細胞。微觀尺度則會用到電子顯微鏡，可讓我們看到完整的神經元突觸，了解神經元會形成什麼樣的突觸，是相當重要的課題。

Galileo——目前有辦法看到基因的運作方式嗎？

岡野——是的，我們正在做。這是屬於中觀尺度的研究。我們會用所謂的「原位雜交技術」（In situ hybridization）來研究某些基因在腦部各個區域的表現情況。我們預計研究400種左右與腦部發育有關的基因在神經疾病及精神病患者體內的表現情況。

## 將腦透明化，看得更深、更廣、更細

Galileo——能不能請宮脇老師說明一下您的團隊負責那一些技術開發？

宮脇——首先是「腦部狀況視覺化」技術的開發。過去的相關研究中，都是觀察齧齒類動物，特別是小鼠的腦。不過這個計畫中

## 以特殊藥劑提升透明度的腦標本

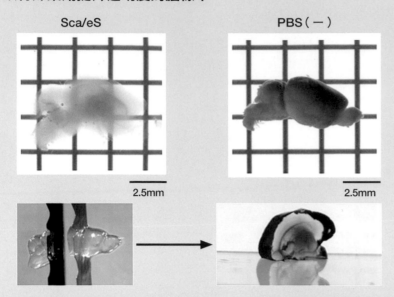

Sca/eS　　　　PBS（一）

2.5mm　　　　2.5mm

上方的兩張圖為小鼠切成兩半的大腦。左圖是以宮脇博士的團隊所研發的試藥「Sca／eS」處理過的腦，右圖則是以普通緩衝溶液PBS處理過的腦，作為對照。以特殊試藥處理過後的樣本會變得透明。下方兩張圖是從透明大腦上切下來的標本。可以看到標本並沒有因為切片而扭曲變形，能保持直立，也能保有巨觀結構。切下來的標本靜置在空氣中時，會有反光、折射，所以看起來並不透明。不過在觀察細部結構時，因為用了特殊試藥，可清楚看到透明的組織。

的觀察對象是靈長類的獼猴，腦也大了許多。於是，如何看得更深、更廣、更細，就成了一大課題。如果是已經死亡、固定住的樣本，我們自然可以詳細分析腦部結構，研究這種樣本時，這三個課題也相當重要。而如果除了腦部結構也想知道腦部各區域的功能，就要以活體的腦作為研究對象。當然，除了時間的限制之外，我們還希望能更快得到結果，看得到更長時間的細胞活動。我們就是為了達成這些條件而開發新技術。

**Galileo**——前面提到了「腦透明化技術」，究竟是怎樣的技術？

**宮脇**——我們會用螢光來標示腦內各種結構。也就是在將標本固定後，以螢光標定結構中的各個部位。如果要讓標本在三個維度上都有螢光標記，又要能看到深處細節，就必須提高標本的透明度。而要提高透明度，就要減少光的散射。減少散射的方式很多種，世界各國的團隊都有自己的方法。一般來說，研究團隊會在浸泡標本的液體組成下工夫。有一些團隊會使用有機溶劑，有些團隊則像我們一樣，使用水溶性試劑。

**Galileo**——標本是否越透明就越好呢？

**宮脇**——這就是困難的地方了。要是過於追求透明度，就會破壞腦部結構，容易使螢光標示訊號消失。問題在於如何在保留結構與訊號的情況下，盡可能提升透明度。比方說，如果用有機溶劑處理標本，可以獲得很高的透明度，螢光訊號卻也容易消失。

在新的方法中，我們也嘗試將持續一段時間的腦內現象製成標本，固定住螢光訊號，接著再切下感興趣的部位並透明化。

**Galileo**——將腦內情況視覺化的標示（探針）是用什麼製成的？

**宮脇**——在研究活體腦內的神經元活動時，我們常使用能與鈣離子反應的螢光探針。當神經元被觸發，神經元內會充滿鈣離子。不過，鈣離子的濃度變化其實發生在神經元興奮之後。在神經元興奮的瞬間產生變化的，其實是神經元的膜電位（membrane potential），所以我們正在開發能夠對膜電位產生反應的探針。

**Galileo**——過去使用的工具都是用在小鼠的腦，研究對象換成獼猴時，是不是也要改進探針呢？

**宮脇**——就像之前提到的，獼猴腦比小鼠腦還要大，要是探針的亮度不夠，就沒辦法探測到深處的訊號。腦部表面的皮質厚度約為數毫米，底下還有海馬迴與杏仁核等結構。為了觀察到底下的結構，我們需要做各種改進，使探針變得更亮、更敏感。

**Galileo**——研究團隊會不會從其他方式切入，想辦法做到「更佳的視覺化效果」？

**宮脇**——我們會投入開發光學顯微鏡，目的就是要觀察神經迴路的結構與功能，所以會將市面上的顯微鏡改造成符合需求的樣子。另外，使用一般的光學顯微鏡拍攝時，如果要滿足前面提到的五個觀察條件，也就是更深、

更廣、更細、更快、時間更長，拍出來的檔案會非常大。因此，如何取得圖片、保存、分析等軟體上的問題也是一大重點。

**Galileo**——除了「更佳的視覺化效果」這個主題之外，還有哪些正在開發的技術？

**宮脇**——「操作」與視覺化同樣重要。光遺傳學讓我們能進行光操作。所謂的光遺傳學，是用基因轉殖方法，將衣藻等藻類所擁有之感光物質的基因插入哺乳類的特定神經元內。只要被外界的光照射到，這個特定的神經元就會興奮或受到抑制。我們可以藉由操控特定的神經元，觀察此時動物會產生的實際行動，因此可用來確認各個神經元和動作的關聯。當然，這也有技術上的問題。舉例來說，我們沒辦法讓不同種類的神經元在極短的時間差之下依序興奮。因為在腦科學的研究中，不只需要知道哪些神經元會參與活動，也需要知道時間順序上的分析。我們的團隊正在嘗試突破這樣的技術障礙。

## 與臨床研究的合作
## 扮演著重要角色

**Galileo**——革新腦計畫的支柱有三個團隊，能否請您說明一下第三個團隊的情況？

**岡野**——第三個團隊是臨床研究團隊。這個團隊以人類患者為核心展開研究，我與宮脇老師的團隊則以基礎研究為主。我們會活用彼此的資源與角度互相合作。

舉例來說，我的團隊在培育疾病模式生物時，會拿臨床研究團隊提供的資料，做為模式生物是否發病的指標。比起其他疾病，要診斷動物是否罹患精神疾病並不容易，因此臨床研究團隊的協助相當重要。另外，臨床研究團隊會蒐集患者腦部的影像資料。在知道腦部哪些區域可能與這些疾病有關後，我們會優先著手這些區域的位置對應工作。

**Galileo**——反過來說，基礎研究的成果是否也能幫助臨床研究？

**岡野**——當然可以。研究時，我們會想知道患者腦部神經迴路哪裡出現異常，試著定位出異常區域的詳細位置。但我們總不可能要求患者一直待在實驗室做檢查。如果是用猿猴進行研究，就能定位出異常區域的詳細位置。這種方式可以提升診斷患者時的精確度，也能在患者出現症狀前就診斷出疾病。而在猿猴身上發現了也能應用在人類診斷上的標記（marker），我們稱作「可轉譯生物標記」（translatable biomarker）。我們也可以用各種方法嘗試治療疾病模式生物，並將之應用在醫療現場。

**宮脇**——站在技術開發者的立場，我們會在已知患者腦內現象的情況下，大量製造能將這些現象視覺化的探針。其中我們又特別關注阿茲海默症、帕金森氏症等疾病，目標就是要在早期診斷出這些疾病，或是能掌握疾病的進展狀況。

將患病動物的腦透明化後，可以知道病變是如何在腦內擴展，或是相關化學物質如何累積。過去只能用標本切片的方式觀察這些資訊，獲得分散的二維資訊，比較難確實掌握到兩個病變區域之間的距離。將腦部透明化之後，我們就可以獲得三維的資料或是可以處理「深度」的數值。

因為我們觀察的東西不是物理性的切片標本，因此可以不限次數從任何方向截出剖面圖，獲得沒有損傷、準確無誤的資料。

Galileo——在老師的研究中，也曾將阿茲海默症患者的腦透明化，觀察病變區域發展？

宮脇——是的。阿茲海默症的患者腦部會出現所謂的類澱粉蛋白斑（amyloid plaque）病變[2]。腦內有一種名為微膠細胞[3]的免疫細胞，它會纏住類澱粉蛋白斑，引起發炎反應。我們會將罹

※2：由名為類澱粉蛋白 $\beta$（$\beta$-amyloid protein）之蛋白質所組成的異常凝集體，會在神經元之外形成。

※3：一種「神經膠細胞」，分布於腦內神經元之間，與免疫反應有關的細胞，可以吞噬損傷的細胞、以及類澱粉蛋白斑這種沉積在神經元外的「廢物」。

※4：不同抗體可以針對不同的蛋白（抗原）進行辨識與附著。例如某抗體可以附著在侵入體內的某病原體上，讓免疫細胞能識別並攻擊這些病原體。由於不同抗體能夠附著的對象不一樣，利用這種性質，我們可以製造出欲標識物體的抗體用於相關實驗。

患疾病的動物與患者死後的腦部透明化，以抗體[4]標識，研究微膠細胞和類澱粉蛋白斑的位置關係。過去我們會以微膠細胞及類澱粉蛋白斑的糾纏程度做為發炎的指標，後來卻有了意外的發現。以前認為前類澱粉蛋白（amyloid precursor protein）不會導致發炎，但其實它們會引起比類澱粉蛋白斑還要嚴重的發炎反應。只有在使用透明化技術觀察，瞭解正確的三維位置關係後，才能得到這樣的結果。

## 成功觀察到一隻狨猿的軸突連接情況

Galileo——您能否告訴我們，計畫至今得到哪些研究成果呢？

岡野——就我的團隊而言，我們陸續培育出許多狨猿的疾病模式生物個體。特別是帕金森氏症的模式生物，牠們的症狀出現順序和人類相同，可以說是重現性相當高的模式生物。

我們成功將狨猿腦內的軸突連接狀況影像化，雖然只有一隻，但這是將能顯示出結構的MRI影像與DTI影像重合後得到的影像，製作起來相當困難。日本理化學研究所的入來篤史老師為我們製作了狨猿的大腦皮質切片資料。將MRI資料與這個切片資料重合之後，疊上DTI資料的工作就會變得簡單許多。這項作業只要完成一次，之後想再將MRI與DTI資料重合在一起時，就會很容易了。實驗個體數未來可望大量增加。除了可以看出實驗的重現性，也能提升解析精度。

另外，觀察狨猿清醒時的腦部活動研究也有很大的進步。我們還用原位雜交技術，研究了許多基因的性質。

宮脇——在透明化技術方面，我們要依照實驗目的，做出各種透明化的樣本，這方面的技術也在進步中。

有些實驗會要求將整個腦部透明化，使我們能看到整個腦的神經元；有些則會要求透明化1到數毫米的組織，同時也要能觀察到細部結構，所以要讓適量的螢光標識保留在組織內。透明化的規模有多大，細節要求到什麼程度，對於螢光標識又有什麼要求，這些不同的透明化要求，便會用到不同的技術。

## 即使確認了所有神經迴路的位置，也不曉得腦的運作機制

Galileo——隨著計畫的進行，您認為之後會碰上什麼困難呢？

岡野——技術上的困難很多。其中最困難的大概是將來源不同的資料彼此對應吧。即使同樣是靈長類，腦的大小也各不相同。前面提到我的團隊在觀察腦時，會分成巨觀、中觀、微觀等三個尺度，用不同方法進行觀察。不過要做到像Google map那樣，製作出能任意改變尺度的圖像，仍是相當困難的事，或許必須借重來自世界各地的人才。

Galileo——您認為還要花多少時間，才能確認到腦內每條神經迴路的位置？

岡野——以目前電子顯微鏡的技術水準，要用這樣的解析度來確認整體腦部的樣貌，大概要花上幾千年。不過，就像這個計畫的目標一樣，如果目的只是大致理解腦部運作原理，僅在重要部分仔細鑽研，大概只要10年左右就可以完成計畫了。

宮脇——這個計畫的目的是畫出腦部結構的空白地圖，然後在不同區域塗上代表某項功能的顏色。如果獲得新的資料，或是資料的信賴度增加，地圖就必須跟著更新。另外，獲得新資料的時候，也會產生新的課題或疑問。我覺得這個過程很有趣。也認為這種分析工作永遠都不會結束。

　　新的課題或疑問常會成為新的研究目標。研究剛開始時，我們經常不曉得自己的定位在哪裡，該怎麼行動。看到實驗結果後，就可以篩選出前進的道路。比方說，如果確認到某條神經迴路與某種疾病有關，這條神經迴路就能成為研究的起點。透過神經迴路的連結，我們可以知道腦部哪些區域與這種疾病有關。希望未來我們能用這樣的方式，抽絲剝繭找出各種疾病的致病機制。

Galileo——確認所有神經迴路的位置之後，是不是代表我們就知道腦是如何運作了？

岡野——這大概有點困難吧。以線蟲為例。線蟲的神經元約有300個，數量是固定的，用電子顯微鏡就可以確認每一條神經迴路的分布，但我們至今仍然無法徹底了解線蟲的行動。人類基因體計畫也一樣，即使我們知道人類的基因體序列，也無法說明體內所有生命現象。但如果想瞭解人類某些生命現象的原因，就需要用到基因體計畫所獲得的資料。同樣地，即使我們知道每一條神經迴路的分布，也無法解開與腦有關的所有謎團。但在研究與腦相關的問題時，還是需要神經迴路的資料。

宮脇——線蟲是個很好的例子。即使知道所有神經迴路的分布情形，每個突觸的特性也會隨著時間不斷變化。而且，不管是人腦還是猴猿腦，都存在個體差異。

　　我們想做的是，將神經迴路的異常與失智症、精神疾病連結起來，未來只要發現神經迴路的異常，就可以診斷出疾病，也可以做為治療的標的。這項計畫或許能增加我們對腦部疾病的瞭解，但要藉此完全了解腦的運作機制是不可能的。控制、調節神經迴路的機制仍有許多未解之謎。

Galileo——腦的世界相當複雜，越是研究，就會碰上越多新的問題。期待這個計畫未來的發展，謝謝兩位接受訪問。　　🪐

**觀察透明化的腦，可以看到類澱粉蛋白斑與微膠細胞的交互作用**

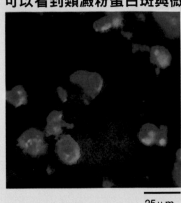

25μm　　　　　　25μm

上方兩張圖像是一位82歲男性阿茲海默症患者的腦部狀況。在他過世後，研究人員將他的腦部透明化，再加上螢光探針，拍攝到這樣的圖像。綠色探針標識類澱粉蛋白斑前軀體，紅色探針標識微膠細胞，藍色探針則標識神經元的細胞核。右側圖像顯示類澱粉蛋白斑前軀體與微膠細胞交纏在一起（做為比較，左側圖像顯示未交纏在一起的樣子）。過去以為類澱粉蛋白斑前軀體不會造成發炎，但圖片顯示的結果推翻了這種說法。這個研究成果有助於進行阿茲海默症早期診斷。

# 天才的腦

這世界上只有極少數的人能發揮驚人的才華。有些人能正確記住數量龐大的文字序列，有些人能瞬間解開複雜的計算問題，簡直是一種特殊能力。第 2 章中，就讓我們從最新的研究成果來看看天才的腦有什麼神奇之處。

協助　渥美義賢／岩田　誠／坂井克之／田中啓治／正高信男／山本三幸

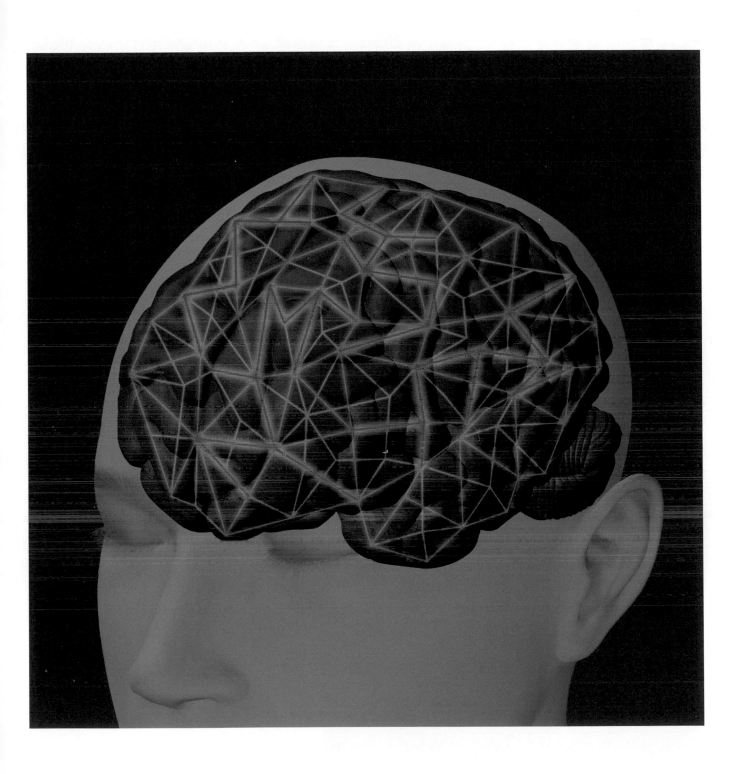

協助　渥美義賢／岩田　誠／坂井克之／田中啓治／正高信男／山本三幸

# 天才能做出一般人做不到的事

「**如**」果我是繪畫天才，就能留下美妙的圖畫給後世了」、「如果我是物理天才，或許能發現有別於一般常識的革命性定律」……很多人都對天才有過類似的憧憬。

人們會把在各個領域中表現出優秀能力的人，稱作「天才」。說到名留青史的天才，就讓人想到留下許多藝術傑作的畫家達文西、畢卡索、作曲家莫札特、改變一般物理常識的牛頓、愛因斯坦等人（如圖片所示）吧。

天才究竟要如何定義呢？學校每個班級總是會有一兩位成績特別優秀的人，這和天才有什麼不同？有些腦科學家與心理學家採用以下的方式來描述天才。

天才並沒有正確的定義，我們不能用「學校考試或智力測驗」，做出「得幾分以上的人是天才」的判斷。某些人擁有一般人望塵莫及，也得到社會認同的能力，這樣的人就會被稱做「天才」。

**愛因斯坦**
**（Albert Einstein，1879～1955）**
出生於德國的物理學家。發表了「廣義相對論」、「狹義相對論」等創新的物理理論。1921年以「光電效應」獲得諾貝爾物理學獎。

**牛頓（Isaac Newton，1642～1727）**
英國科學家、數學家。曾以三稜鏡將太陽光分散成多種色光（左圖）。除了發明數學領域中的微積分工具，也發現萬有引力定律，並藉此說明太陽系的行星運動。

有許多天才在世時，能力並沒有獲得認同，直到過世後，才獲得高度評價，並被稱作「天才」，譬如19世紀的著名畫家梵谷。

為什麼這些被稱作天才的人，會擁有一般人沒有的才華呢？天才與凡人之間究竟有什麼差別？

**畢卡索（Pablo Ruiz Picasso，1881～1973）**
西班牙畫家，發起立體主義運動，為現代繪畫的先驅。留下了《格爾尼卡》、《亞維農的少女》等眾多名畫，也創作過雕刻作品與陶器。

**愛迪生（Thomas Alva Edison，1847～1931）**
美國發明家，發明了印刷機、留聲機、白熾燈等許多偉大的產品，擁有超過1300項專利。他也設立了全世界第一間中央配電所與電燈公司。

**莫札特（Wolfgang Amadeus Mozart，1756～1791）**
奧地利作曲家。自幼開始作曲，也在歐洲宮廷內演奏，留下《費加洛的婚禮》、《魔笛》等名曲。

睡眠與
靈光一閃
①

# 名畫、名作、創新的想法，都是夢到的嗎？

**在**歷史上留名的天才藝術家、小說家、科學家常會說自己從夢中獲得靈感，並以此創造出偉大的藝術作品，或是顛覆常識的科學發現、發明。

比方說，西班牙畫家達利（Salvador Dali，1904～1989）就曾說過，他畫的是他夢中看到的景象。寫出《變身怪醫》的英國作家史蒂文森（Robert Louis Stevenson，1850～1894）也說過，他做過一個雙重人格的夢，且還把它當成了這本小說的主題。

科學的世界中，則有德國化學家凱庫勒（August Kekulé，1829～1896）的例子。他說他在夢中看到原子彼此相連，就像一條咬住了尾巴的蛇，形成環狀。這讓他聯想到由六個碳原子組成的六邊形，也就是他後來提出的苯環（benzene ring）結構。

## 凱庫勒從銜尾蛇的夢想到苯的環狀結構

瓦斯燈於19世紀時普及，其中的氣體含有苯分子。在發現這個分子後的一段時間內，人們並不曉得其形狀，後來德國的化學家凱庫勒試著描述苯的結構。他在1865年時夢到一條銜尾蛇，猜想苯的骨架可能是排列成環狀的碳原子（由六個碳原子以三個單鍵與三個雙鍵結合而成的環狀結構）。

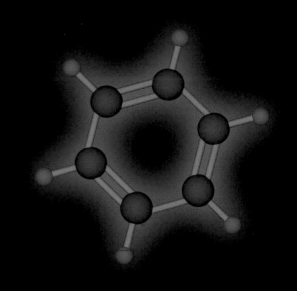

**凱庫勒（August Kekulé，1829～1896）**
德國化學家。曾向李比希（Justus von Liebig，1803～1873）學習藥物知識。1858年時，他提出了「碳可以伸出四個鍵結」的理論（結構說），並在1860年舉辦了第一屆國際化學會議，這也成了推廣凱庫勒理論的契機。後來發表週期表的門得列夫（Dmitry Mendeleyev，1834～1907）也參加了這場會議。

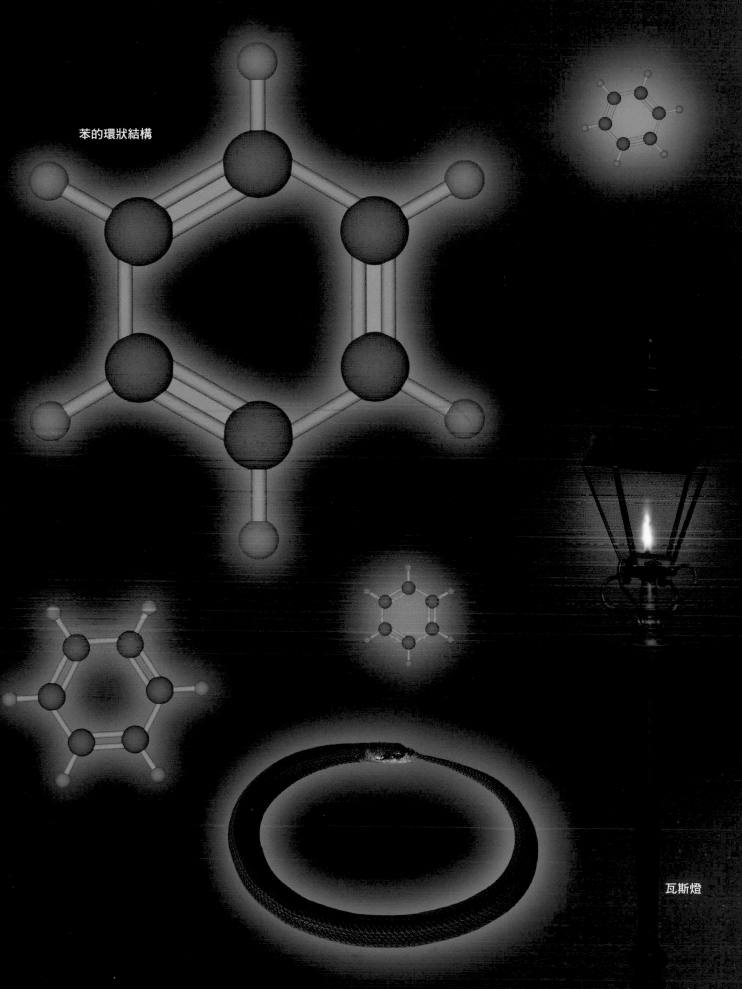

苯的環狀結構

瓦斯燈

# 為什麼許多天才都說靈感來自「夢中的靈光一閃」呢？

做夢的時候腦究竟在做些什麼？

我們獲得的各種記憶（包括知識），都分散保存在大腦外層的大腦皮質，而大腦皮質內有非常多的神經細胞彼此相連，形成許多網路。若朝著特定網路輸入一個電訊號，便可讓多處大腦皮質神經細胞同時展開活動，使得分散於各處片段的記憶於焉整合成為單一記憶，這就是人們腦中回想的過程。

## 睡眠時，記憶會彼此任意連結嗎？

在我們清醒時，為了避免被不必要的事情干擾，腦只會讓必要的神經網路運作，使其他不必要的資訊潛沉在

## 做夢時會觸發清醒時不活動的神經迴路，藉此產生新的靈感？

從清醒狀態進入睡眠狀態時，通常會先進入「非快速動眼期」，再進入「快速動眼期」。所以快速動眼期會睡得比較深。不過，快速動眼期的腦波比較接近清醒時的腦波，腦部活動比較大，才會「做夢」。此時（右圖），可能會產生不同於清醒時（左圖）的神經細胞連結。因此學者推測，乍看沒什麼關聯，清醒時幾乎不可能會連結起來的記憶，可能會在快速動眼期時連結起來，產生新的發現或靈感。

### 清醒時的腦

清醒時，腦內神經迴路活動狀態的示意圖。粗線為活動中的神經迴路。為了顯示清醒時與快速動眼睡眠期（右圖）的腦內神經迴路差異，這裡簡化了腦內活動中的神經迴路。

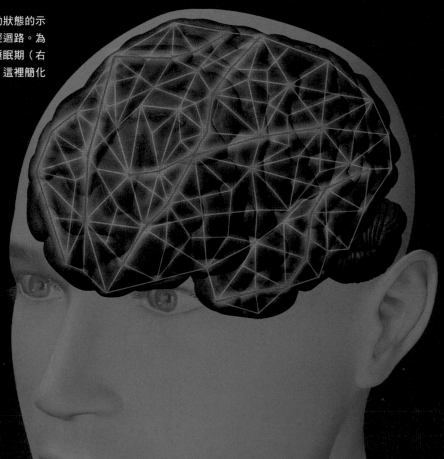

意識底下。

不過在睡眠期間（快速動眼期），這項抑制機制會消失。清醒時被抑制的神經細胞也可能加入神經網路的活動。這些神經細胞的活動會讓我們將清醒時認為沒有關係的記憶連接在一起，形成一般情況下不會出現的記憶組合（新點子），這就是靈光一閃的由來。

研究「靈光一閃」機制的

日本筑波大學人類學系山本三幸博士說：「很多人都知道，睡前集中注意力思考的事，在睡眠中會形成很強的記憶保存在腦中。有一個假說認為，因為天才的集中力非常強，所以睡前集中思考的事，也比較容易與其他記憶產生連結。」

日本東京女子醫科大學的岩田誠名譽教授也說，「不管是天才的腦還是普通人的

腦，都會將記憶以各種方式組合、連結。不過天才常有過人的集中力，再加上興趣與努力，便能將龐大的專業知識、經驗，甚至是專業以外的知識及經驗存放在腦中。腦中能彼此連結的要素相當多，故可產生比普通人更多樣的組合，再從中誕生出新的靈感」。

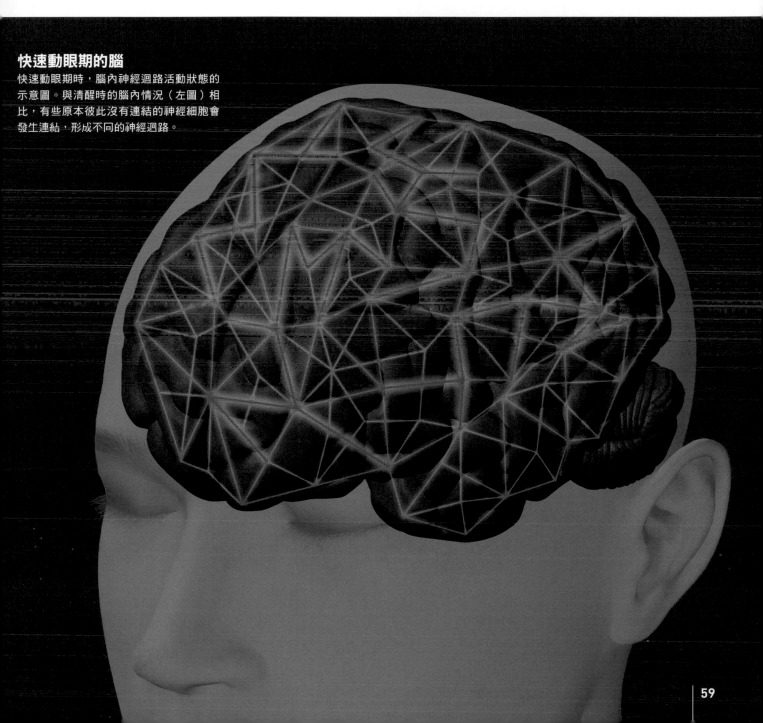

**快速動眼期的腦**
快速動眼期時，腦內神經迴路活動狀態的示意圖。與清醒時的腦內情況（左圖）相比，有些原本彼此沒有連結的神經細胞會發生連結，形成不同的神經迴路。

# 從愛因斯坦的腦部結構，研究天才的思維源自何處──廣大的前額葉皮質

**天**才的「頭腦」真的和普通人有所不同嗎？愛因斯坦被認為是過去最天才的物理學家。他過世後，人們取出了他的腦，從各個角度拍攝照片，又切成許多部分，製成數百個標本。

目前為止，已有許多論文嘗試以組織學的方式分析這些標本。2013年，研究人員由這些腦部照片研究出這個腦的細部結構，並將研究結果發表在

## 從愛因斯坦的腦的照片，試圖研究他的腦部結構

愛因斯坦過世後，研究人員取出他的腦，從各個角度拍攝許多照片。最近又有人發現了14張新的腦部照片。左右頁的圖就是取自這些照片其中一部分。美國的病理學家哈維（Thomas Harvey，1912～2007）取下了愛因斯坦的腦，因此該腦部的照片、切片大多屬於哈維的財產。他的繼承人於2010年將這些財產捐贈給美國國家健康與醫學博物館，現在由該博物館管理。

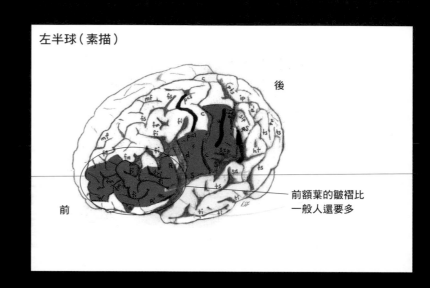

左半球（素描）

前　後

前額葉的皺褶比一般人還要多

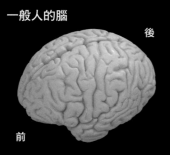

一般人的腦

後　前

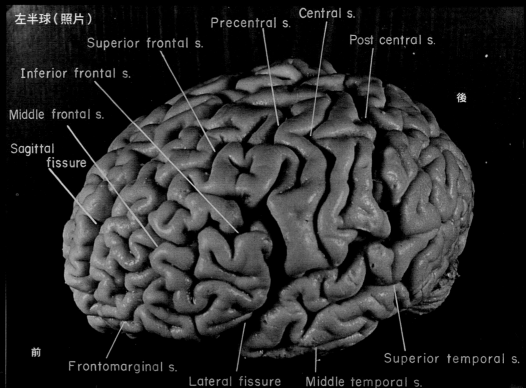

左半球（照片）

前　後　後

Central s.

Precentral s.

Post central s.

Superior frontal s.

Inferior frontal s.

Middle frontal s.

Sagittal fissure

Frontomarginal s.

Lateral fissure

Middle temporal s.

Superior temporal s.

（OHA184.06.001.002.00001.00006）

英國的神經科學雜誌《Brain》。以下介紹的就是這個研究結果。

愛因斯坦的解剖記錄顯示，他的腦重量與同齡男性相仿。不過腦部結構中有幾個明顯的特徵。

人腦表面（大腦皮質）有許多「皺褶」。皺褶越多的區域，表面積也越大。

大腦皮質的前方區域稱做「額葉」（frontal lobe）。額葉的前方區域稱做「前額葉」（prefrontal lobe），與人類的思考有關，是擬定計畫、進行推理時的重要區域。

愛因斯坦的前額葉皺褶特別多，表面積比一般人還大。因此也有人認為，皺褶較多的前額葉，可能就是愛因斯坦擁有天才般思維的重要原因。

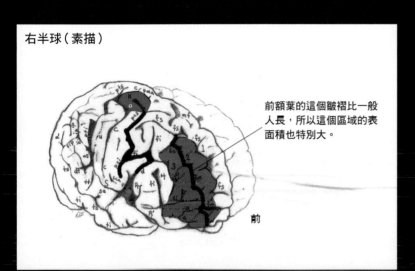

右半球（素描）

前額葉的這個皺褶比一般人長，所以這個區域的表面積也特別大。

前

## 愛因斯坦的前額葉有許多皺褶

研究過愛因斯坦的大腦皮質照片後發現，與一般人相比，其左右腦半球前方區域——「前額葉」的皺褶明顯比較多、比較長。在左方腦部照片的素描中，我們以黃色來表示這些區域，以紅色來表示特別長的腦溝。照片中的英文單字為各部位的名稱。

引用來源：
"The images of Einstein's brain are published in Falk, Lepore & Noe, 2013, The cerebral cortex of Albert Einstein: a description and preliminary analysis of unpublished photographs, Brain 136(4):1304-27 and are reproduced here with permission from the National Museum of Health and Medicine, Silver Spring, MD."

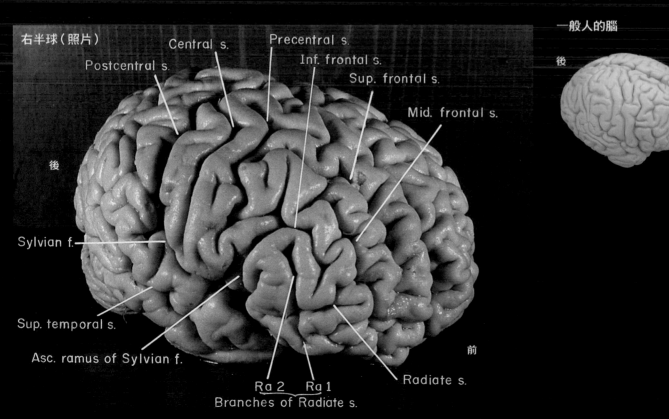

右半球（照片）

Central s.
Postcentral s.
Precentral s.
Inf. frontal s.
Sup. frontal s.
Mid. frontal s.

後

Sylvian f.

Sup. temporal s.

Asc. ramus of Sylvian f.

Ra 2　Ra 1
Branches of Radiate s.

Radiate s.

前

一般人的腦

後

前

# 從愛因斯坦的腦部結構，研究天才的思維源自何處——厚實的胼胝體

**除**了腦的表面之外，研究人員也從腦內攝影照片發現了顯著特徵。

我們的大腦可以分成左半球（左腦）與右半球（右腦）。左右腦的擅長功能並不

相同（將於第62頁介紹）。而其中的「胼胝體」（corpus callosum）連接左右半球，

## 愛因斯坦76歲時的胼胝體比年輕人的胼胝體還要厚實

連接左右大腦半球的神經纖維束會形成「胼胝體」，此與左右半球的資訊交換有關。由愛因斯坦的胼胝體剖面照片（下方照片）可以看出，他的胼胝體相當厚實。將其厚度與15名同年齡（70～80歲）男性，及52名年輕（24～30歲）男性的胼胝體相比，可得到右頁的圖表，且從中可以看出，愛因斯坦的胼胝體（紅線）的多數區域，都比同年齡男性的胼胝體（藍線）厚，甚至也有不少區域比年輕男性的胼胝體（綠線）還要厚。圖表中紅色箭頭指出的位置，是比年輕人的胼胝體厚度平均值還要厚10%以上的區域。圖下方的紫色線段與水藍色線段，分別表示愛因斯坦的胼胝體厚度與同年齡或年輕人的胼胝體有顯著差異的區域。圖中同年齡、年輕人的胼胝體為平均值，不過還是有個人差異。

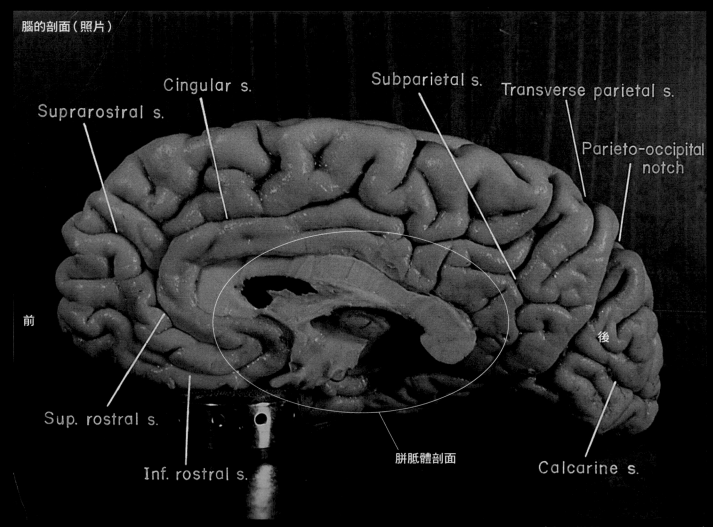

腦的剖面（照片）

Suprarostral s.

Cingular s.

Subparietal s.

Transverse parietal s.

Parieto-occipital notch

前

後

Sup. rostral s.

Inf. rostral s.

胼胝體剖面

Calcarine s.

（OHA184.06.001.002.00001.00012）

由 2 億個以上的神經細胞的纖維束（軸突）組成，可以交換左右腦的資訊。

將愛因斯坦的胼胝體與 15 名同齡健康男性、52 名年輕健康男性的胼胝體比較，可以發現愛因斯坦的胼胝體在大部分的區域都比其他人厚實。胼胝體厚實，表示通過胼胝體的神經纖維數目較多，兩個半球的連結比較密切。胼胝體也負責連結與思考和意志決定相關的兩半球前額葉皮質。

如同前頁所介紹，這些分析結果皆顯示，愛因斯坦之所以有天才般的新穎想法，或許和他擁有廣大的前額葉皮質及厚實的胼胝體有關。不過，我們並不曉得這樣的腦部結構是生來就有還是後天形成。而且，所有天才未必都有這樣的特徵。

胼胝體各部位名稱

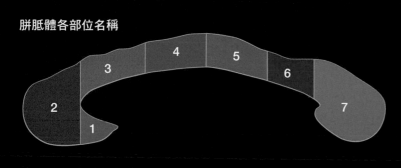

1：喙部
2：膝部
3：喙側胼胝體幹
4：前方中央胼胝體主體
5：後方中央胼胝體主體
6：峽部
7：壓部

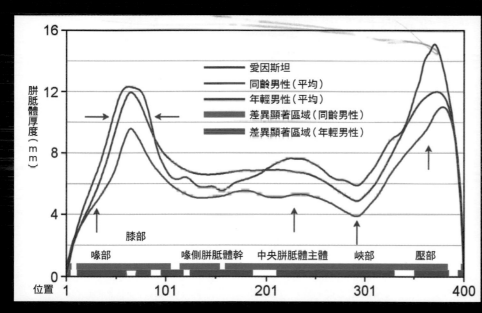

- 愛因斯坦
- 同齡男性（平均）
- 年輕男性（平均）
- 差異顯著區域（同齡男性）
- 差異顯著區域（年輕男性）

膝部
喙部　　喙側胼胝體幹　　中央胼胝體主體　　峽部　　壓部
位置 1　　101　　201　　301　　400

左圖縱軸為胼胝體厚度（mm），橫軸為胼胝體位置。橫軸的名稱為胼胝體各部位的名稱（參考上圖）。上圖的胼胝體方向與左頁照片中的胼胝體相同。

引用來源：
"The images and results of Einstein's brain are published in Men, Falk, Fan et al 2013, The corpus callosum of Albert Einstein's brain: another clue to his high intelligence? doi:10.1093/brain/awt252 and are reproduced here with permission from Dr. Men and Shanghai Key Laboratory of Magnetic Resonance, East China Normal University, China."

### 進階專欄　其他被解剖的天才腦

腦部被人拿來研究的天才包括德國數學家高斯（Karl Gauss，1777～1855），日本作家夏目漱石（1867～1916），日本植物學家、民俗學家南方熊楠（1867～1941）等人。腦部重量固然是一個研究主題，但每個案例的測量方法各有不同，死亡時的健康狀態也有所差異，因此至今我們仍不確定腦的重量與能力是否有關聯。日本東京代代木站前坂井診所的坂井克之院長說：「比起腦的重量或體積，資訊整合、處理、傳導的神經迴路如何運作，或許才是能力差異的關鍵。不過，我們至今仍不曉得什麼樣的神經迴路能讓人擁有高人一等的能力。」

# 因為腦部功能障礙而
# 顯現出驚人才華的「學者」

**1**789年，美國的醫師在其文獻之中介紹了一位名為富勒（Thomas Fuller，1710～1790）的特殊人物。他十分擅長數字的計算，舉例來說，若問他「活了70年又17天半的人，共活了幾秒？」他可以在一分半鐘後算出正確答案。

像這種整體能力明顯優於一般人、或是擁有驚人才華的人被稱為「學者」（savant），這種症狀則稱作「學者症候群」（savant syndrome）。英語的savant一詞源自法語動詞「知道」所衍生的名詞「擁有智慧的人」。

學者症候群患者多為自閉症患者（因先天性腦功能障礙而產生溝通障礙的人），研究指出自閉症患者中約有10～25%為學者症候群患者。不過也有

## 畫出只看過一遍的風景

照片為英國畫家威爾特希爾（Stephen Wiltshire，1974～）在搭直升機鳥瞰墨西哥城後，依記憶畫出來的樣子。他在 3 歲時診斷出自閉症，5 歲時進入特殊教育學校，顯露出繪畫才華。他將各個都市的景觀繪製成精緻的作品，吸引世人的目光。2005年時，他憑記憶畫出了長10公尺的東京全景圖。

人後天因疾病或事故使腦部負傷，才成為學者症候群患者。

## 驚人的記憶力、藝術才華、計算能力

學者症候群患者常能在各種領域發揮驚人能力。在音樂領域，他們可以在完全沒有學過鋼琴的狀態下，只聽一遍就彈出旋律，甚至創作樂曲。在美術領域，他們看到飛奔而過的動物後，可以刻出完全重現動物神情的雕像，或是畫出只看過一眼的複雜景色。在數學領域，他們可以用非常快的速度計算出結果，即使沒有學過特殊計算方法，也能在短時間內做出質因數分解。

除了這些能力之外，幾乎所有學者症候群患者都有驚人的記憶力，可以記住地圖、歷史、電車或公車時刻表、整本書的內容等龐大資訊。有些人除了過人的記憶力之外，也有驚人的藝術才華。

學者症候群的患者中，最常見的能力是日期計算能力。他們可以馬上就算出過去或未來的某一天是星期幾，甚至有些人還能回答出4萬年以前、4萬年以後的某一天是星期幾。有人認為，這種能力或許源自於他們對日曆的強烈興趣與長期觀察，在下意識整理出了一套原創的數學規則，並以此算出答案。

# 學者症候群患者的特殊腦力源自於左腦功能障礙

**學**者症候群患者為什麼能表現出特殊能力？有人認為，這是由遺傳因素造成，使他們只對狹小範圍內的事物出現異於常人的興趣，可以將無止盡的集中力放在某件事上。他們的能力可能源於右腦為彌補左腦的功能障礙所表現出來的現象。

學者症候群患者的左腦有明顯的功能障礙，這是在某些學者症候群患者過世後，解剖他們的腦，並進行腦影像診斷所獲得的結果。左腦被認為與使用言語、規則性的邏輯思考、符號及語言將各種事物一般化等抽象性思考有關。因此，學者症候群患者在邏輯思考、理解抽象語言的意義上，常有一定的困難。

另一方面，右腦被認為與掌握旋律的能力、空間認知能力、靈機一動的想法、對於各種具體事物的想法有比較大的關聯。學者症候群患者常在音樂、美術等領域有特殊表現，這些領域與右腦的功能的關聯性較大。因此有人認為，這些患者大多是因為左腦有功能障礙，使右腦為了彌補左腦功能而發達起來，才會出現學者症候群。

確實有案例支持這樣的假說。有一位遭槍擊導致左腦受損的 9 歲少年，在事故後出現右半身麻痺的障礙，但他也同時表現出驚人的機械作業能力，可以在不看說明書的情況下分解多段變速腳踏車，再組裝回去。

## 胎兒期的左腦易產生腦部發育障礙

胎兒期的左腦比右腦容易產生發育障礙。因為左腦的發育期間比右腦晚，在腦部發育完成前，尚未穩定下來時，右腦可能會發育得特別大。這或許和學者症候群原因的「左腦損傷假說」有關。

另外，有人認為男性荷爾蒙睪固酮（testosterone）可能延緩胎兒期的左腦發育。事實上，學者症候群的男性患者是女性的4～6倍。

## 左右半球的大腦皮質功能，各有不同

大腦皮質覆蓋了大腦表面，可以分成四區。大腦前方為「額葉」（右方插圖的紅色部分），上方為「頂葉」（右方插圖的綠色），下方為「顳葉」（右方插圖的橙色），後方的「枕葉」（右方插圖的藍色）。每個區域還可以在分成更細的子區域，分別有不同的功能。

另外，大腦可以分成右半球（右腦）與左半球（左腦）。左右腦的形狀類似，但功能的優先順序並不相同。

### 🔍 進階專欄　以腦部障礙患者為對象，研究左腦與右腦的工作分配

左右腦個別功能的相關研究，首次出現於言語功能障礙患者的腦部研究中。此外，某些疾病的治療會以手術切開連接左右半球的胼胝體，相關研究報告也因而提到左右腦各自的功能。比方說，有些研究會讓左右半球無法彼此溝通的患者，僅以單側視野觀看一幅畫（以只讓資訊進入單一半球），再觀察患者對這幅畫的反應。由於人類右側視野中的資訊會進入左腦，左側視野中的資訊則會進入右腦。因此只用右側視野觀看圖畫時（將圖畫限制於右側視野中，如此將只有左腦接收到畫的資訊），患者可以說出畫中物體的名稱。但只用左側視野觀看圖畫時（只有右腦接收到畫的資訊），患者卻說不出畫中物體的名稱。由此可以推論，左腦可能和語言功能有關。這些是較為傳統的研究，目前研究人員主要以影像化方法研究腦部活動狀況。

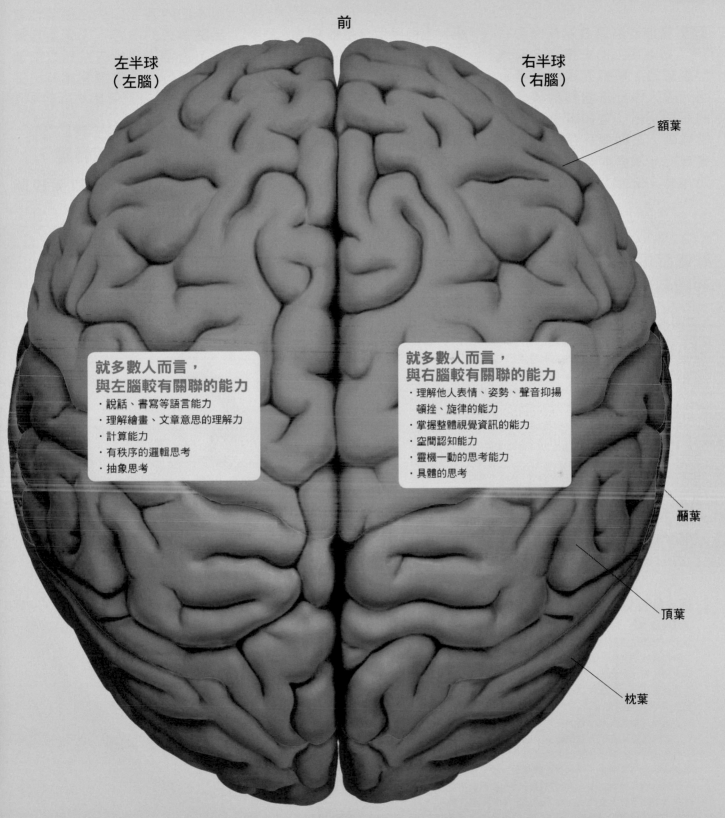

## 大腦正上方俯瞰示意圖

前

左半球
（左腦）

右半球
（右腦）

額葉

**就多數人而言，**
**與左腦較有關聯的能力**
· 說話、書寫等語言能力
· 理解繪畫、文章意思的理解力
· 計算能力
· 有秩序的邏輯思考
· 抽象思考

**就多數人而言，**
**與右腦較有關聯的能力**
· 理解他人表情、姿勢、聲音抑揚
　頓挫、旋律的能力
· 掌握整體視覺資訊的能力
· 空間認知能力
· 靈機一動的思考能力
· 具體的思考

顳葉

頂葉

枕葉

後

# 使用古老的記憶途徑，保存龐大的記憶？

**學**者症候群患者為什麼會有如此驚人的記憶力？有個假說認為，學者症候群患者會將一般人僅記得數秒到數分鐘的短期記憶（譬如剛看到的電話號碼）長期保存在腦內，不會忘記。學者症候群患者可能使用與一般人不同的記憶系統，才得以保存各種知識。

學者症候群的患者擅長記憶電話號碼、都市名稱、字串、由文字或數字組成的表格等資訊。而且，記憶或是想起這些事物時不帶有任何感情、想法、聯想，只是機械性的記憶、回想。

舉例來說，假設當學者症候群患者想要記住整本書的內容，不小心漏掉一行沒有記到，於是又重新記了一遍完整版本的內容。如果之後要他背出整本書的內容，不管重複幾次，這個人都會先跳過之前漏掉的那行，再重頭開始背出完整內容。

## 演化上，較古老的記憶途徑會比較發達？

我們將個人的知覺經驗

---

## 學者症候群的記憶保存在「下意識的神經迴路」嗎？

一般來說，我們會將發生的事（情節記憶）、一般性知識（語意記憶）等資訊長期保存在大腦皮質內（**1**）。另一方面，運動方式、習慣等下意識的動作（procedural memory，又稱程序記憶），則會保存在名為大腦基底核的地方（**2**）。大腦基底核位於大腦皮質內側。囓齒類演化成靈長類的過程中，基底核並沒有像皮質一樣巨大化，沒有發達起來，在演化上屬於比較古老的部位。或許學者症候群患者會下意識地將各式各樣的資訊保存在大腦基底核這個「貯藏庫」※裡。

※：另一種可能的想法，是由於皮質的諸多活動都要經過基底核與視丘的處理，再回到皮質（即經由皮質-基底核-視丘-皮質此一互聯網之迴圈式處理），以成為更精確的訊號模組。所以下意識之資訊「貯藏庫」，不一定要位於基底核。而可能仍存在於皮質，或更廣泛地說是建置於皮質-基底核-視丘-皮質互聯網中。再經由基底核與皮質之不同互動方式（這些方式可經由過去經驗等等而建立或改變），來決定資訊之貯存與取用，是否將會合併有意識之感受。

### 1. 個人的回憶會經由海馬迴分散保存在大腦皮質

我們在烤肉時看到的食物外觀、味道等平時的體驗到的資訊，會透過眼、耳、皮膚、口等感覺器官，傳送到大腦皮質。每種感覺資訊在大腦皮質內都有專門負責接收的區域（插圖中的綠色區域）。送到這裡的資訊會先進入腦內器官「海馬迴」（插圖中的黃色箭頭）處理成能夠長期記憶的形式，接著再送回大腦皮質的對應感覺區域保存（插圖中的白色箭頭）。

另外，杏仁核可以依照發生的事件，製造出愉快、不愉快、恐怖等情緒。情緒與感覺資訊一樣，會先從杏仁核送到海馬迴處理，再回到杏仁核。不過感情資訊送到海馬迴時，會與儲存在大腦皮質的感覺記憶產生關聯。所以回想記憶時，原本分散的感覺資訊與感情資訊會一起回想起來。

### 保留情節記憶的大腦皮質

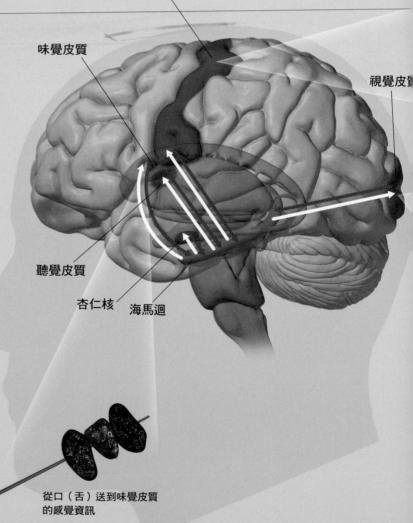

體幹感覺

味覺皮質

視覺皮質

聽覺皮質

杏仁核　海馬迴

從口（舌）送到味覺皮質的感覺資訊

（episodic memory，又稱之為情節記憶）、一般性知識（semantic memory，語意記憶）轉換成長期記憶時，這些資訊會保存在大腦皮質（1）。回想起這些記憶時，也會一同想起相關的感情、想法，並聯想到其他相關記憶。

另一方面，學者症候群患者的特殊記憶力被認為與腦內部的「大腦基底核」有密切關聯（2）。一般人會用這個區域來保存「程序記憶」，也就是下意識的運動方式、習慣。舉例來說，只要經過訓練，就可以在不需思考的狀況下游泳；有些人會在換衣服時，習慣先從脫襪子開始，這些都屬於程序記憶。這和學者症候群患者表現出「與感情、思考、聯想無關，極端偏向機械化的記憶」相當接近。另外，大腦基底核在腦的演化過程中，是一個相當古老的部位。

因此，有個假說認為，學者症候群患者的情節記憶、語意記憶形成途徑可能有某些異常，而負責程序記憶則相對發達，並成為患者主要的記憶形成途徑。

大腦基底核保存的資訊，比大腦皮質保存的資訊還要難以忘記，這可能也說明為什麼學者症候群患者擁有異於常人的記憶力。前面提到發達的右腦或許彌補了有功能障礙的左腦，導致學者症候群，類似的情況可能也發生在記憶途徑的取代上。

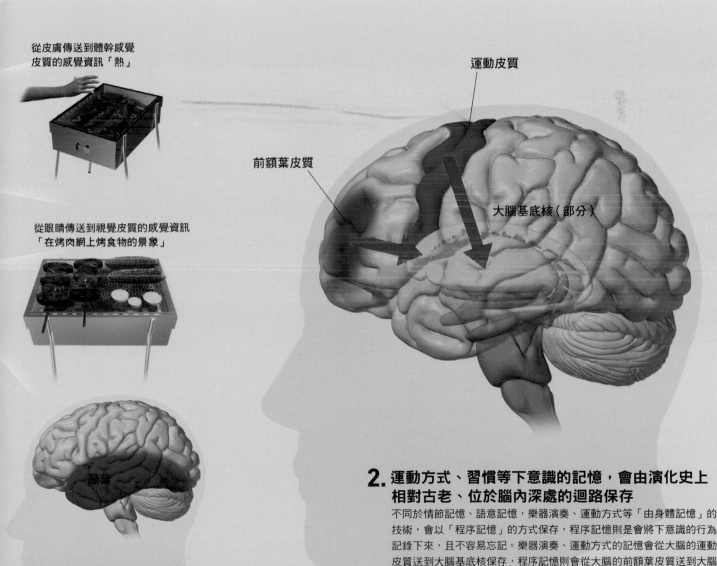

從皮膚傳送到體幹感覺皮質的感覺資訊「熱」

從眼睛傳送到視覺皮質的感覺資訊「在烤肉網上烤食物的景象」

運動皮質

前額葉皮質

大腦基底核（部分）

**保存語意記憶的大腦皮質**
單字意義、歷史事實等一般性知識，會保存在大腦皮質的「顳葉」。

顳葉

**2. 運動方式、習慣等下意識的記憶，會由演化史上相對古老、位於腦內深處的迴路保存**
不同於情節記憶、語意記憶，樂器演奏、運動方式等「由身體記憶」的技術，會以「程序記憶」的方式保存，程序記憶則是會將下意識的行為記錄下來，且不容易忘記。樂器演奏、運動方式的記憶會從大腦的運動皮質送到大腦基底核保存，程序記憶則會從大腦的前額葉皮質送到大腦基底核保存。

# 改變左腦與右腦的運作方式，可以促進個體發揮能力嗎？

「**學**」者」是因為生病或遭逢事故，使左右腦功能失衡，才出現特殊能力。如果我們用人工方式，在短時間內暫時改變左右腦的運作平衡，會發生什麼事？本節就要來介紹這樣的實驗。研究人員會將強力磁鐵或電極配置在健康受試者的頭部特定位置，從皮膚表面以磁力或電流改變神經細胞的運作方式。

## 腦部通電後，答對率提升

藉由電流改變腦部表面神經細胞運作的方法，稱做「經顱直流電刺激」（tDCS）。在頭部特定區域配置電極，從皮膚表面通以微弱電流，可促進位於負極下方的神經細胞活動，並抑制正極下方的神經細胞活動。通電後，神經活動的變化會持續一小時左右。

澳洲雪梨大學精神研究中心主任史奈德（Allan Snyder）博士等人，以這種方式對60名慣用手相同的人做了這個實

## 可以用人工方式暫時提高能力嗎？

即使是一般人，也可以透過人工操作的方式，暫時改變腦部活動狀態。腦部受電流刺激後，左右腦的運作方式會出現改變，原本受限於「先入為主的成見」而難以解開的問題（1，2），也能順利回答。

結果，暫時抑制左腦並刺激右腦活動的受試者，答對率有所提升。

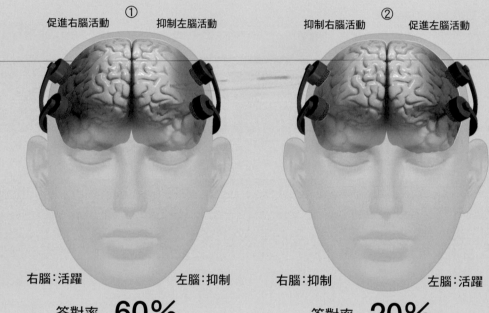

① 促進右腦活動　抑制左腦活動

② 抑制右腦活動　促進左腦活動

右腦：活躍　左腦：抑制　答對率 **60%**

右腦：抑制　左腦：活躍　答對率 **20%**

## 1. 「左腦：抑制，右腦：促進」的情況下，答對率提升了

在健康受試者的頭上，靠近左腦、右腦顳葉前方的皮膚貼上電極，通以電流，可改變靠近腦部表面的神經細胞活動狀況。60名受試者中，20名受試者接受抑制左腦活動，並促進右腦活動的刺激（①）、20名受試者接受抑制右腦活動，並促進左腦活動的刺激（②）、20名受試者接受偽刺激（③）。接受這些刺激之後，會要求受試者回答火柴棒的數學式問題，如右圖所示。這些數學式是錯的，受試者要移動一根火柴棒，使其變成正確的數學式。而且，所有受試者在接受刺激之前，需先解開27道題目。解這27道題目的過程，都會用到「將X變成V的方法」，如右側問題1所示。受試者需要其他方法，才能解開問題2與3。然而，受試者容易被問題1解法的框架限制住，導致在解問題2與3的時候陷入困境。

實驗結果發現，組別②與③的答對率皆為20%，①的答對率卻是其他兩組的三倍，為60%。左腦擅長記住有固定形式、常態化的事物，右腦則在想出新方法時扮演重要角色。以電流抑制左腦活動並促進右腦活動，或許能讓腦部產生暫時的變化，使我們不被傳統想法圍限，出現創新的想法。

**問題** 以下是以火柴棒排列而成的羅馬數字計算式，請移動一根火柴棒，改成正確的計算式。

1.

$$III = IX - I$$

3　9　1

2.

$$VI = VI + VI$$

6　6　6

3.

$$IX = VI - III$$

9　6　3

驗，並將實驗結果發表在2011年的線上科學期刊《公共科學圖書館：綜合》（PLOS ONE）。實驗將受試者分成抑制左腦活動並促進右腦活動的組別、抑制右腦活動並促進左腦活動的組別，以及只有在最初極短時間內給予刺激，隨後馬上停止刺激，也就是給予偽刺激的組別，然後請他們嘗試回答「益智問題」。

這些益智問題會用到火柴棒。受試者會看到一個由火柴棒排成的數學式。但這個數學式並不正確。受試者必須回答，如何在只移動一根火柴棒的情況下，使其變為正確的數學式。

實驗結果發現，抑制左腦並促進右腦活動的組別，答對率高達60％。但另外兩個組別只有20％（請見下圖中的實驗1。至於實驗2是以另一個答對率0％的較難問題來做實驗，將在圖中解釋）。

學者症候群患者擁有非凡的能力。不過，由這個實驗可以看出，若能以人工方式改變左右腦的運作平衡，也能讓普通人產生一定的能力變化。

不過，以人工方式改變腦部運作方式會有倫理等問題，不少研究人員反對這樣的做法。另外，也有許多研究報告指出，訓練藝術能力可以改變左右腦前額葉的活動量，因此以電流刺激以外的方式開發腦部，提高腦部出現靈光一閃的頻率，或許也能出現效果。

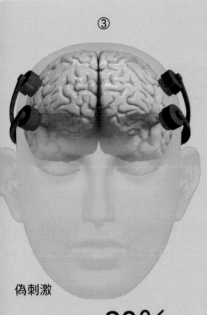

③

偽刺激

答對率 **20%**

答案

3　　4　　1

➡ ❓ 答案在第81頁

➡ ❓ 答案在第81頁

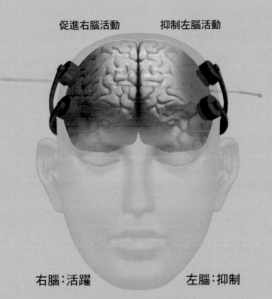

促進右腦活動　　抑制左腦活動

右腦：活躍　　左腦：抑制

答對率 **40%**

### 2. 受到刺激的人，可以答出超難問題 答案的機率高於40%

「有九個點排列如右。請以首尾相連的四條線段，一筆畫通過這九個點，但線段不得重疊。」這個問題乍看很簡單，但其實很難。之所以難，是因為看到這個問題時，會因為正方形的外觀產生「先入為主的成見」。不過，和火柴棒問題的實驗類似，再使用同樣的方法抑制受試者左腦活動，並促進右腦活動後，可以讓33人中的14人，也就是40%以上的人解開這個問題。另一方面，接受偽刺激的29位受試者中，沒有一位能解開這個問題。

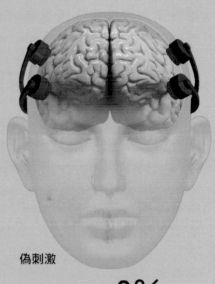

偽刺激

答對率 **0%**

問題　請以首尾相連的四條線段，一筆畫通過這九個點，但線段不得重疊。

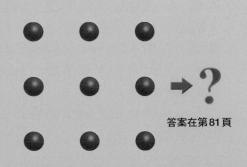

➡ ❓

答案在第81頁

# 由棋士的腦推測腦部產生直覺的途徑

西　洋棋、圍棋、將棋等棋盤遊戲的天才棋士，可以說是「直覺的天才」。在棋盤遊戲的對局中，棋士決定下一步該怎麼走時，會先以直覺判斷。直覺是無意識的思考結果。他們在腦中浮現出許多個由直覺決定的可能棋步後，會接著模擬各種棋步的後續發展，再從中判斷哪一種最好。

日本理化學研究所於2007年時開始進行「將棋思考過程研究計畫」（將棋計畫），想要知道將棋棋士的腦是如何產生直覺的。這項計畫會要求棋士觀看將棋盤面，研究棋士解讀盤面時，腦部狀態有什麼變化（盤面知覺問題）；還會研究棋士腦中出現下一步棋的直覺時，腦部狀態有什麼變化（直覺性思考問題）。

探討盤面知覺問題時，研究團隊會用fMRI觀察職業棋士與業餘棋士觀看各種照片時的腦內活動。結果，他們發現職業棋士只有在看到可能出現在實際對局中的將棋盤面時，頂葉後方內側的「楔前葉」區域（參考右側插圖）才會比較活躍。楔前葉負責感覺視覺、空間，在回憶個人經驗時也扮演著重要的角色。

探討直覺性思考問題時，研究團隊會先讓職業棋士與業餘棋士一起只看一秒的盤面，再請他們於兩秒內從四個選項中選擇下一步棋。結果，只有職業棋士的「大腦基底核」區域出現活躍情況。選到最佳棋步機率越高的棋士，這個區域越活躍。而且，楔前葉與大腦基底核的活動彼此連動。也就是說，職業棋士在對局時，會用楔前葉理解當下盤面情況，同時牽動大腦基底核的活動，決定下一步要怎麼走。

下一頁將介紹大腦基底核如何決定下一步棋的走法。

## 從看到將棋盤到決定下一步棋

研究人員以fMRI觀察職業將棋棋士觀看對局中的將棋盤面，以及思考下一步棋時的腦內活動狀況，藉此了解以直覺選出下一步的過程中，腦部活躍區域的變化（如右頁插圖所示。其中，大腦基底核位於腦部深處，所以在插圖中看不到其輪廓。）

棋士所看到的盤面圖像資訊，會先送到大腦皮質的初級視覺皮質，接著送到楔前葉以理解盤面狀況。接著，大腦基底核會匯集原本儲存於頂葉、顳葉，由棋士過去的經驗與知識所產生的聯合記憶（彼此關聯的記憶），得知「在這個盤面，下一步棋應該下在哪裡」，再做出最後的判斷。另外，聯合記憶也可能經由前額葉傳至大腦基底核。

**受試者進入 fMRI 裝置的情形**

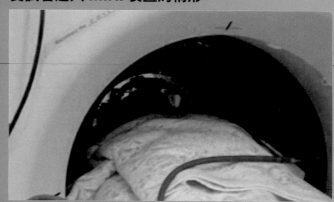

有意義的將棋　隨機將棋盤面　西洋棋盤面　中國象棋盤面
盤面

　物體　　人物　風景　　圖樣

**讓進入fMRI裝置的職業棋士觀看將棋盤面，再觀察腦部活動狀況**

研究計畫中的「盤面知覺問題」想知道職業棋士是用腦的哪個部分理解對局盤面。研究人員會先請職業棋士進入fMRI（功能性磁振造影）裝置內，給棋士看各式各樣的圖片（如上所示），然後以fMRI觀測腦內各區域的血流量，以評估各區域的活動狀況。給棋士看的圖片中，除了可能出現在實際對局中的將棋盤面，也會出現人物、建築之類與將棋完全無關的圖片，以及西洋棋或其他棋盤遊戲的盤面，或是隨機擺放的棋子、不可能出現在實際對局中的將棋盤面等等。結果發現，只有讓棋士觀看可能出現在實際對局中的將棋盤面圖形時，棋士腦部頂葉後方內側的「楔前葉」才會活躍起來。

**楔前葉可以理解的棋盤狀況**

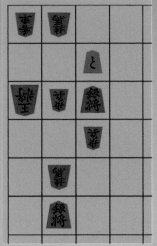

**經過大腦基底核決定的下一步棋**

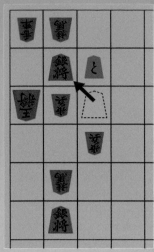

楔前葉

初級視覺皮質

大腦基底核

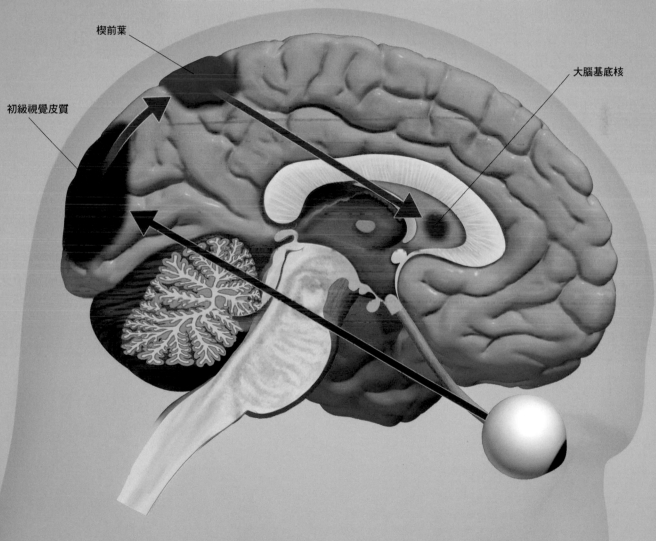

# 直覺是由演化上相對「古老」的腦產生？

由前頁的實驗可以知道，大腦基底核與直覺的產生有著密切關係。大腦基底核位於大腦皮質內部，以神經纖維連接大腦皮質，形成神經迴路。大腦皮質會將資訊傳送到大腦基底核，大腦基底核再篩選出部分資訊送回大腦皮質。與大腦皮質相比，大腦基底核是演化上相對「古老」的結構。大腦基底核由幾個區域構成（見本頁插圖），其中與直覺關係較密切的是尾狀核。我們會在下意識評估風險與利益，並依照評估結果進行下一步行動。尾狀核就是負責這項工作的結構，也是司掌本能反應，且能夠迅速反應的部位。

日本理化學研究所腦神經科學研究中心的田中啓治博士負責執行「將棋計畫」，他認為腦由尾狀核決定將棋下一步棋的機制是「尾狀核會先從大腦皮質匯集各種走法的資訊，接著讓這些資訊在大腦基底核內來回傳送。雖然尾狀核匯集到的備用走法相當多，但這些走法都不會顯現在表面意識上。只有由大腦基底核再傳送到大腦皮質的走法，才會顯現在表面意識上。當棋士看到盤面，大腦皮質受到刺激時，傳送這些資訊給大腦基底核的神經細胞，以及抑制這個動作的神經細胞會開始運作[※]。接著，大腦基底核『匯集』了所有可能走法後，再把篩選出來的走法傳送給大腦皮質。此時，選出的走法才會以『直覺』的形式，浮現到表面意識上。」

## ▍直覺是可以訓練的嗎？

田中博士還提出一個耐人尋味的假說。不論是職業棋士還是業餘棋士，他們在思考下一步要怎麼走的時候，照理來說都會利用到各區域的大腦皮質。田中博士認為，所有人一開始都是靠大腦皮質決定怎麼走。不過，經過訓練後，司掌這項工作的區域可能會由大腦皮質逐漸移往楔前葉、大腦基底核途徑。也就是說，大腦基底核的反應為無意識反應，反應速度也很快，這就是所謂的直覺。

「直覺」一般被認為是相當複雜的機制。但之所以會有直覺，目前認為可能是因為思考迴路從演化上「較新的腦」──「大腦皮質」轉移到「較古老的腦」時產生的機制。

## 在大腦基底核內巡迴，產生下一步候選走法的直覺途徑

大腦皮質（頂葉、顳葉）內保存了許多聯合記憶，其中也包括了許多與將棋有關的記憶（知識、經驗）。這些記憶會進入尾狀核，然後在大腦基底核（右圖中，位於大腦深處的區域）內巡迴。巡迴過程中，不會傳出任何訊號（右頁上圖）。巡迴結束後，會傳送一個訊號給大腦皮質（右頁下圖）。這就是所謂的直覺，也就是下一步的走法。

另外，右頁圖中的神經迴路看起來只有通過左腦，但其實右腦也有一樣的迴路。大腦基底核會以這種機制選擇出下一步，再使其浮現到表面意識。

※：由於皮質的諸多活動，都要經過皮質-基底核-視丘-皮質此互聯網之迴圈式處理，以成為更為精確的訊號模組。所以各種走法將經此迴圈進行試算，做汰除或改變。此時因尚未選出最佳走法，所以各種試算都不可能去付諸執行。所以上文中才會說「抑制這個動作的神經細胞會開始運作」（下文中也一再提及此抑制作用之存在及其重要性），亦即基底核的一個重要功能，實包括有「謀定而後動」的特性在內。而「再把篩選出來的走法傳送給大腦皮質」，應並非由基底核獨立運算與篩選所得，而是經由皮質-基底核-視丘-皮質此互聯網之反覆迴圈式處理，最終形成於皮質之「最佳」訊號模組。由於個人基於過往經驗所建置之迴圈運算與汰變方式有所不同，獲得最佳訊號模組之過程與結論也可能會不同。

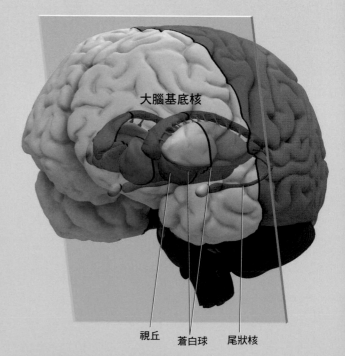

大腦基底核

視丘　蒼白球　尾狀核

**大腦基底核在腦內的位置**
（右頁腦剖面圖的剖面位置）

# 1. 在下一步走法浮現之前

大腦皮質
（以深皮膚色表示，大腦最外側的一層）

途徑A
（大腦皮質→尾狀核→蒼白球→視丘→大腦皮質）

尾狀核

視丘

蒼白球

視丘下核

途徑B
（大腦皮質→視丘下核→蒼白球）

盤面狀況

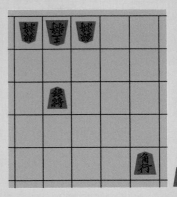

多種「下一步」走法的資訊，從大腦皮質進入位於腦內深處的大腦基底核，然後再回到大腦皮質（左圖途徑A）。看到盤面時會刺激大腦皮質活化，促使另一條神經細胞訊息途徑活化：大腦皮質→視床下核→蒼白球（途徑B）。途徑B的神經細胞會暫時抑制途徑A的④，也就是暫時抑制神經細胞從蒼白球傳送訊息到大腦皮質的運作，不管此時大腦基底核認為下一步該怎麼走，這項資訊都無法傳送到大腦皮質。

# 2. 下一步走法浮現的瞬間

尾狀核

途徑A

視丘

蒼白球

視丘下核

途徑B

以直覺形式浮現出來的下一步棋

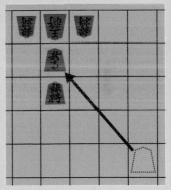

**回到大腦皮質的下一步棋**
**相關資訊**

原本途徑B的神經細胞一直抑制著途徑A的神經細胞，不過在一段時間後，抑制效果消失，途徑A恢復活性，使途徑A的神經細胞選出的走法再進入大腦皮質，以直覺的形式從意識中浮現出來。

如果途徑B喪失了暫時抑制所有可能性的功能，那麼大腦可能就會隨機選擇第一個從大腦基底核抵達大腦皮質的選項，但風險很高，因為這很可能不是最佳選項。

# 小腦可能也和直覺有關

時任日本理化學研究所腦科學綜合研究中心特別顧問的伊藤正男博士（1928～2018）認為，除了大腦基底核之外，還有一個地方也會產生直覺，那就是小腦。

小腦位於大腦下後方，與學習運動方式有關。當我們學會騎腳踏車之後，即使不用多想，也能維持平衡，因為小腦已經學會「騎腳踏車」了。在「自然而然地學會」、「需要一定期間的訓練」這兩點上，小腦的學習與直覺很相似。

## 小腦會保存大腦皮質的記憶，並用於產生直覺嗎？

小腦產生的反應不會浮現到表面意識上，這個性質與直覺類似。因此伊藤博士也提出了以下的「小腦假說」。

平常我們會把經驗暫時存放在腦的「海馬迴」內，加以整理後再分散記憶在前額葉以外的大腦皮質區域。前額葉會參考這些記憶，以此分析、判斷來自外界的事物，並衍伸思考。

伊藤博士的小腦假說認為，這樣的思考在大腦內進行多次後，小腦會將大腦皮質的記憶整合成能讓前額葉在無意識下做出分析、判斷的形式（內部模型），保存在小腦內。如此一來，前額葉使用的就不只是大腦皮質的記憶，也包括了保存在小腦的內部模型。使用保存在小腦的內部模型時，與使用大腦基底核的記憶一樣，能讓我們在下意識產生迅速的反應。這或許和直覺有關。

## 保存在小腦的將棋記憶，能讓「下一步棋」浮現到表面意識嗎？

小腦可以協調身體肌肉與大腦皮質，調整我們身體的運動，是一個相當重要的器官（下圖）。請參考右頁插圖，接下來也是以將棋為例，說明伊藤博士的「小腦假說」。

在前額葉反覆使用保存在大腦皮質的「將棋相關記憶」（知識、經驗），思考下一步該怎麼走的過程中，小腦會逐漸將大腦皮質上的這些記憶以內部模型的形式保存（1）。於是，前額葉在決定下一步怎麼走的時候，除了會參考大腦皮質的記憶之外，也會用到保存在小腦的內部模型（2），便能在下意識迅速浮現出下一步走法。這就是所謂的直覺。

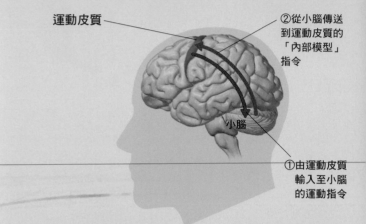

運動皮質

②從小腦傳送到運動皮質的「內部模型」指令

小腦

①由運動皮質輸入至小腦的運動指令

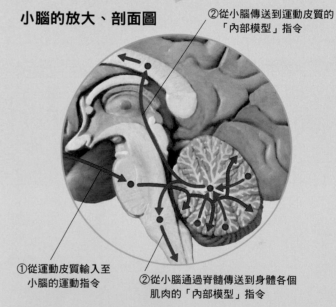

小腦的放大、剖面圖

②從小腦傳送到運動皮質的「內部模型」指令

①從運動皮質輸入至小腦的運動指令

②從小腦通過脊髓傳送到身體各個肌肉的「內部模型」指令

### 小腦內用來預測身體運動的「內部模型」[※]

依照意識活動身體時，大腦的運動皮質會將指令傳送到手腳肌肉。另一方面，連接到各個肌肉與關節的神經細胞也會將實際運動情況的相關資訊傳送到運動皮質。運動皮質會比較這兩種資訊，要是兩者之間有差異的話，就會迅速作出調整。不過如果總是在執行動作後才回來確認做得對不對的話，便難以做出迅速而正確的反應。這時就輪到小腦登場了。小腦的「內部模型」可以表現出手腳特性。當小腦接收到來自運動皮質的指令時，能預測接下來身體會怎麼運動（①），即使沒有收到實際上身體要如何運動的資訊，也能將正確的運動指令傳送到運動皮質，再將運動指令經脊髓傳送到肌肉（②），使手腳做出正確的動作。

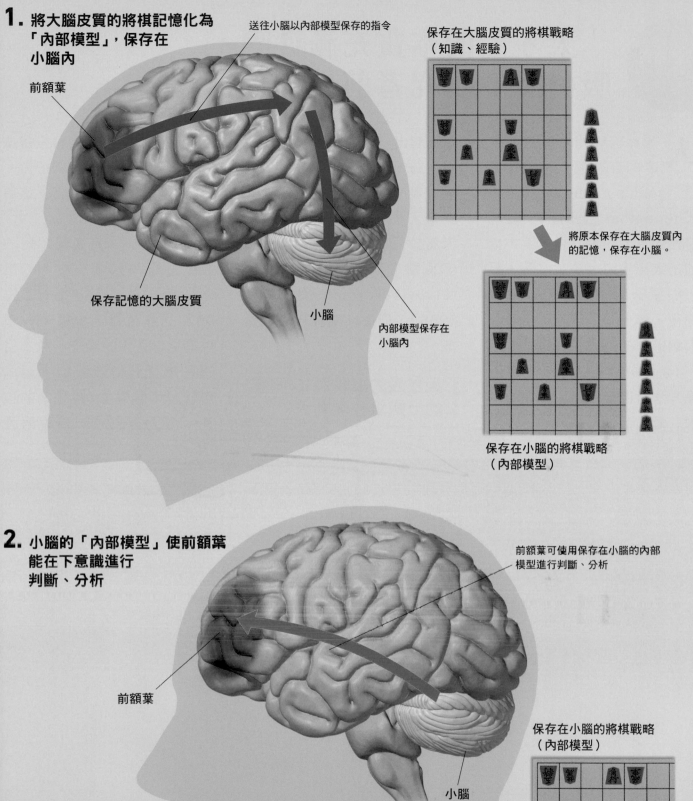

**1.** **將大腦皮質的將棋記憶化為「內部模型」，保存在小腦內**

送往小腦以內部模型保存的指令

前額葉

保存記憶的大腦皮質

小腦

內部模型保存在小腦內

保存在大腦皮質的將棋戰略（知識、經驗）

將原本保存在大腦皮質內的記憶，保存在小腦。

保存在小腦的將棋戰略（內部模型）

**2.** **小腦的「內部模型」使前額葉能在下意識進行判斷、分析**

前額葉可使用保存在小腦的內部模型進行判斷、分析

前額葉

小腦

保存在小腦的將棋戰略（內部模型）

※：係為簡化說法。小腦藉由「內部模型」中所建置之運動經驗與手腳特性，在接收到來自運動皮質所傳下之指令，與周邊所傳入當下肢體之實際位置與活動情況之資訊後，即進行比對運算，預測如果依目前之運動皮質指令執行，將會得到何種結果。並進一步計算要如何修正，方能夠取得原先預期的結果。而旋即將此運算結論，送回大腦皮質，俾據以修正指令，並再次下傳。亦即小腦所建置之「內部模型」及其運算成果，使我們的大腦皮質在事實結果出現前，即可搭配各時間點之實際內外在狀況，做有效之預測，並據以修正指令，再行下傳。如此循環、再三修正，以確保最終之指令與執行成果，能最符合原先的目標。

# 「天才」的本質充滿謎團，吸引許多研究者前來挑戰

**人**類從何時開始意識到天才的存在呢？天才的英語「genius」衍生自希臘語的「genesthai」（形成）。羅馬時代的「genius」這個字，指的是人出生時，決定這個人品行與運勢的守護神。在17世紀後，這個詞則用來形容有驚人創造力的人。

19世紀末，心理學家用兩種方法來區分普通人與天才。當一個人的發現、發明、作品遠遠超出一般人的水準，就會被稱為天才。另外，也使用IQ（智商）的測驗分數來判斷一個人是不是天才（IQ 140者屬於天才）。提出這項標準IQ測驗的美國心理學家特曼（Lewis Terman，1877～1956），便是以IQ做為判斷基準。

## 天才般的表現與IQ測驗的分數沒什麼關係

但是，一般認為IQ測驗沒辦法用來衡量天才豐富的創造力。特曼本人的調查也證實了這項事實。

1921年起，特曼開始對一群出生於1910年左右，IQ高達135～200的孩子進行長達70年的追蹤研究，這是一項規模相當龐大的調查。原本目的是想打破當時社會「越早熟就越早腐爛」（越聰明的孩童，成人後就越容易脫離社

拉小提琴的愛因斯坦

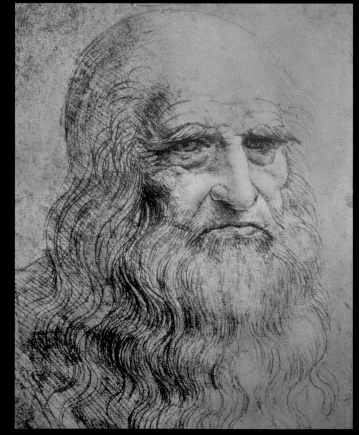

達文西的肖像畫

會）的迷思。這項調查會長期追蹤孩子在肉體與精神上的發育與健康情況、學歷與成績、職場上及婚後生活的適應情形、性格、興趣，從各個方面進行調查。

追蹤調查的結果顯示，其中只有少數人被認為富有創造力（長期追蹤調查的人數約為750人）。也就是說，IQ測驗中獲得高分，並不代表孩子的創造力高人一等，未來會有偉大的發現、發明或作品。不只是這項調查，許多案例都顯示，在IQ測驗中獲得高分，並不代表會從事需要高度創造力的工作。

## 天才多為興趣多樣的人嗎？

天才這個詞或許會讓人有「一年到頭只沉浸於自己的專業領域，完全不關心其他事物」的印象。但岩田名譽教授說：「歷年來的天才大多興趣廣泛，會關心各個領域的事物。」譬如愛因斯坦除了專精於物理學之外，也很喜歡拉小提琴。

文藝復興時期的天才就充分反映了這種傾向，他們在許多領域都有出類拔萃的表現。名畫《蒙娜麗莎》的作者，義大利的天才畫家、雕刻家、建築家達文西（Leonardo da Vinci，1452～1519）也表現對人體解剖、工程領域的強烈興趣，留下許多人體解剖圖，以及人力飛行機、隧道挖掘裝置的設計圖。同樣活躍於文藝復興時期，留下〈大衛像〉等雕刻作品的義大利天才雕刻家、畫家、建築家的米開朗基羅（Michelangelo Simoni，1475～1564）不只創作許多藝術作品，也留下許多詩。

如同第56頁中介紹，這些在專業領域外累積的豐富知識

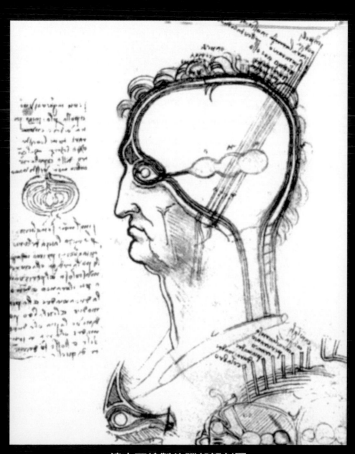

達文西繪製的腦部解剖圖

米開朗基羅的肖像畫

與經驗，或許就是讓他們產生嶄新想法的原因。

## 天才只能靠先天遺傳，還是能後天培養？

那麼，天才是天生的，還是後天養成的呢？這個問題自古就受到許多人的關注，引起許多討論。

英國的遺傳學家高爾頓（Francis Galton，1822～1911）在1869年出版了《遺傳性的天才》。書中列出許多族譜範例，想證明天才與遺傳有關。不過目前一般認為，那些被稱作天才的人之所以能達到某些優秀成就，不只要來自雙親的基因（遺傳），成長環境也相當重要。

現今仍沒有科學證據能證明天才與遺傳有關。研究人員並沒有找到能夠提升創造力的腦內神經細胞迴路或與之相關的基因。

研究人員提出了各種想法，想說明培養天才需要的環境。什麼樣的教育環境可以培養出天才呢？岩田名譽教授認為：「首先要讓孩子在某個專業領域徹底累積經驗，這個領域可能是樂器，也可能是讀書。天才會在一件事上付出一般人做不到的努力。另外，也必須培養他們對周遭事物的好奇心。」除了教育環境，研究者還認為，成長的時代背景（能享受平等的教育、沒有戰爭、國家財政餘裕，可以支持藝術與研究）也很重要。

## 天才與精神疾病有關係嗎？

描述天才的故事中，主角常患有精神性疾病。活躍於西元前的希臘哲學家亞里斯

### 作家組別中，雙極性疾患的患者比例是一般人的四倍

| | 作家（人數） | 作家（%） | 一般人（人數） | 一般人（%） | P（顯著性差異） |
|---|---|---|---|---|---|
| 雙極性疾患第一型 | 4 | 13 | 0 | 0 | n.s. |
| 雙極性疾患第二型 | 9 | 30 | 3 | 10 | n.s. |
| 各種雙極性障礙 | 13 | 43 | 3 | 10 | 0.01 |
| 單極性憂鬱症 | 11 | 37 | 5 | 17 | n.s. |
| 各種情緒障礙 | 24 | 80 | 9 | 30 | 0.001 |
| 思覺失調症 | 0 | 0 | 0 | 0 | n.s. |
| 酒精依賴症 | 9 | 30 | 2 | 7 | 0.05 |
| 藥物濫用 | 2 | 7 | 2 | 7 | n.s. |
| 自殺 | 2 | 7 | 0 | 0 | n.s. |

擁有精神科醫生執照的安德烈森博士，與愛荷華大學作家工作坊的30名作家，及30名一般人面談後，將精神疾病的診斷結果整理成左表。整體而言，作家組別擁有精神疾病的比例，比一般人還要高（有些人甚至擁有多種精神疾病）。表中的「各種情緒障礙」包含了雙極性疾患第一型、雙極性疾患第二型、單極性憂鬱症，「各種雙極性障礙」則包含第一型、與第二型。由表中可以看出，作家有雙極性障礙（各種雙極性障礙）的比例高達一般人的四倍。另外，表中的 p 為統計學顯著性的指標。p 值越小，表示兩組差異越顯著。n.s.則表示兩者差異不顯著。

多德（Aristotle，384～322 BC）早就已經注意到創造力與精神性疾病之間的關聯。20世紀初，曾有研究者透過文獻調查，統計了歷代天才的精神病歷。

1987年，美國的神經科學家安德烈森（Nancy Andreasen，1938～）曾在研究中將案例分成一般人與富創造力的人兩組，比較其間的差異。她與愛荷華大學作家工作坊的30名作家及30名一般人面談。結果發現一般人的組別中，擁有雙極性疾患（躁鬱症）的比例約為10％，相較之下，作家組別中則有43％擁有雙極性疾患。

雙極性疾患的患者會時常進入躁鬱狀態，會喋喋不休，也容易突然轉移到其他話題上。由安德烈森博士的研究結果，以及雙極性疾患患者的對話傾向，山本博士提出的觀點是「當雙極性疾患的患者處於躁鬱狀態，可能會使平時沒有關聯的神經迴路連接起來。所以有雙極性疾患傾向的人，也常是富創造力的天才。」

## 未來可能解讀出天才的思考迴路嗎？

天才的創造力究竟從何而來？岩田名譽教授認為，這是個無法回答的謎，未來大概也很很難找到答案。「畢竟，天才很少出現。」

另一方面，近年來腦科學技術進步神速，解讀天才靈感源自何方的技術也越來越成熟。天才的腦曾在歷史上掀起革命，留下許多珍貴的遺產。期待未來我們能解讀這些腦的運作機制。 🪐

## 富創造力的人，罹患精神疾病的比例也比較高

能發揮出驚人創造力的人，罹患精神性疾病的比例是不是也比較高？這一直是許多人關心的問題。安德烈森博士在研究中調查了作家的情況（左頁表格），同時調查一般人的情況進行比較，山本博士認為這是最有公信力的資料之一。

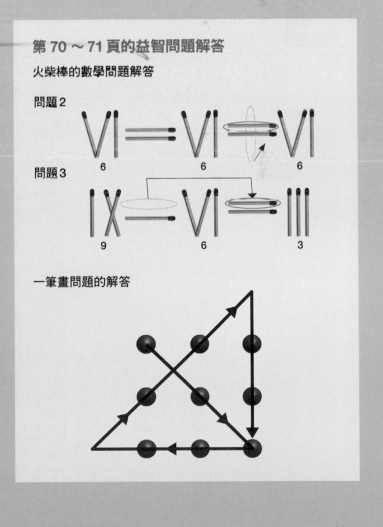

第 70 ～ 71 頁的益智問題解答

火柴棒的數學問題解答

問題2

6  6  6

問題3

9  6  3

一筆畫問題的解答

# 喪失才華的
# 學者症候群少女

## 學者症候群少女表現出來的繪畫才華

蕭明（Nadia Chomyn，1967～2015）是一位有智能障礙的英國少女，她也是學者症候群患者，在 3 歲左右展現了天才般的繪畫才華。不過在 7 歲入學後，隨著語言能力進步，她的才華也消失了。右方 3 張插圖都是蕭明在失去才華前的作品。

騎乘馬匹的人：
蕭明 5 歲 6 個月左右的作品

本節要介紹的是擁有天才繪畫能力的學者症候群少女，蕭明。

蕭明曾有智能障礙的問題，不過在她三歲的時候，顯露出了卓越的繪畫才華。下方照片皆為蕭明在七歲前畫的圖。和其他同年齡孩子，她顯然擁有非凡的繪畫能力。

她七歲時進入自閉症學校就讀，並在那裡接受語言教育。學校教育改善了她的語言能力，卻也讓她展現出來的繪畫能力就此消失。

蕭明在獲得語言能力後失去特殊才華，但並不是所有學者症候群的患者都像她一樣。許多患者即使經過訓練，適應了社會，也不會因此失去能力，而是能善用能力，使他們在社會上生活得更好。

鵜鶘：
蕭明6歲7個月時的作品

兩隻公雞（其中一隻）：
蕭明6歲左右時的作品

# 腦的疾病與治療

**腦**有許多重要功能，包括維持生命、語言處理、精神上的活動等。如果這麼重要的器官生病，可能會造成致命的傷害。第 3 章中，我們會解說患者數年年增加，被視為「不治之症」的「阿茲海默症」、患者久臥病床，需要他人照護的「腦中風」，以及每個人都可能得到，卻常被人誤解的「憂鬱症」與「依賴症」等疾病的治療、預防方法。

協助　西道隆臣／樋口真人／內田和彥／John Hardy／村山雄一／
羽田康司／本望 修／功刀 浩／堀越勝／松本俊彥／鶴身孝介

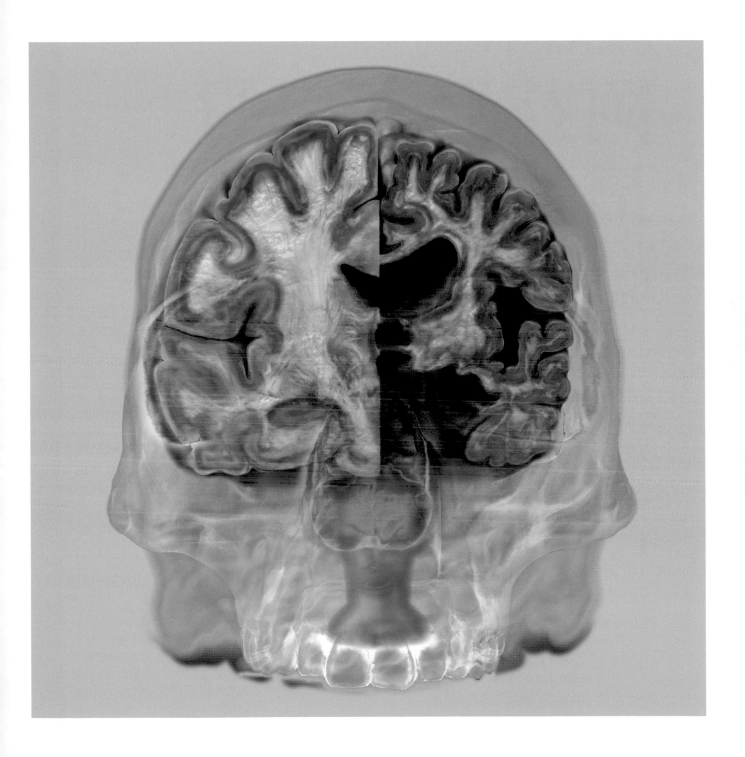

# PART 1
# 阿茲海默症的最新研究

現在有一種疾病的患者數持續增加，就是「阿茲海默症」。患者腦內累積了大量「垃圾」，神經元（神經細胞）陸續死亡，使患者逐漸失去記憶、思考能力等功能。為什麼上了年紀就容易罹患阿茲海默症呢？阿茲海默症曾被認為是「不治之症」，但隨著開發出早期診斷的方法和劃時代的藥物，目前已經能夠在一定程度上預防阿茲海默症，或是減緩疾病進展。在此即介紹阿茲海默症的最新研究。

協助

**西道隆臣** 日本理化學研究所 日本腦神經科學研究中心 日本神經老化控制研究團隊 主任

**樋口真人** 日本量子科學技術研究開發機構 日本放射線醫學綜合研究所 日本腦功能影像研究部 主任

**內田和彥** 日本筑波大學醫學醫療系 副教授

**John Hardy** 英國倫敦大學學院 教授

**阿茲海默症從40歲左右就開始緩慢進展**

圖中顯示阿茲海默症患者腦內產生的變化。橫軸為典型患者的年齡。

「類澱粉蛋白 $\beta$」的累積被認為是阿茲海默症的原因。研究顯示，在阿茲海默症發病的10到20年前，類澱粉蛋白 $\beta$ 就會開始累積，當累積到極限，就是阿茲海默症發病之時（本圖以Jack C. R. Jr. et al., Lancet Neurol., p119, Jan., 2010的資料為基礎製成）。

嚴重

嚴重程度

輕微

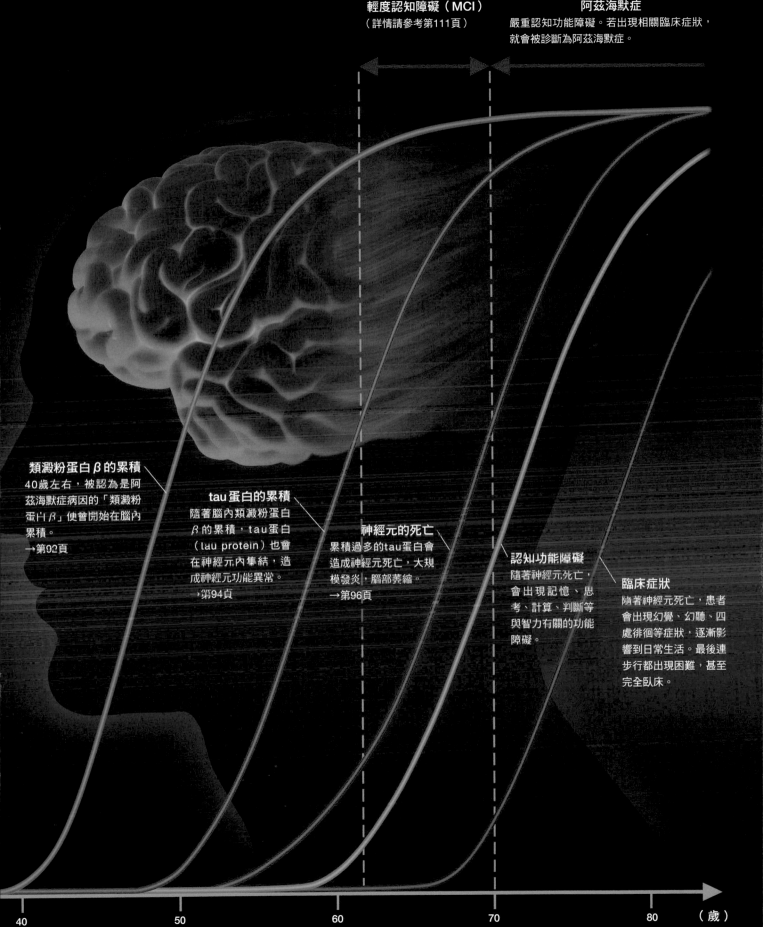

輕度認知障礙（MCI）
（詳情請參考第111頁）

阿茲海默症
嚴重認知功能障礙。若出現相關臨床症狀，就會被診斷為阿茲海默症。

**類澱粉蛋白β的累積**
40歲左右，被認為是阿茲海默症病因的「類澱粉蛋白β」便會開始在腦內累積。
→第92頁

**tau蛋白的累積**
隨著腦內類澱粉蛋白β的累積，tau蛋白（tau protein）也會在神經元內集結，造成神經元功能異常。
→第94頁

**神經元的死亡**
累積過多的tau蛋白會造成神經元死亡，大規模發炎，腦部萎縮。
→第96頁

**認知功能障礙**
隨著神經元死亡，會出現記憶、思考、計算、判斷等與智力有關的功能障礙。

**臨床症狀**
隨著神經元死亡，患者會出現幻覺、幻聽、四處徘徊等症狀，逐漸影響到日常生活。最後連步行都出現困難，甚至完全臥床。

40　　　50　　　60　　　70　　　80　　（歲）

# 人類在21世紀的
# 最大難題

時間是2007年，一名阿茲海默症[※1]男性患者在街頭徘徊時闖入鐵軌，被電車輾過。鐵路公司就這起事故，向親屬提起訴訟求償。2016年3月，最高法院判決親屬沒有賠償責任。**像這樣的案例，阿茲海默症除了影響到負責照護的親屬及身邊的人，也會引起社會問題。**

簡單來說，阿茲海默症的病因是腦內累積了過多的「類澱粉蛋白β」或「tau蛋白」等「有害垃圾」，造成負責學習與記憶的神經元（神經細胞）死亡，使人思考能力下降，甚至喪失記憶。這種「垃圾」在阿茲海默症發病的10到20年前便開始累積，其逐漸累積致使神經細胞與神經網路逐漸破壞，阿茲海默症的病徵於是顯現（見前頁圖片）。也就是說，患者在發病之前多年，可說約莫40歲左右尚無症狀之際，體內就已經出現阿茲海默症的相關病變了。

談到阿茲海默症時，也常常會順帶提到「失智症」（dementia），指的是「**患者的神經元死亡或工作效率低落，使記憶力、思考及行動能力逐漸衰退，嚴重到會妨礙日常生活與活動的程度**」。失智症的原因以「阿茲海默症」為主。

**目前失智症患者正在急遽增加。**根據日本厚生勞動省的統計，1985年時日本失智症患者數約為59萬人，2015年時，已超過了500萬人，到了2025年甚至可能達到700萬人。而且，這一個問題不只發生在日本。**2016年時，全世界約有4700萬**

## 阿茲海默症的
## 病況進展研究

本章中將介紹幾項正在進行的最新研究。中央為健康的大腦（左）與阿茲海默症患者的大腦（右）剖面圖。

了解原因（第92頁）

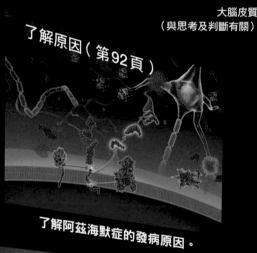

了解阿茲海默症的發病原因。

開發新藥（第104頁）

目標從根本開始治療，致力於新藥的研究

大腦皮質
（與思考及判斷有關）

腦室
（含有腦脊髓液）

海馬迴（與記憶
有密切關係）

名失智症患者。有人預測，2050年時，全球的失智症患者將會超過1億人，對社會、經濟都會造成很大的負擔。

## 正面迎擊阿茲海默症

阿茲海默症一旦發病，便無法恢復，可以說是「不治之症」。那麼，究竟阿茲海默症有沒有解方？目前各種最先進的研究，讓我們看到一線希望。

首先是**阿茲海默症發病原因的研究**。日本理化學研究所腦科學綜合研究中心的西道隆臣博士及團隊研究的是與失智症有關的分子機制。2014年時，他們改變了小鼠類澱粉蛋白β之前驅物蛋白的基因，成功培育出腦內會累積大量類澱粉蛋白β，容易罹患阿茲海默症的小鼠（模式小鼠）[※2]。**並以此瞭解製造、累積類澱粉蛋白β的機制**（詳見第92頁）。

這種小鼠被分配到全世界各個研究機構進一步研究，**研究成果也成為研發新藥的依據**（詳見第104頁）。

如果想根治阿茲海默症，**「早期診斷、早期治療」**是一個理想。過去我們無法輕易觀察到腦內累積了多少類澱粉蛋白β，不過在「類澱粉蛋白正子造影」（amyloid PET）與「tau蛋白正子造影」（tau PET）等方法開發出來後，現在已經可以藉由這類影像看出腦內**「哪裡」**累積了**「多少」**垃圾（詳見第106頁）。

未來，我們或許能夠精密測量出血液中特定蛋白質的含量，就能像在健康檢查發現高血脂症一樣，**在症狀出現前先診斷出阿茲海默症**，並期待能夠在早期進行治療（詳見第108頁）。

Part 1會接著介紹阿茲海默症的各種最新知識，以及活用這些知識所獲得的研究成果。

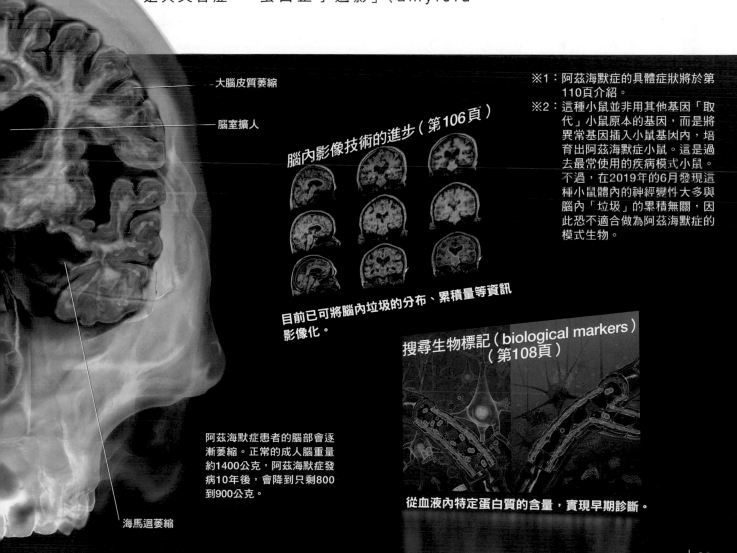

—— 大腦皮質萎縮

—— 腦室擴大

### 腦內影像技術的進步（第106頁）

目前已可將腦內垃圾的分布、累積量等資訊影像化。

### 搜尋生物標記（biological markers）（第108頁）

從血液內特定蛋白質的含量，實現早期診斷。

阿茲海默症患者的腦部會逐漸萎縮。正常的成人腦重量約1400公克，阿茲海默症發病10年後，會降到只剩800到900公克。

海馬迴萎縮

※1：阿茲海默症的具體症狀將於第110頁介紹。

※2：這種小鼠並非用其他基因「取代」小鼠原本的基因，而是將異常基因插入小鼠基因內，培育出阿茲海默症小鼠。這是過去最常使用的疾病模式小鼠。不過，在2019年的6月發現這種小鼠體內的神經變性大多與腦內「垃圾」的累積無關，因此恐不適合做為阿茲海默症的模式生物。

# 被破壞的記憶指揮塔 ——海馬迴

阿茲海默症患者失去的「記憶」，是如何儲存在腦內的？

大腦最外側是由約140億個神經元組成的薄層，約2～4毫米厚的**「大腦皮質」，負責思考與判斷等智力活動，而大腦內側則有司掌本能與感情的「大腦邊緣系統」**。

來自眼（視覺）、鼻（嗅覺）、皮膚（觸覺）等各種感覺器官的訊號，會先通過位於大腦邊緣系統的**「內嗅皮質」**（entorhinal cortex），然後再送到旁邊的**「海馬迴」**。內嗅皮質一詞雖然有個「嗅」字，但除了嗅覺外，也匯集了其他的感覺資訊。海馬迴會整理、統合這些資訊，再將視覺、嗅覺資訊分別送到位於大腦皮質的「視覺皮質」（visual cortex）與「嗅覺皮質」（olfactory cortex），進一步處理視覺與嗅覺訊號並記憶下來。當我們試著回想相關的記憶時，就會沿著原來的途徑，喚起過去的記憶。

因此，**內嗅皮質與海馬迴是記憶與學習的必要區域。但阿茲海默症患者最初受損的神經元，正是內嗅皮質與海馬迴的神經元。**所以，患者在行動與思考能力出現異常之前，會先出現忘記舊事物、記不起新事物等記憶障礙。

**若阿茲海默症持續進展，病變會逐漸蔓延到大腦皮質。**大腦皮質可以分為「額葉」、「顳葉」等區域，每個區域都有其負責的工作。譬如顳葉可以保存過往的記憶（遠隔記

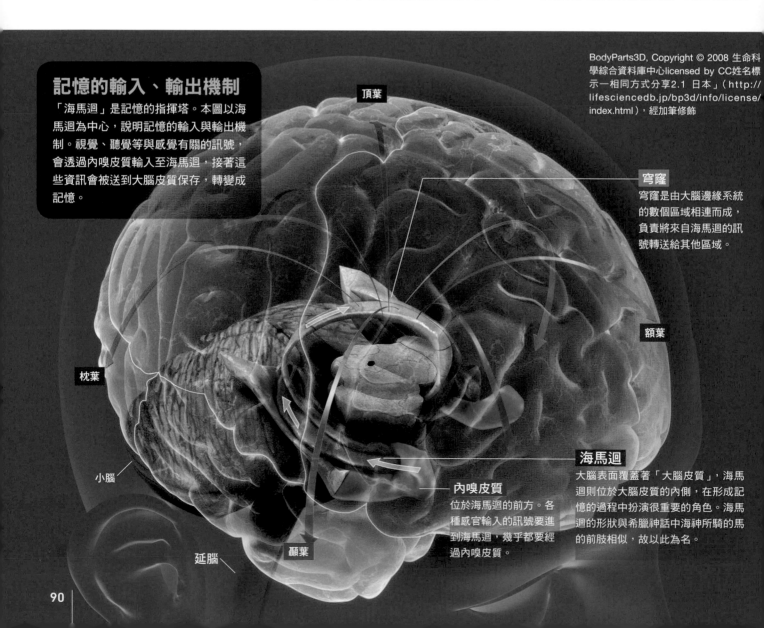

## 記憶的輸入、輸出機制

「海馬迴」是記憶的指揮塔。本圖以海馬迴為中心，說明記憶的輸入與輸出機制。視覺、聽覺等與感覺有關的訊號，會透過內嗅皮質輸入至海馬迴，接著這些資訊會被送到大腦皮質保存，轉變成記憶。

頂葉

枕葉

小腦

延腦

顳葉

**穹窿**
穹窿是由大腦邊緣系統的數個區域相連而成，負責將來自海馬迴的訊號轉送給其他區域。

額葉

**海馬迴**
大腦表面覆蓋著「大腦皮質」，海馬迴則位於大腦皮質的內側，在形成記憶的過程中扮演很重要的角色。海馬迴的形狀與希臘神話中海神所騎的馬的前肢相似，故以此為名。

**內嗅皮質**
位於海馬迴的前方。各種感官輸入的訊號要進到海馬迴，幾乎都要經過內嗅皮質。

憶）、處理聽覺資訊等。因此，當患者因阿茲海默症使顳葉受損（神經元死亡），就會失去過往的記憶和語言能力。同樣的，頂葉受損時會影響到「空間識別能力」，使我們沒辦法掌握物體的位置、方向、大小等特徵。要是連腦部後方的枕葉都受損，即使是看到熟悉的事物或人，也沒辦法認知。

## 記憶是由神經元形成的網路產生

一般認為，記憶保存在由神經元形成的「連結」內。比較保存某項記憶的神經元集團連結，和保存另一項記憶的神經元集團連結，即使這兩個集團會共用到同一個神經元，只要整體的連結情況不同，保存的記憶就會不一樣。

已知當我們記憶新事物時，突觸的形狀也會改變。如果重複學習同一件事，就會持續對同一個突觸釋放相同訊號，使突觸變大（1）。這可以提升接收訊號的效率。另一方面，如果一直沒有訊號進入突觸，突觸就會變得縮小，最後消失（2）。**用來記住必要記憶的突觸會變得很大，將固定記憶。另**

**一方面，其他突觸則會變小，因此可能失去與該突觸有關的記憶。**

阿茲海默症所造成的神經元死亡，會讓患者喪失記憶。一般而言，神經元幾乎不會進行細胞分裂，不過目前已知海馬迴會陸續生成新的神經元。因此，即使罹患阿茲海默症，只要早期發現，仍有機會尋求適當治療來緩和症狀，甚至恢復原本的狀態。

---

## 大腦皮質的構造與機能

### 頂葉
位於大腦皮質的頂端。頂葉負責統合感覺資訊。另外，一部分的頂葉也與視覺處理有關，讓我們能掌握物體位置及方向的部位。

### 額葉
位於大腦皮質的前端。額葉包括司掌身體運動的「運動皮質」，可以控制包括步行在內的各種運動。另外，也可控制邏輯思考與感情。

### 枕葉
位於大腦皮質的後端。處理來自眼睛之訊號的「視覺皮質」大都位於枕葉，可以整合各種視覺資訊。

### 顳葉
位於大腦皮質的側面。顳葉主要處理與聽覺有關的訊息。一般認為顳葉也負責理解聲音與文字的意義。

小腦

## 製造出新的迴路，更新記憶
神經元的集團中，接收越多次訊號的突觸會長得越大，使傳遞訊號的效率逐漸提升（1）。另一方面，接收訊號次數少的突觸會越來越小，最後消失（2）。這就是我們的腦形成新的記憶，並忘記非必要記憶的機制。

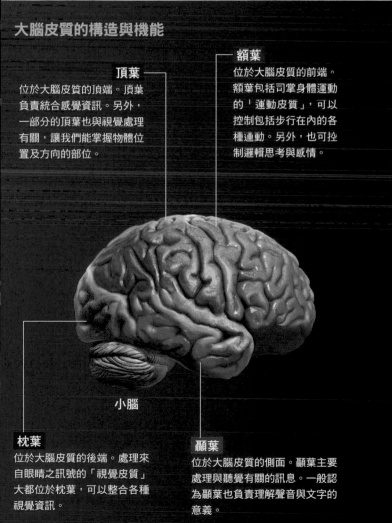

### 1. 變大的突觸
接收多次訊號的突觸會越來越大，提升傳遞訊號的效率。

### 2. 變小的突觸
沒有接收到訊號的突觸會逐漸萎縮，最後消失。

# 在神經元外大量累積的「垃圾」會造成細胞死亡！

**造**成阿茲海默症的根本原因究竟為何？為什麼神經元會陸續死亡呢？

一般認為，阿茲海默症肇因於腦內累積過多的「類澱粉蛋白β」與「tau蛋白」等「垃圾」，以及由這些垃圾所引發的「發炎反應」。首先來介紹「類澱粉蛋白β」。

類澱粉蛋白β由位於神經元細胞膜上的「前類澱粉蛋白β」（APP）製造而成。APP被認為與神經元的成長與修復有關，但詳細機制至今仍不清楚。APP完成該做的工作後，兩種可裁切蛋白質的酵素（亦屬於蛋白質），會像「剪刀」般裁切APP，**再將裁切後得到的類澱粉蛋白β釋放到細胞外（1）。**這就是「垃圾」的來源。

正常情況下，切出來的類澱粉蛋白β會由腦內擔任清道夫的「微膠細胞」清除。但隨著年齡的增加，微膠細胞的清除功能會越來越低落，使腦內類澱粉蛋白β的濃度越來越高。**於是類澱粉蛋白β逐漸集結在一起，形成巨大的團塊，阻礙神經元之間的溝通。由類澱粉蛋白β凝集而成的巨大塊狀物稱作「老年斑」（2）。**以顯微鏡觀察因阿茲海默症而過世的患者腦部切片，可以看到一些斑點狀物質，這就是老年斑（如下圖）。

附著在神經元上的類澱粉蛋白β會傷害到神經元，最後導致細胞死亡。另外，也有人認為類澱粉蛋白β可能會侵入突觸間隙，阻礙訊號傳遞（3）。

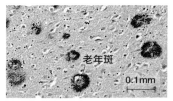

將因阿茲海默症而死亡的患者腦部切片，以能與類澱粉蛋白β結合的抗體染色，在顯微鏡下觀察到的圖像。被染成褐色的部位就是老年斑。

老年斑　0.1mm

## 類澱粉蛋白 β 會導致神經元死亡

「類澱粉蛋白假說」認為，阿茲海默症肇因於腦內累積的「類澱粉蛋白β」。貫穿神經元細胞膜的「前類澱粉蛋白β」被裁切後，會釋出類澱粉蛋白β。類澱粉蛋白β過多時會集結成塊狀，可能妨礙到突觸的訊息傳導，乃至導致神經元死亡。

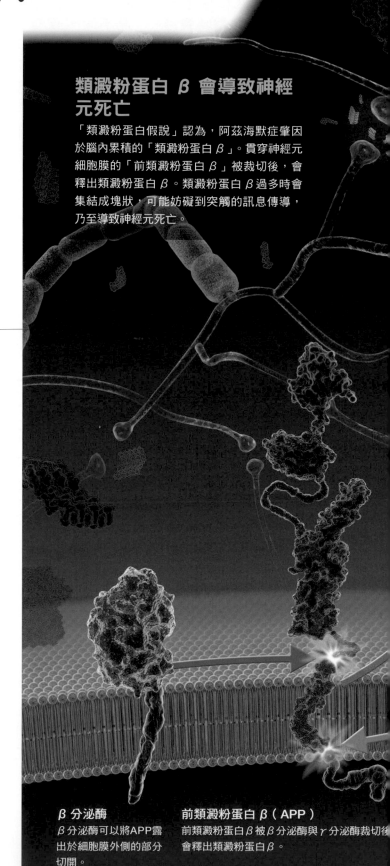

**β 分泌酶**
β分泌酶可以將APP露出於細胞膜外側的部分切開。

**前類澱粉蛋白 β（APP）**
前類澱粉蛋白β被β分泌酶與γ分泌酶裁切後會釋出類澱粉蛋白β。

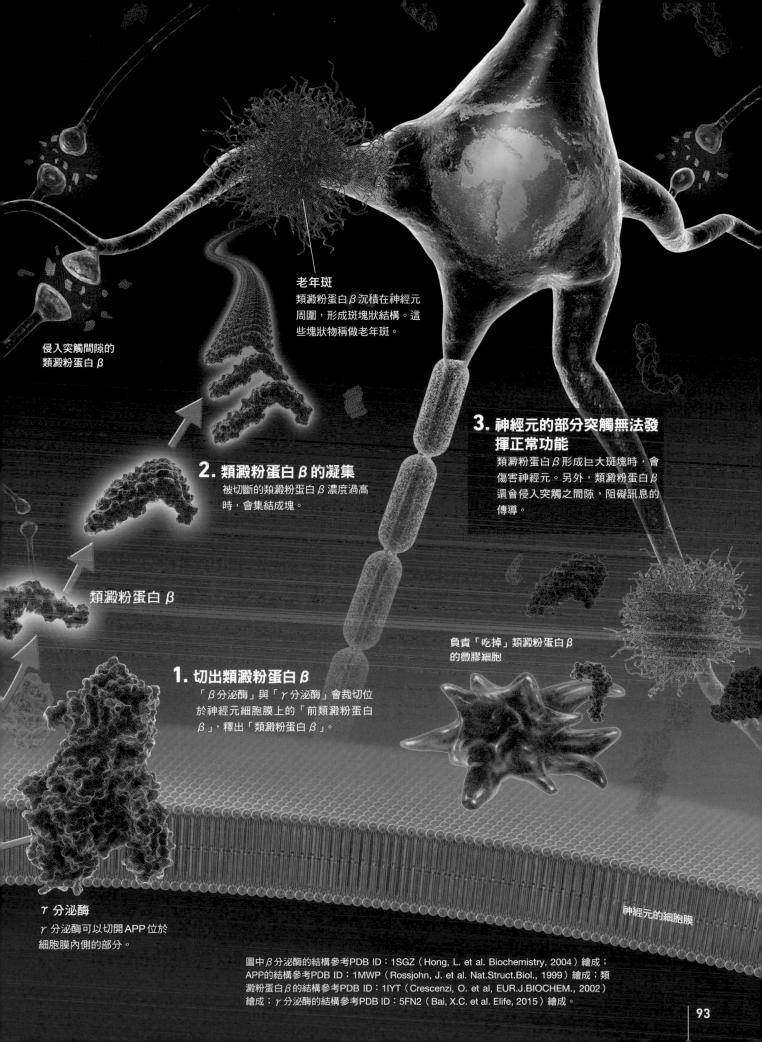

老年斑
類澱粉蛋白β沉積在神經元
周圍，形成斑塊狀結構。這
些塊狀物稱做老年斑。

侵入突觸間隙的
類澱粉蛋白β

**3. 神經元的部分突觸無法發揮正常功能**
類澱粉蛋白β形成巨大斑塊時，會
傷害神經元。另外，類澱粉蛋白β
還會侵入突觸之間隙，阻礙訊息的
傳導。

**2. 類澱粉蛋白β的凝集**
被切斷的類澱粉蛋白β濃度過高
時，會集結成塊。

類澱粉蛋白β

負責「吃掉」類澱粉蛋白β
的微膠細胞

**1. 切出類澱粉蛋白β**
「β分泌酶」與「γ分泌酶」會裁切位
於神經元細胞膜上的「前類澱粉蛋白
β」，釋出「類澱粉蛋白β」。

γ分泌酶
γ分泌酶可以切開APP位於
細胞膜內側的部分。

神經元的細胞膜

圖中β分泌酶的結構參考PDB ID：1SGZ（Hong, L. et al. Biochemistry, 2004）繪成；
APP的結構參考PDB ID：1MWP（Rossjohn, J. et al. Nat.Struct.Biol., 1999）繪成；類
澱粉蛋白β的結構參考PDB ID：1IYT（Crescenzi, O. et al, EUR.J.BIOCHEM., 2002）
繪成；γ分泌酶的結構參考PDB ID：5FN2（Bai, X.C. et al. Elife, 2015）繪成。

**原因 ② tau 蛋白 的累積**

# 神經元沉積了別的「垃圾」，會使細胞死亡

**除**了類澱粉蛋白β之外，腦內還可能會累積其他「垃圾」，就是「tau蛋白」。

神經元擁有樹突與軸突這兩種長長的「腳」。神經元內布滿像是道路般的**「微管」**（microtubule），以將突觸小泡與營養物質運送到這些腳的末端。**微管由微管蛋白組成，而tau蛋白可以附著在軸突的微管上，綁住微管蛋白，防止其散開（1）。**

## 神經細胞會吐出異常的tau蛋白，傳染給周圍的細胞

由此可見，tau蛋白可以說是神經元內進行物質輸送時的重要蛋白質。然而，**隨著類澱粉蛋白β的累積，以及年紀的增加，tau蛋白會陸續與微管分離**。於是tau蛋白會逐漸集結在一起，微管則開始崩潰。這使神經元沒辦法將營養送到軸突末端，便造成軸突萎縮，最後導致神經元死亡（2）。

這種神經元的變化，稱做**「神經纖維糾結」**（neurofibrillary tangles）。以顯微鏡觀察因阿茲海默症死亡的患者腦部切片，可以看到神經纖維彼此糾結、神經元變形等情況，故得此命名。這種「神經纖維糾結」與「老年斑」被認為是阿茲海默症患者的腦部特徵。

更糟的是，**神經元會吐出凝集成塊狀的tau蛋白，將其傳染給健康的神經元，使更多神經元出現神經纖維糾結的狀況**。神經纖維糾結會花上20年左右，從內嗅皮質蔓延至海馬迴，然後蔓延到整個大腦皮質。隨著這個過程的進展，患者會陸續出現各種阿茲海默症的症狀，並逐漸惡化。目前，研究人員正在開發防止tau蛋白的集結塊蔓延的新藥（詳見第104頁）。

**1. 延伸中的微管**
健康的神經元中，軸突與樹突內分布著道路般的微管，用來運送營養素與突觸小泡。其中，「tau蛋白」可以讓軸突內的微小管保持穩定。

微管蛋白
營養素
蛋白質
微管
運送營養素的蛋白質

**陷入混亂的神經元交通網**

tau蛋白的異常可能導致神經元死亡。正常神經元的內部分布著許多微管，可以將各種物質送到細胞的每個角落（1）。但隨著年齡的增加或類澱粉蛋白β的累積，tau蛋白會與微管分離，使微管崩潰。這讓神經元無法將營養素送到每個角落，使軸突與樹突萎縮，最後導致神經細胞死亡（2）。

凝集成塊的tau蛋白

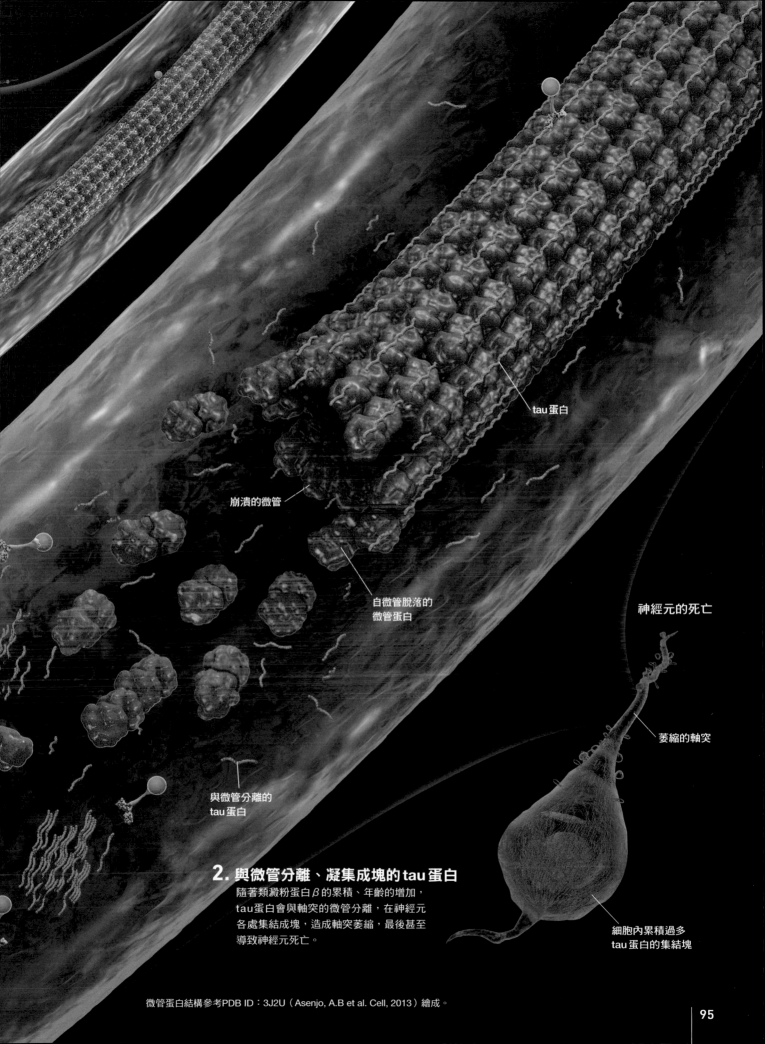

tau 蛋白

崩潰的微管

自微管脫落的
微管蛋白

神經元的死亡

與微管分離的
tau 蛋白

萎縮的軸突

### 2. 與微管分離、凝集成塊的 tau 蛋白

隨著類澱粉蛋白 β 的累積、年齡的增加，
tau 蛋白會與軸突的微管分離，在神經元
各處集結成塊，造成軸突萎縮，最後甚至
導致神經元死亡。

細胞內累積過多
tau 蛋白的集結塊

微管蛋白結構參考PDB ID：3J2U（Asenjo, A.B et al. Cell, 2013）繪成。

# 原本負責清除「垃圾」的免疫細胞失控，導致神經元死亡

**除**了類澱粉蛋白β的累積、tau蛋白的凝集之外，還有一種作用會對神經元造成更嚴重的損傷，就是**「發炎反應」**。所謂的發炎反應（inflammation），是在病原體或異物侵入人體時，刺激到體內某些細胞，使負責攻擊「外敵」的「免疫細胞」產生反應，導致該位置出現紅腫熱痛等現象。

腦內有各種「輔助」神經元執行功能的細胞，數量約為神經元的10倍。這些細胞合稱為**「神經膠細胞」**，具有提供營養給神經細胞，以及修復神經細胞病變等多種功能。

**「微膠細胞」為神經膠細胞的一種，平時負責清除類澱粉蛋白β與死亡的神經元，扮演著「清道夫」的角色（1）。**不過，當類澱粉蛋白β的濃度過高，或是tau蛋白的集結塊過多，使神經元嚴重受損，微膠細胞可能就會認定腦遭到細菌或病毒等病原體攻擊，並從「清道夫模式」轉變成「攻擊模式」。

**如果微膠細胞判斷當時為緊急狀況，會釋放出含有「自由基」（free radical）的分子，破壞周圍細胞，還會製造能引起發炎反應的蛋白質「細胞介素」（cytokine）。**這些作用會引起激烈的發炎反應，使細胞遭受到大規模的破壞。而且，**發炎反應所造成的細胞死亡，會引起更嚴重的發炎反應，形成惡性循環（2）。**

## 隨著年齡漸長而產生的「慢性發炎」，會使病況惡化

隨著年齡漸長，身體各部位會出現較弱的**發炎反應，也稱做「慢性發炎」**（chronic inflammatory）。這會造成腦內持續出現免疫異常，使許多神經元瀕臨死亡，阿茲海默症持續惡化。

某些仍處於研究階段的藥物，可以抑制實驗用小鼠的微膠細胞活動，並成功抑制失智症狀。

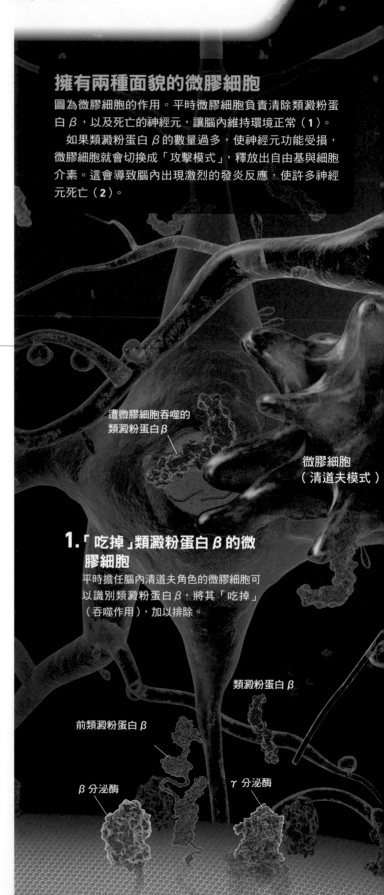

### 擁有兩種面貌的微膠細胞

圖為微膠細胞的作用。平時微膠細胞負責清除類澱粉蛋白β，以及死亡的神經元，讓腦內維持環境正常（1）。

如果類澱粉蛋白β的數量過多，使神經元功能受損，微膠細胞就會切換成「攻擊模式」，釋放出自由基與細胞介素。這會導致腦內出現激烈的發炎反應，使許多神經元死亡（2）。

遭微膠細胞吞噬的類澱粉蛋白β

微膠細胞（清道夫模式）

**1.「吃掉」類澱粉蛋白β的微膠細胞**
平時擔任腦內清道夫角色的微膠細胞可以識別類澱粉蛋白β，將其「吃掉」（吞噬作用），加以排除。

類澱粉蛋白β

前類澱粉蛋白β

β分泌酶

γ分泌酶

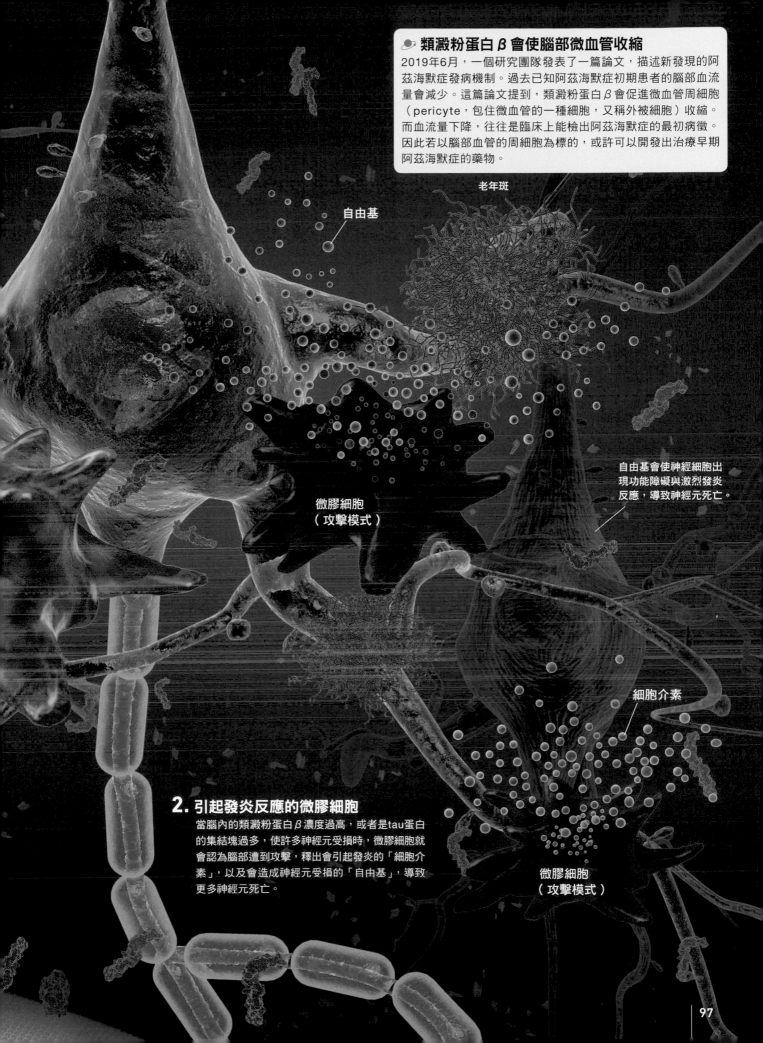

**類澱粉蛋白β會使腦部微血管收縮**

2019年6月，一個研究團隊發表了一篇論文，描述新發現的阿茲海默症發病機制。過去已知阿茲海默症初期患者的腦部血流量會減少。這篇論文提到，類澱粉蛋白β會促進微血管周細胞（pericyte，包住微血管的一種細胞，又稱外被細胞）收縮。而血流量下降，往往是臨床上能檢出阿茲海默症的最初病徵。因此若以腦部血管的周細胞為標的，或許可以開發出治療早期阿茲海默症的藥物。

老年斑

自由基

自由基會使神經細胞出現功能障礙與激烈發炎反應，導致神經元死亡。

微膠細胞
（攻擊模式）

細胞介素

## 2. 引起發炎反應的微膠細胞

當腦內的類澱粉蛋白β濃度過高，或者是tau蛋白的集結塊過多，使許多神經元受損時，微膠細胞就會認為腦部遭到攻擊，釋出會引起發炎的「細胞介素」，以及會造成神經元受損的「自由基」，導致更多神經元死亡。

微膠細胞
（攻擊模式）

# 30多歲時就發病的早發型阿茲海默症是什麼？

阿茲海默症可以分成65歲前發病的「早發型」與65歲後發病的「晚發型」。**早發型阿茲海默症最大的特徵是多在30到50歲左右發病。**一般認為多與先天性基因突變有關。

引起早發型阿茲海默症發病的基因，主要有以下三種。首先是**前類澱粉蛋白β（APP）的基因**。如同第92頁看到的，類澱粉蛋白β源自被裁切的APP。第二種與第三種基因分別是**早老素1**（PSEN1）的基因與早老素2（PSEN2）的基因。這裡說的「早老素」（presenilin），是將APP裁切成類澱粉蛋白β之酵素「γ分泌酶」的成分之一。

「當這些基因突變時，類澱粉蛋白β的製造速度會變快，產生許多容易集結的類澱粉蛋白β碎片。這會使得腦內累積過多的類澱粉蛋白β，患者可能在30多歲，就

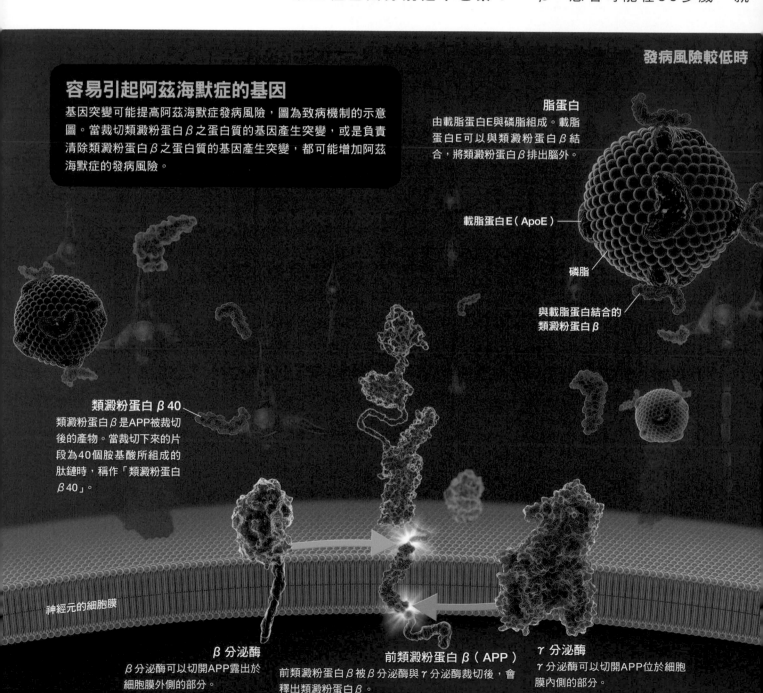

發病風險較低時

## 容易引起阿茲海默症的基因

基因突變可能提高阿茲海默症發病風險，圖為致病機制的示意圖。當裁切類澱粉蛋白β之蛋白質的基因產生突變，或是負責清除類澱粉蛋白β之蛋白質的基因產生突變，都可能增加阿茲海默症的發病風險。

**脂蛋白**
由載脂蛋白E與磷脂組成。載脂蛋白E可以與類澱粉蛋白β結合，將類澱粉蛋白β排出腦外。

載脂蛋白E（ApoE）

磷脂

與載脂蛋白結合的類澱粉蛋白β

**類澱粉蛋白β40**
類澱粉蛋白β是APP被裁切後的產物。當裁切下來的片段為40個胺基酸所組成的肽鏈時，稱作「類澱粉蛋白β40」。

神經元的細胞膜

**β分泌酶**
β分泌酶可以切開APP露出於細胞膜外側的部分。

**前類澱粉蛋白β（APP）**
前類澱粉蛋白β被β分泌酶與γ分泌酶裁切後，會釋出類澱粉蛋白β。

**γ分泌酶**
γ分泌酶可以切開APP位於細胞膜內側的部分。

出現阿茲海默症症狀」（西道博士）。

## 晚發型阿茲海默症也和基因有關

早發型阿茲海默症僅占所有阿茲海默症病例的1％。其餘99％都屬於與上述三種基因突變無關的「晚發型阿茲海默症」。而某些基因的變異被認為會提高晚發型阿茲海默症的發病風險。其中一種是「載脂蛋白E」（ApoE）的基因。

ApoE衍生出多種基因類型，可以幫助腦部排出類澱粉蛋白β。研究指出，擁有「APOE4」基因型的人，排出類澱粉蛋白β的能力較差，到了60多歲，阿茲海默症的發病風險也比較高。

除了APOE之外，越來越多研究證實各種與免疫系統有關的基因，都可能會影響到阿茲海默症的發病。另外，**在早發型阿茲海默症患者的同意下，研究人員可以在發病前或發病初期就開始追蹤腦內變化，觀察早期投予藥物的治療效果，有助於阿茲海默症的病因研究以及新藥的開發。**

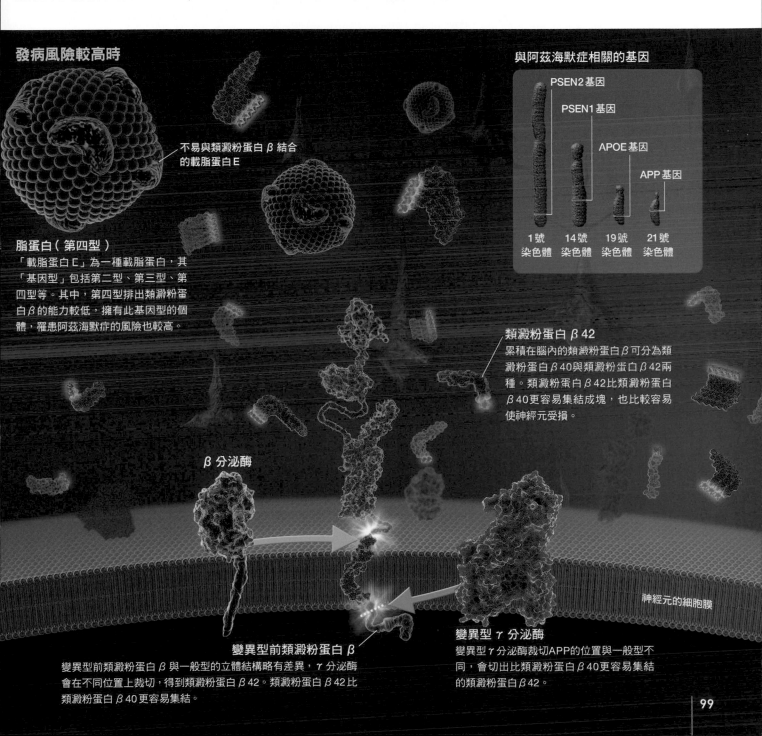

**發病風險較高時**

不易與類澱粉蛋白β結合的載脂蛋白E

**脂蛋白（第四型）**
「載脂蛋白E」為一種載脂蛋白，其「基因型」包括第二型、第三型、第四型等。其中，第四型排出類澱粉蛋白β的能力較低，擁有此基因型的個體，罹患阿茲海默症的風險也較高。

**與阿茲海默症相關的基因**

PSEN2基因
PSEN1基因
APOE基因
APP基因

| 1號 | 14號 | 19號 | 21號 |
|---|---|---|---|
| 染色體 | 染色體 | 染色體 | 染色體 |

**類澱粉蛋白β42**
累積在腦內的類澱粉蛋白β可分為類澱粉蛋白β40與類澱粉蛋白β42兩種。類澱粉蛋白β42比類澱粉蛋白β40更容易集結成塊，也比較容易使神經元受損。

β分泌酶

神經元的細胞膜

**變異型前類澱粉蛋白β**
變異型前類澱粉蛋白β與一般型的立體結構略有差異，γ分泌酶會在不同位置上裁切，得到類澱粉蛋白β42。類澱粉蛋白β42比類澱粉蛋白β40更容易集結。

**變異型γ分泌酶**
變異型γ分泌酶裁切APP的位置與一般型不同，會切出比類澱粉蛋白β40更容易集結的類澱粉蛋白β42。

# 愛憶欣——世界上第一種能延緩阿茲海默症症狀進展的日本國產藥物

**阿**茲海默症有藥可救嗎？目前仍無藥物可根治阿茲海默症。不過，市面上已有能夠延緩認知功能衰退的藥物了。

「乙醯膽鹼」（acetylcholine）是一種腦內的神經傳導物，與腦部的記憶、學習有關。1970年代後期，學界已知阿茲海默症患者腦內的乙醯膽鹼含量比一般人低。當時學界還不曉得類澱粉蛋白β與tau蛋白的功能，因此認為**「乙醯膽鹼的減少」可能是導致阿茲海默症的原因。**

## ▎從對症療法到對因療法

藉由神經元傳導的電訊號會促使突觸小泡將內部的乙醯膽鹼釋放到突觸間隙。當乙醯膽鹼抵達下一個神經元，才算完成傳達訊號的任務。雖然任務到此結束，但如果乙醯膽鹼持續留在突觸間隙內，下一個神經元便會持續收到訊號。為了

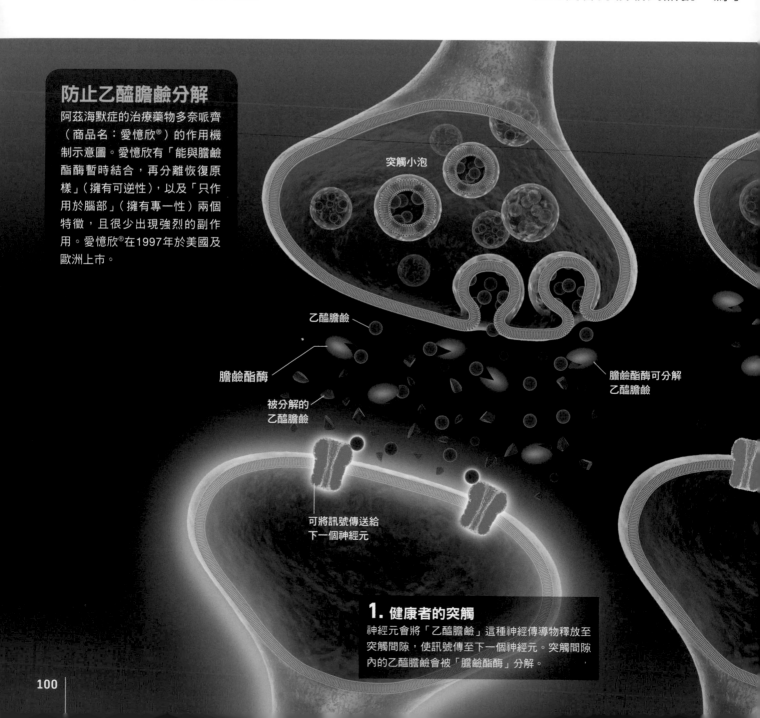

## 防止乙醯膽鹼分解

阿茲海默症的治療藥物多奈哌齊（商品名：愛憶欣®）的作用機制示意圖。愛憶欣有「能與膽鹼酯酶暫時結合，再分離恢復原樣」（擁有可逆性），以及「只作用於腦部」（擁有專一性）兩個特徵，且很少出現強烈的副作用。愛憶欣®在1997年於美國及歐洲上市。

突觸小泡

乙醯膽鹼

膽鹼酯酶

被分解的乙醯膽鹼

膽鹼酯酶可分解乙醯膽鹼

可將訊號傳送給下一個神經元

### 1. 健康者的突觸
神經元會將「乙醯膽鹼」這種神經傳導物釋放至突觸間隙，使訊號傳至下一個神經元。突觸間隙內的乙醯膽鹼會被「膽鹼酯酶」分解。

防止出現這種狀況，突觸內有種稱為「膽鹼酯酶」（cholinesterase）的酵素會分解乙醯膽鹼（1）。

阿茲海默症患者腦部的乙醯膽鹼分泌量已經很少了，再加上突觸內的膽鹼酯酶作用，只有極少數的乙醯膽鹼能順利抵達下一個神經元，使腦部出現訊息傳遞障礙（2）。於是，日本的藥廠衛采（Eisai）開始開發抑制膽鹼酯酶作用的藥物。他們假設，只要能夠抑制膽鹼酯酶的作用，應該可讓更多乙醯膽鹼抵達下一個神經元，進而幫助腦內的訊息傳送。這個方向是對的，衛采所開發的膽鹼酯酶抑制化合物「多奈哌齊」（donepezil）（商品名：愛憶欣®，Aricept），成為世界上第一個針對失智症的藥物（3）。

多奈哌齊可以讓阿茲海默症的症狀進展延緩九個月到一年左右。但用此治療阿茲海默症並非對因治療（etiological treatment），而是只延緩症狀進展的對症治療（symptomatic treatment）。現在除了多奈哌齊之外，還有三種藥物能用來治療阿茲海默症，但這些藥物都和多奈哌齊一樣，都是作用在神經傳導物上，只能延緩症狀的惡化或進展，並非從病因方面對阿茲海默症作根本之改善。

以下將介紹以對因治療為目標的最新醫療方式。

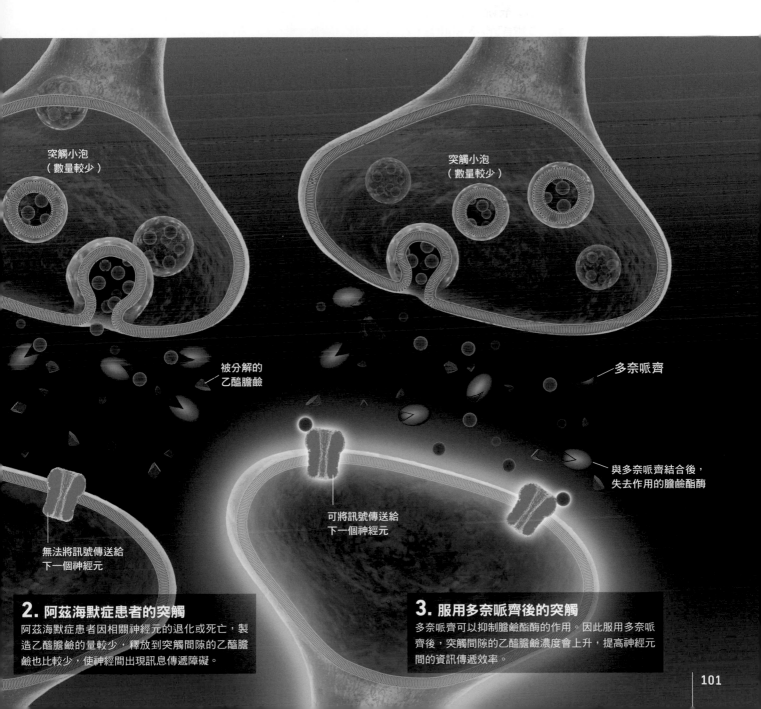

突觸小泡
（數量較少）

突觸小泡
（數量較少）

被分解的
乙醯膽鹼

多奈哌齊

可將訊號傳送給
下一個神經元

與多奈哌齊結合後，
失去作用的膽鹼酯酶

無法將訊號傳送給
下一個神經元

**2. 阿茲海默症患者的突觸**
阿茲海默症患者因相關神經元的退化或死亡，製造乙醯膽鹼的量較少，釋放到突觸間隙的乙醯膽鹼也比較少，使神經間出現訊息傳遞障礙。

**3. 服用多奈哌齊後的突觸**
多奈哌齊可以抑制膽鹼酯酶的作用。因此服用多奈哌齊後，突觸間隙的乙醯膽鹼濃度會上升，提高神經元間的資訊傳遞效率。

抗類澱粉
蛋白 β 抗體

# 以抗體療法抑制類澱粉蛋白 β 的累積，預防阿茲海默症

**愛**憶欣無法阻止神經元死亡，因此不是對因治療。那麼，有別的方法可以根除阿茲海默症嗎？

1990年代中期，學界終於發現造成阿茲海默症患者神經元死亡的真兇，即類澱粉蛋白 β 與tau蛋白等蛋白質的累積。那麼，該如何阻止這些蛋白質的累積？

當時有人想到，可以使用**「抗類澱粉蛋白 β 抗體」**。抗體是一種與「免疫系統」有關的蛋白質，而且不同的抗體能夠辨認的不同的蛋白質。借助此一辨識能力，我們的身體可以排除來自外界的各種病原體或病毒。由於抗體的特色就在於能藉由與其他物質的結合，正確「識別」出各種物質。因此，**如果投予以類澱粉蛋白 β 為標的的抗體（抗類澱粉蛋白 β 抗體），這種抗體就會聚集在腦內的類澱粉蛋白 β 或老年斑周圍（1）。**

**抗體聚集在一起之後，腦內的「清道夫」，微膠細胞就會跟著聚集過來（2）。**也就是投予抗類澱粉蛋白 β 抗體後，會吸引微膠細胞前來，就像在類澱粉抗體 β 上做了標記一樣。

## 至今仍沒有確實有效且允許販賣的藥物

各個研究團隊依照這樣的方針，製造出許多種抗體藥物的候選分子（candidate molecules）。2015年 7 月，美國的製藥公司禮來（Lilly）發表了抗類澱粉蛋白 β 抗體「solanezumab」的初步臨床實驗結果。他們以早期阿茲海默症患者為實驗對象，發現阿茲海默症的進展速度確實有變慢。這是顯示出阿茲海默症有治療可能的第一個研究成果。

但在2016年11月，**solanezumab的下一階段臨床實驗結果被認為沒有藥效，禮來也決定放棄未來的研究。**除了solanezumab之外，還有其他研究團隊想試著製造出其他種類的抗類澱粉蛋白 β 抗體。可惜這些抗體也都還沒展現實際藥效，因此未獲得上市許可。

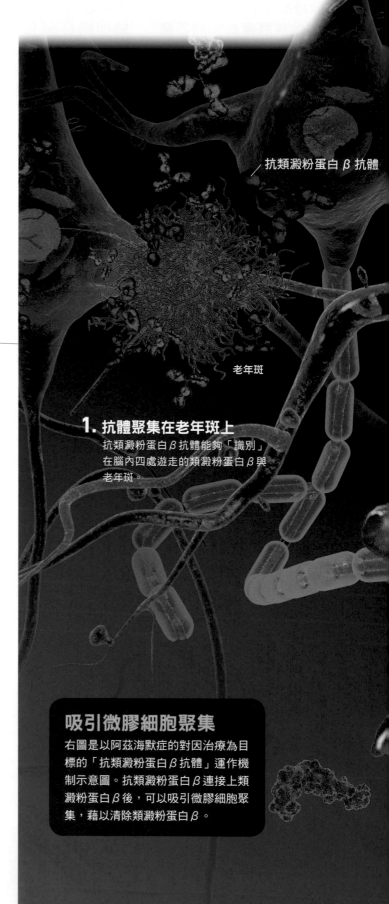

抗類澱粉蛋白 β 抗體

老年斑

**1. 抗體聚集在老年斑上**
抗類澱粉蛋白 β 抗體能夠「識別」在腦內四處遊走的類澱粉蛋白 β 與老年斑。

### 吸引微膠細胞聚集

右圖是以阿茲海默症的對因治療為目標的「抗類澱粉蛋白 β 抗體」運作機制示意圖。抗類澱粉蛋白 β 連接上類澱粉蛋白 β 後，可以吸引微膠細胞聚集，藉以清除類澱粉蛋白 β。

抗體結構參考PDB ID：1IGT（Harris, L.J.et al. Biochemistry, 1997）繪成。

負責清除老牛奶
的微膠細胞

## 2. 微膠細胞可以清除類澱粉蛋白 β

腦內的清道夫，微膠細胞可以藉由識別抗體，「吃掉」
（吞噬）類澱粉蛋白 β。這個過程應能降低腦內類澱粉蛋
白 β 的濃度，減輕阿茲海默症的症狀。

# 以根治為目標陸續開發出來的新藥

**許**多抗類澱粉蛋白β抗體在開發過程中的臨床實驗不見效果。**抗體治療之所以無法展現足夠的保護或恢復認知的效果，可能是因為抗體是一種蛋白質**。腦部血管有一個特殊的「牆壁」保護著，稱做「血腦障壁」（blood-brain barrier）。主要只會讓腦部需要的小分子或脂溶性物質通過，其他物質則會被擋在外面。抗體屬於蛋白質，分子較大，一般幾乎無法通過血腦障壁，也就無法出現藥效。

於是，各個研究團隊開始進行有別於抗體治療的新藥開發。譬如**抑制「β分泌酶」作用，避免將前類澱粉蛋白β（APP）切成類澱粉蛋白β，以降低腦內類澱粉蛋白β的濃度**。這類β分泌酶抑制劑雖然有些已進入臨床實驗的最終階段，但終究也是陸續中止開發。

還有一種方法可以降低類澱粉蛋白β的濃度，就是**促進類澱粉蛋白β的分解**。長久以來，身體如何分解類澱粉蛋白β一直是個謎。西道博士針對此點指出，「腦啡肽酶」（neprilysin）這種蛋白質分解酶可以分解類澱粉蛋白β。

事實上，西道博士也找到了可以促進腦啡肽酶作用的生物活性物質，那就是由下視丘（hypothalamus）所分泌的**「體抑素」**（somatostatin）。體抑素可以和位於神經元細胞膜的「體抑素受體」蛋白質結合，促進腦啡肽酶的作用。研究人員認為，**若能製造出可刺激體抑素受體的化合物，或許就能抑制類澱粉蛋白β的累積**。

此外，還有團隊嘗試開發能防止神經元內tau蛋白凝集、抑制神經纖維糾結的新藥，及抑制微膠細胞過度發炎反應的新藥[※]，研究人員正試著構築**「阿茲海默症包圍網」**。

## 以各種蛋白質為標的的新藥研究

阿茲海默症對因治療的新藥運作機制示意圖。阿茲海默症的開發中新藥有很多種，希望能從不同途徑防止神經元死亡，包括防止類澱粉蛋白β的累積，防止tau蛋白的集結，抑制發炎反應等。

微膠細胞

### 微膠細胞功能調整藥物
刺激存在於微膠細胞細胞膜上的蛋白質「TREM2」，可以促進該細胞「吞噬」類澱粉蛋白β的能力。同時還能抑制細胞介素的合成及發炎反應。因此，刺激TREM2或許可以減少類澱粉蛋白β並降低微膠細胞之過度反應。

類澱粉蛋白β

### β分泌酶抑制劑
β分泌酶可以將APP裁切成類澱粉蛋白β，抑制β分泌酶的作用，或許可以減少類澱粉蛋白β的製造量。

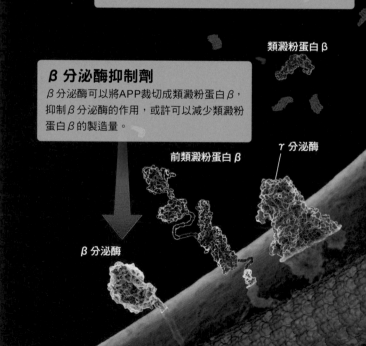

γ分泌酶

前類澱粉蛋白β

β分泌酶

※：有學者在2019年6月提出以腦血管為標的的治療方法（參考第97頁上方專欄）。

## 體抑素受體促進劑

體抑素是一種主要由下視丘分泌的激素。體抑素與受體結合時，可以促進腦啡肽酶的作用。因此，促進體抑素受體的作用，或許可以降低體內類澱粉蛋白的濃度。

## 腦啡肽酶促進劑

腦啡肽酶是一種突觸細胞膜上的蛋白質，可以分解類澱粉蛋白β。因此，刺激腦啡肽酶活動，或許可以促進類澱粉蛋白β的分解。

體抑素

被分解的類澱粉蛋白β

體抑素受體

神經傳導物

活化

腦啡肽酶

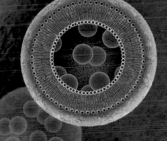

微管蛋白

突觸小泡

tau蛋白

tau蛋白的集結塊

GSK-3β

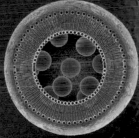

磷酸化的
tau蛋白

## tau蛋白凝集抑制劑

與微管分離的tau蛋白集結成塊，在神經元內逐漸累積。阻止這種集結塊的形成，或許可以防止神經元的細胞死亡。

## 磷酸化酵素抑制劑

磷酸化酵素「GSK-3β」將tau蛋白磷酸化後，可能會促進其集結。因此，如果能抑制這種磷酸化酵素，或許可以防止tau蛋白集結。

腦啡肽酶的結構參考PDB ID：1R1I（Oefner, C. et al, Acta Crystallogr., 2004）繪成，GSK-3β的結構參考PDB ID：4J71繪成。

# 用「PET」將腦內的「垃圾」累積情況影像化

阿茲海默症的早期發現、早期治療，是目前許多研究者的目標。如同第87頁中提到的，從阿茲海默症發病前10到20年前起，類澱粉蛋白β就會開始累積。因此，如果想靠早期治療對抗阿茲海默症，必須在還沒有出現自覺症狀時，就先掌握阿茲海默症的症狀，並防止類澱粉蛋白β進一步累積。

過去，醫生在診斷阿茲海默症的時候，會使用注射器從脊椎骨附近的組織採取「腦脊髓液」（cerebrospinal fluid，存在於腦部與脊髓中心的液體），藉此調查類澱粉蛋白β的累積情況。但這個方法相當麻煩。

後來研究人員開發出使用「正子斷層造影」（PET）的「**類澱粉蛋白正子造影**」（amyloid-beta PET）診斷法。以PET進行診斷時，要先注射會釋出放射線的檢查用藥，再從外部觀測藥劑釋放的放射線，將體內情況影像化。檢查用藥含有易附著在類澱粉蛋白β上的化合物。投予時，可讓類澱粉蛋白β看起來特別明顯。我們便可從PET看出腦的「**哪個部位**」累積了「**多少**」**類澱粉蛋白β**。

2000年代初期，美國匹茲堡大學開發了名為「PIB」的化合物。其靈敏度非常高，且只會附著在類澱粉蛋白β上，目前已廣泛用在於阿茲海默症的診斷用藥物。2013年時，日本放射線醫學綜合研究所的樋口真人博士與他的研究團隊發表了新開發的化合物「PBB3」，這種化合物可以用於「tau PET」，觀察tau蛋白在體內的累積情況。現在，**我們不僅能看到類澱粉蛋白β的累積情況，也能看到tau蛋白的累積情況**。

比起類澱粉蛋白β，tau蛋白的累積更會直接導致神經元的死亡，所以PBB3對於阿茲海默症的早期診斷有很大的幫助。那為何類澱粉蛋白β與tau蛋白的累積位置不同？類澱粉蛋白β又是如何引起tau蛋白的累積呢？目前仍不清楚。但現在已能併用類澱粉蛋白PET與tau PET，想必未來的研究能獲得更多成果。

## 找到類澱粉蛋白 β 的累積位置

「類澱粉蛋白PET」與「tau PET」的影像。類澱粉蛋白PET與tau PET可以判斷類澱粉蛋白β與tau蛋白位於患者腦內何處，累積了多少。這些資訊有助於阿茲海默症的早期診斷，早期治療。

### PET 的運作機制
過去的 PET

環狀偵檢器

受檢者

受檢者會先注射放射性藥劑，藥劑內含有不穩定且壽命短的特殊原子（放射性同位素）。這些藥劑內的分子會附著在類澱粉蛋白β或tau蛋白上，並釋放出「γ射線」。

周圍的偵檢器可以偵測這些γ射線，藉此影像化類澱粉蛋白β或tau蛋白的累積部位。

### 頭部 PET

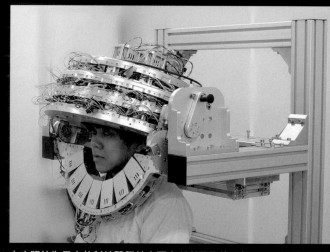

上方照片為日本放射線醫學綜合研究所所開發的頭部PET。這是一種較簡易的PET，設置成本不到一般PET的3分之1。且下顎處設置的偵測器可以提升海馬迴附近的敏感度。

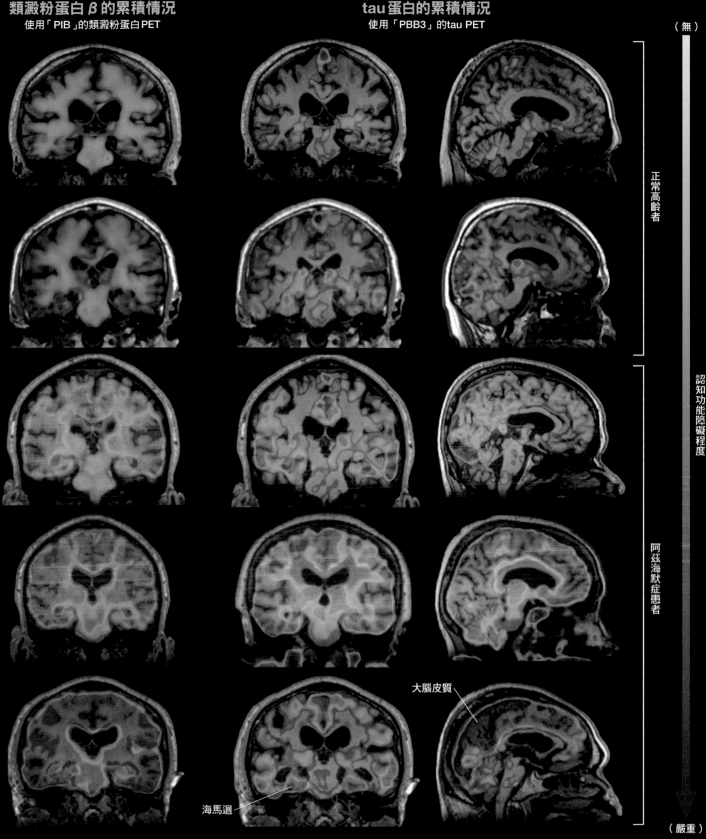

# 類澱粉蛋白 β 的累積情況
### 使用「PIB」的類澱粉蛋白PET

# tau 蛋白的累積情況
### 使用「PBB3」的tau PET

（無）

認知功能障礙程度

正常高齡者

阿茲海默症患者

大腦皮質

海馬迴

（嚴重）

　上圖是「類澱粉蛋白PET」的結果（左）與「tau PET」的結果（中央、右）。圖中以不同顏色來表示類澱粉蛋白β或tau蛋白的累積量，藍色最少，其次是綠色、黃色，紅色最多。

　在阿茲海默症發病前，類澱粉蛋白β便會開始累積。到了發病初期，類澱粉蛋白已擴散至整個腦部。tau蛋白的分布也會隨著阿茲海默症的病況進展，從海馬迴附近的大腦邊緣系統，逐漸擴大到整個大腦皮質。這兩種PET可以幫助研究人員找出類澱粉蛋白β與tau蛋白之間的關係。

# 測定血液內各種蛋白質含量，掌握阿茲海默症的發病症狀！

早期診斷、早期治療成為主流研究方向，尋找阿茲海默症的「**生物標記**」也成了許多研究團隊的目標。

**如果生物體內有某種物質會隨著病況的進展而增減，我們就會說這是一種生物標記**。以糖尿病為例，糖尿病初期並沒有自覺症狀，但如果放著不管，就會導致糖尿病視網膜病變，使人出現失明、四肢壞死等嚴重症狀。現在我們會用血液內的葡萄糖濃度（血糖）做為生物標記，確認糖尿病目前的進展程度，即使患者沒有自覺症狀，也能提早掌握病況，進行早期治療。同樣的，**如果可以透過抽血來診斷阿茲海默症的病情進展，就能在還沒出現失憶等自覺症狀時做適當處理，阻止病情惡化。**

2015年6月，日本筑波大學醫學醫療系的內田和彥副教授提出，血液中「**載脂蛋白**」（A1）、「**甲狀腺素結合蛋白**」（transthyretin）、

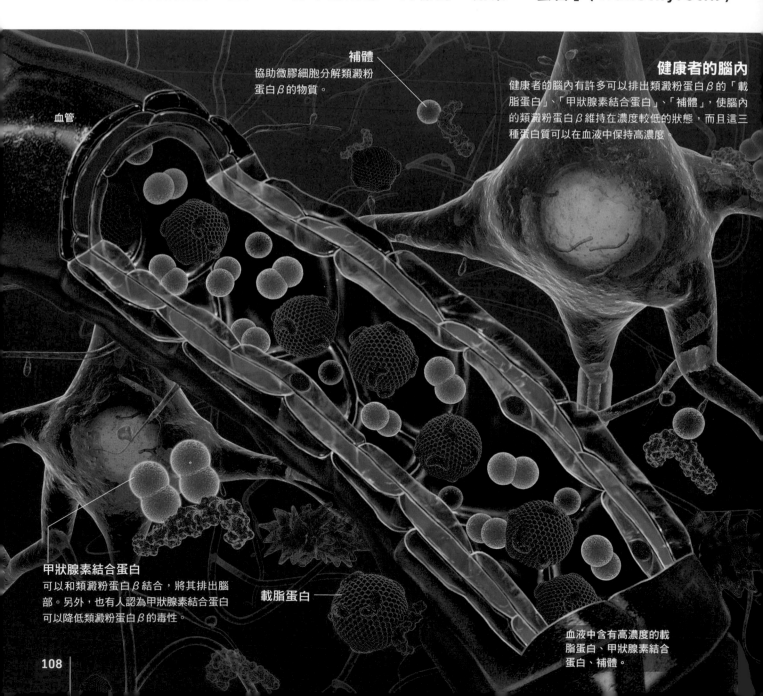

**補體**
協助微膠細胞分解類澱粉蛋白β的物質。

血管

**健康者的腦內**
健康者的腦內有許多可以排出類澱粉蛋白β的「載脂蛋白」、「甲狀腺素結合蛋白」、「補體」，使腦內的類澱粉蛋白β維持在濃度較低的狀態，而且這三種蛋白質可以在血液中保持高濃度。

**甲狀腺素結合蛋白**
可以和類澱粉蛋白β結合，將其排出腦部。另外，也有人認為甲狀腺素結合蛋白可以降低類澱粉蛋白β的毒性。

**載脂蛋白**

血液中含有高濃度的載脂蛋白、甲狀腺素結合蛋白、補體。

「補體」（C3）等三種蛋白質濃度較低的人，認知功能也衰退得比較嚴重。

這三種蛋白質中，載脂蛋白、甲狀腺結合蛋白能與類澱粉蛋白β結合，將類澱粉蛋白β排到血液中。補體則可協助微膠細胞分解類澱粉蛋白β。也就是說，可推測**這三種蛋白質在血液中的濃度越低，患者將類澱粉蛋白β排到腦外的能力就越低**。於是，全日本兩千多家的醫療機構便開始以這三種蛋白質做為血液檢查的生物標記。

## 測定血液中類澱粉蛋白β與濤蛋白的檢查方法

現在全世界的研究機構都在尋找更好的生物標記。2017年9月，日本京都府立醫科大學的德田隆彥教授與他的團隊以血液中的tau蛋白做為生物標記，開發出診斷阿茲海默症的有效方法。2018年2月，日本國立長壽醫療研究所中心與島津製作所和日本田中耕一紀念質量分析研究所合作，開發出由血液中的類澱粉蛋白β診斷阿茲海默症的檢查方法。

**生物標記的研究不僅有助於早期發現阿茲海默症，也可提升新藥研究的速度。**若能開發出優秀的生物標記，使阿茲海默症能早期發現、早期治療，或許有一天阿茲海默症將不再是不治之症。

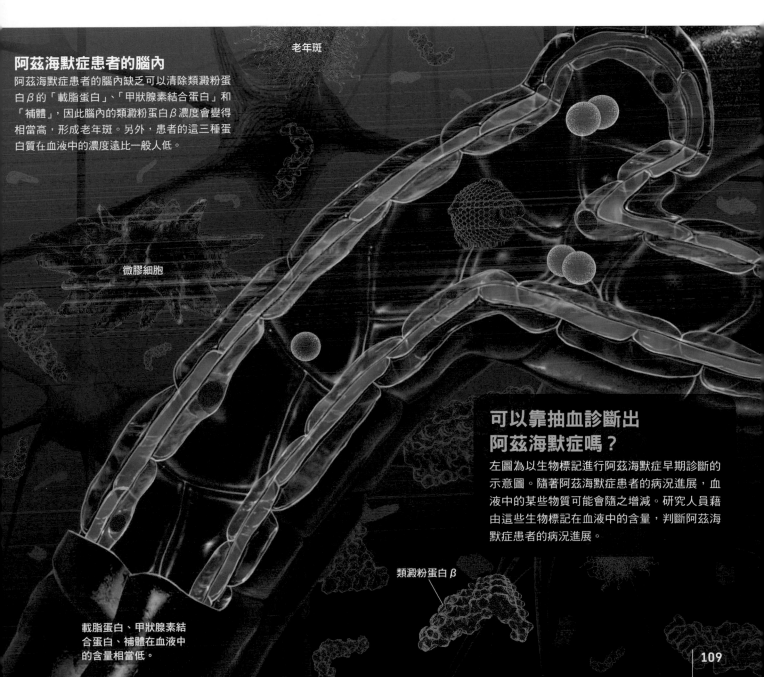

**阿茲海默症患者的腦內**

阿茲海默症患者的腦內缺乏可以清除類澱粉蛋白β的「載脂蛋白」、「甲狀腺素結合蛋白」和「補體」，因此腦內的類澱粉蛋白β濃度會變得相當高，形成老年斑。另外，患者的這三種蛋白質在血液中的濃度遠比一般人低。

老年斑

微膠細胞

**可以靠抽血診斷出阿茲海默症嗎？**

左圖為以生物標記進行阿茲海默症早期診斷的示意圖。隨著阿茲海默症患者的病況進展，血液中的某些物質可能會隨之增減。研究人員藉由這些生物標記在血液中的含量，判斷阿茲海默症患者的病況進展。

類澱粉蛋白β

載脂蛋白、甲狀腺素結合蛋白、補體在血液中的含量相當低。

# 阿茲海默症的Q&A

## Q. 阿茲海默症與失智症的差別在哪裡？

**A.** 失智症指的是「腦部神經元死亡、工作效率變差，使患者記憶力衰退、失去思考能力與行動能力，嚴重時甚至會影響到日常生活、活動的狀態」。造成失智症的主要原因，就是「阿茲海默症」，**超過60％的失智症就是由阿茲海默症所引起（如下圖）**。

造成失智症的原因中，「腦血管疾病」是僅次於阿茲海默症的原因。當腦部血管破裂造成「腦出血」、「蜘蛛網膜下腔出血」，或者是腦部血管堵塞造成「腦梗塞」，血管被堵塞，負責供應的腦部組織就無法獲得血液。這會造成各種腦部功能障礙，使患者出現失智症症狀。**有人認為，對於腦血管疾病型失智症患者來說，如果能防止腦出血或腦梗塞再度發生，就可以降低失智症的發病機率。**

除阿茲海默症與腦血管疾病，還有其他原因可能導致失智症。當位於大腦皮質之**「路易氏體」**（Lewy bodies）的神經元有蛋白質異常堆積時，就可能出現「路易氏體型失智症」。若「普里昂」蛋白質累積過多，可能會引起**「庫賈氏病」**（Creutzfeldt-Jakob disease）。雖然失智症的可能原因相當多，不過只要由臨床症狀的診斷，**或者用第106頁所介紹的PET**，便可鑑定出失智症的類型。

### 失智症的分類與比例

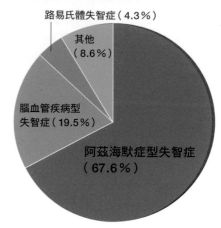

- 路易氏體失智症（4.3％）
- 其他（8.6％）
- 腦血管疾病型失智症（19.5％）
- 阿茲海默症型失智症（67.6％）

基於臨床診斷，可以將失智症依照病因分成數種，比例如上所述。約七成的失智症是由阿茲海默症引起，兩成是由腦出血與腦梗塞等腦血管疾病引起（整理自日本厚生勞動省的資料）。

## Q. 失智症發病時會出現哪些症狀呢？

**A.** 失智症的症狀包括腦部神經元遭破壞而造成的「核心症狀」，以及由核心症狀進一步引發的「行動、心理症狀」（周邊症狀）。

核心症狀會使患者開始忘記事物（**記憶障礙**）。同時，患者的判斷能力下降，無法理清自己的思緒（**判斷能力下降**）。計算能力下降，購物時會花很多時間在計算零錢（**計算能力障礙**）。在這之後，患者開始無法進行煮飯、換衣服等有一定步驟的行為，開始認不得電話、電視機等原本熟悉的物品（**失用症、失認症**）。還會進一步惡化成不記得人名，失去對時間與地點的感覺（**空間時間感障礙**）。

另一方面，行動、心理症狀則包括徘徊（沒有目標地四處走動）、失眠、攻擊行為（暴力、口出惡言）、抑鬱、不安、興奮、被害妄想、焦躁感等。出現心理症狀時，患者難以和照護者溝通，這又會讓患者的攻擊行動與抑鬱行動變得更加嚴重，形成惡性循環。

**目前沒有任何方法可以根治核心症狀，但如果有適當的照護或藥物治療，仍可減輕行動、心理症狀。**

- 周邊症狀（心理症狀）
  - 失眠
  - 不安
  - 被害妄想
  - 興奮
  - 幻覺
  - 抑鬱
- 核心症狀 必定出現的症狀
  - 判斷能力下降
  - 空間時間感障礙
  - 記憶障礙
  - 失用症、失認症
  - 計算能力障礙
- 周邊症狀（行動症狀）
  - 暴力
  - 口出惡言
  - 反抗照護人員
  - 忘記關火
  - 徘徊
  - 難以保持乾淨

### 以症狀為失智症分類

左圖整理了各種失智症的症狀。包括「核心症狀」，以及衍生出的「行動、心理症狀」。依照情況的不同，患者可能會出現不同的行動、心理症狀。如果能管理好這些症狀，便能減輕照護者的負擔。

## Q. 失智症發病的症狀有哪些呢？

A. 每個人隨著年齡增長，多少會開始忘東忘西。但也不需太過緊張，如果覺得有疑似失智的情況，可以請專科醫師診斷。一般老化造成的遺忘與失智症造成的遺忘有明顯的區別。

失智症造成的遺忘主要有以下特徵：①忘記自己曾經體驗過的事。②無法記住新發生的事。③即使給予提示也想不起來。④對現在的時間、自己所在位置沒有概念。

若出現以上情況，請儘快至附近的醫院或專門診斷失智症的醫療機構就診。另外，大多數失智症病患對於自己失智的情況沒有自覺，如若發現家人或是身邊的人開始出現失憶症狀時，如何勸說他們就診非常重要。

「輕度智能障礙」（MCI）是失智症的前驅階段。在這個階段中，患者雖有遺忘、認知障礙等情況，卻不會影響到日常生活。MCI病患的自覺症狀包括：比以前更常忘東忘西、想不起來今天是星期幾、易怒、變得比較不會想自發性從事新活動等等。

若注意到有人出現以上症狀，請儘快到專門診斷失智症的醫療機構就診。一般認為，若能夠在MCI階段立即做出適當對應，或可延緩失智症的發病時間。

## Q. 阿茲海默症有哪些危險因子與預防方式？

A. 人的年紀大了，就會開始忘東忘西，而阿茲海默症的最主要原因也是「年齡」（如圖所示）。失智症的發病機率會隨著年齡的增加而提升。據說65歲以上的人，每多5歲，失智症的發病機率就增加兩倍。

除了年齡之外，APOE等與阿茲海默症有關的「基因」（詳情請參考第98頁），也是主要的危險因素。不過，還有許多因素會造成阿茲海默症發病。

首先，已知頭部曾遭重擊的人，阿茲海默症的發病年齡會比一般人早幾年。另外，資料也指出，高血壓、糖尿病、高血脂等「生活習慣病」除了是腦血管疾病之外，也會提高阿茲海默症的風險。其次，調查結果顯示，吸菸者罹患阿茲海默症的機率比無吸菸經驗者高出兩倍以上。如果想要延緩阿茲海默症發病，該怎麼做才好？首先是每天運動。慢跑、游泳等有氧運動可以增加腦部血流量，使腦能分泌促進神經元成長、增殖的物質，還能提升免疫力，有助於預防阿茲海默症。

其次，規律飲食也可以預防失智症。平時應攝取多樣、均衡的飲食，多吃富含維生素E、維生素C、β胡蘿蔔素的蔬菜水果、富含DHA等不飽和脂肪酸的魚類。飲酒方面，每日少量飲酒有預防的效果，但過度飲酒會提高罹病風險。

除了飲食與運動之外，培養興趣、料理、演奏樂器，充分睡眠也很重要。有些人每天精神都很好，配偶死亡後卻突然出現失智症。有研究指出，日常生活中與配偶對話、一起購物等看似普通的行動，其實會用到一定程度的腦部功能。要是少了這些刺激，很有可能會使失智症迅速惡化。想要迎接健康的退休生活，平常就要多多動腦。

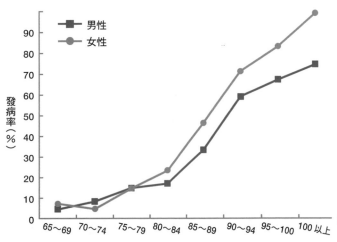

**各年齡層的失智症發病機率**

各年齡層的失智症發病機率分布圖。65歲後，出現失智症情況的病患比例逐漸增加；到了85歲時，每3人就有1人有失智症；到了90歲，每2人就有1人有失智症。（出處：日本學術期刊《精神神經學雜誌》第115卷第1號）

## 專訪

# 基因檢測的進步將成為失智症的診斷關鍵

未來，失智症的治療會變成什麼樣子？哈迪博士（John Anthony Hardy，1954～）發現了前類澱粉蛋白β（APP）的基因突變會引起早發型阿茲海默症，並獲得了2015年的「生命科學突破獎[1]」（Breakthrough Prize in Life Sciences）。日本理化學研究所的西道隆臣博士為日本失智症學會的理事。在Part 1的最後，收錄了他們的特別對談。

※：本次對談於2016年12月9日進行。

**西道**——在類澱粉蛋白假說（詳情請見第92頁）出現前的1990年代，學界認為阿茲海默症是什麼原因造成的呢？

**哈迪**——老實說，當時一片混亂。在1990年的學會，每個人對此都有不同的想法。有些研究者認為致病原因是鋁，也有人認為元凶是病毒。各派說法林立，卻沒有一個系統化的研究[2]。

在那之後，有研究證實阿茲海默症的病因是類澱粉蛋白β的累積，後來的研究者便以此為起點，展開有系統的研究。至今我們對前類澱粉蛋白β（APP）突變型（參考第98頁）的研究，或許釐清了阿茲海默症的病因，建立新的治療方法。

**西道**——這25年間，類澱粉蛋白假說有什麼樣的發展呢？

**哈迪**——我在1992年發現APP基因的變異之後，便開始懷疑阿茲海默症的原因可能是腦內累積過多類澱粉蛋白β。1998年，發現類澱粉蛋白β也與tau蛋白的累積有關。

可惜至今尚未釐清類澱粉蛋白β與tau蛋白之間的關係。為了進一步瞭解兩者的關聯，必須建立細胞培養系統，而走到這一步得花費很長的時間。連我都沒想到會花那麼久的時間在這件事上。除了類澱粉蛋白β與tau蛋白之外，我們也在研究發炎反應與阿茲海默症的關係，並尋找各種相關線索。

### 要在出現症狀的10年前就開始治療

**西道**——目前阿茲海默症的候選治療藥物有幾種，包括類澱粉蛋白β的抗體藥物、tau蛋白集結抑制劑、抗發炎藥物等。其中哪種藥物最受矚目呢？

**哈迪**——治療一種疾病時，可能會讓患者同時服用許多種藥物。同樣的，在治療阿茲海默症時，也不會只使用一種藥物。這表示必須以多種蛋白質作為目標，進行新藥開發研究。

目前我的研究室正在研究「TREM2」與發炎反應間的關係（參考第104頁）。因為這是發病的初期階段會碰上的問題。許多製藥企業已經在研究抗類澱粉蛋白β抗體，所以我們認為沒有必要跟著研究。

**西道**——TREM2現在也引起了許多學者的興趣吧？

**哈迪**——沒錯。就在一年前，我拜訪位於多倫多的加拿大阿茲海默症協會（Alzheimer Society of Canada）時，就曾經去過研究TREM2的實驗室。該實驗室有超過1000名以上的研究者，人數之多，讓人訝異。

**西道**——另一方面，抗類澱粉蛋白β抗體的研究似乎不大順利，您認為原因是什麼呢？

**哈迪**——如果你是在兩周前問我這個問題的話，我可能會回答「今年（2016年）內就可以做出抗類澱粉蛋白β抗體了」。但事情總是不如人願[3]。

首先，我認為臨床實驗的設計可能有些問題。像是該如何確認藥物的有效性？如何以生物標記診斷？在臨床實驗的相關領域，需要更進步的方法。

其次，臨床實驗無法從發病初

※1：著名的科學獎，授予在頑疾治療與延長壽命上有卓越貢獻的研究者。由臉書創辦人祖克柏（Mark Zuckerberg）設立。得獎者可以獲得300萬美元的高額獎金。日本京都大學的山中伸彌為2013年的其中一位得獎者，日本東京工業大學的大隅良典榮譽教授為2016年的其中一位得獎者。

※2：目前學界已經否定了鋁與病毒會導致阿茲海默症的假說，並且廣泛接受「腦內累積過多類澱粉蛋白β會導致阿茲海默症」的「類澱粉蛋白假說」。

※3：我們在第102頁提過，2016年11月23日，禮來藥廠決定中止抗類澱粉蛋白β抗體「solanezumab」的研究。本次對談是在這個事件的兩週後進行。

哈迪（John Anthony Hardy）
英國倫敦大學學院教授。1954年生於英國，專長為神經遺傳學。曾任職於美國國家老化研究所，2007年起就任現職。2009年獲選為倫敦皇家學會會員，2015年獲得生命科學突破獎。

西道隆辰（SaidoTakomi）
日本理化學研究所腦神經科學研究中心、神經老化控制研究團隊計畫主任。1959年出生於宮崎縣。專長為生化學。目前以蛋白質分解酵素為核心，研究腦部老化。日本失智症學會理事。

期就持續投藥。這就像是在患者心臟病發作時，才給他服用他汀類藥物※4（statin）一樣。一般來說，在患者心臟病發作前，只要發現患者血中膽固醇過高，就應該讓患者持續服用他汀類藥物10～15年。同樣的，阿茲海默症也要更早開始接受治療才行，至少需要在患者出現症狀的10年前開始治療。

**西道**——我也認為應該以發病10年前就進行早期治療為目標。另一方面，對於已經發病的阿茲海默症患者來說，應該用什麼的方式治療呢？

**哈迪**——與以類澱粉蛋白β為標的的治療方法相比，以tau蛋白為標的的治療方法可能會比較有

※4：可以抑制製造膽固醇的蛋白質「HMG-CoA」的藥物。

效。話雖如此，治療也需要儘早開始才行。雖然對症療法也需要進一步改良，不過這方面也得花不少時間。可惜目前對於已發病的患者確實無計可施。這聽起來很殘忍，卻是現實。

**西道**——近年來，市面上出現以APOE等阿茲海默症相關基因為目標的基因檢測，您如何評論這樣的檢測呢？

**哈迪**——我曾和一位優秀的統計遺傳學家一起研究基因檢測。我們使用她所開發的演算法，進行「GWAS※5」（全基因組關聯分析），預測的精準度相當高。我認為這種方法可能是未來研究的一個方向。

　假設你在55歲到60歲左右接受基因檢測，結果顯示「得到阿茲海默症的風險很高」。知道自己可能罹病時，就會想去做「類

澱粉蛋白PET」（參考第106頁），或是腦脊髓液分析，確認自己是否真的有阿茲海默症。這很可能是未來的主流診斷方式。

※5：將整個基因組內的大部分鹼基納入考量，以統計方式分析基因變異與疾病發病的關聯。

註：上述這些基因、PET或腦脊髓液檢測，以目前的研究數據來看，固然可能增加某種程度的風險。但也都還缺乏確切之證據顯示，上述實驗室參數呈現何等異常時，該個體即可能在多久之後，發生如何程度之失智症狀。而最重要的，是目前對於阿茲海默症並無有效之對應治療。因此及早發現及治療之理想，也還很難達到。未來這些實驗室檢查若真成為主流的診斷方式，除了預測疾病是否發生之精準程度（精密度與準確度）仍應再更加提升之外；若是利用這些實驗室參數來預測這類退化性疾病將要發生，則該等參數對於未來疾病的可能進展時程，必須要有更具體的推測，以求實際的應用性。而最基本的，還是要發現足以相對應的有效早期治療。如此一來，早期診斷的臨床意義，才會因配合早期治療得以彰顯。

## PART 2

# 認識
# 腦中風
## 掌握徵兆，避免臥床不起

腦血管破裂會造成腦出血，腦血管堵塞會造成腦梗塞，這些腦血管障礙都屬於「腦中風」。台灣每年約有將近13000人死於中風。目前臥床不起、需要靠人照護的患者中，腦中風是患者數量最多的疾病。Part 2 將會介紹腦中風的致病機制、預防方式，以及能減輕麻痺、語言障礙等後遺症的最新治療方法。

協助
村山雄一 日本東京慈惠會醫科大學 腦神經外科學講座 主任教授
羽田康司 日本筑波大學 醫學醫療系 教授
本望 修　日本札幌醫科大學 醫學系附屬尖端醫學研究所 教授

### 消耗大量氧氣與營養的腦

右圖為腦與腦部表面的血管。在演化過程中，人腦逐漸巨大化。人與動物的不同之處，可說就在於腦的巨大化。為了提供氧氣與營養給巨大的腦，腦內布滿許多血管，總長度可達數百公里。只要腦部血管的某處出現堵塞或破裂，就會造成神經細胞死亡，最後造成腦部失去功能，也就是所謂的「腦中風」。人類在演化過程中獲得了巨大的腦，代價或許就是需要承擔腦中風的痛苦。

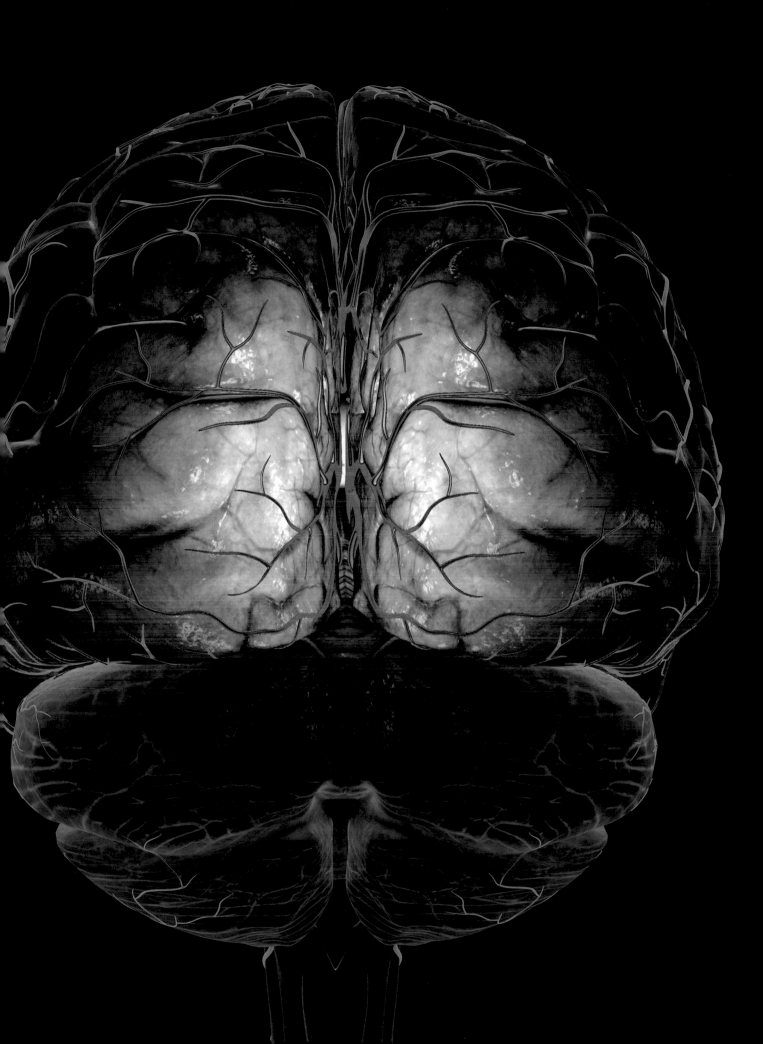

# 嚴重發病的幾年前，
# 就可以看到「徵兆」

**腦**梗塞與腦出血合稱「腦中風」。面對腦中風時最重要的一點，就是發病後能在多短的時間內做出適當應對。越晚做出應對措施，死亡率就越高，也越容易出現手腳麻痺、言語障礙等後遺症。

說到腦中風，許多人的印象都是某天突然發病倒下。事實上，有些腦梗塞的案例在嚴重發作的幾年前，就已經出現徵兆般的症狀，即「暫時性腦缺血」（transient ischemic attacks，TIA）（其症狀就如下圖所示）。

TIA是指在血管內流動的血塊（血栓）暫時堵塞在腦血管內，使前方的腦部區域陷入缺氧狀態，進而導致發病。出現TIA狀況時，會有手腳麻痺、說不出話等症狀。由於小型血栓可以自然溶解，因此TIA症狀通常在幾分鐘到幾小時內就會消失。

不過，要是就這樣放著TIA不管，會提高腦梗塞的風險。

## 在腦梗塞發作的前幾年就會出現的
## 「暫時性腦缺血」（TIA）」

以下為腦梗塞徵兆「暫時性腦缺血」（TIA）的致病機制與症狀。

當小血塊（血栓）自血管壁上剝離，流到腦動脈，並在此堵塞，會導致部分腦部區域出現暫時性缺氧狀況（缺血），這就是所謂的暫時性腦缺血。雖然症狀只會維持幾分鐘到幾小時，卻是腦梗塞的徵兆，絕對不可以放著不管。

**劇烈頭痛**
如果平時不會頭痛的區域突然出現劇烈頭痛，就要特別注意。

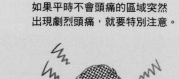

**視野少了一半（半盲）**
不管是用單眼還是雙眼，視野都會缺一半。

**頭暈目眩**
劇烈的頭暈，站不穩。

陷入缺氧狀態
的腦部區域

**視野模糊（複視）**
突然有一隻眼睛看不見，或者是視野變得模糊，看不清物體。

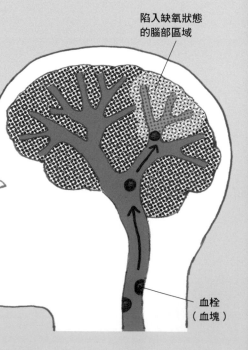

血栓
（血塊）

一項腦梗塞的患者調查中，每3個人就有1個人曾出現TIA。還有調查指出，出現過TIA的患者，約有30％在5年內會出現腦梗塞。

若曾出現過TIA症狀，即使症狀已經消失，也務必到醫院進行精密檢查。

## 以「FAST」確認，早期發現腦中風狀況

如果真的發生腦中風，該如何應對呢？

「FAST」（下圖）是一套判斷是否真的是腦中風，以及如何做出適當應對的原則。要是「face」（臉）、「arm」（手臂）、「speech」（對話）出現異常的情況，一定要確認發病時間，並以「time」（時間）為優先，即時呼叫救護車。

長年以來治療過許多腦中風患者的日本東京慈惠會醫科大學主任村山雄一教授認為，「覺得身體有異樣時，很多人可能會猶豫要不要叫救護車。但腦中風的治療刻不容緩，請不要猶豫，立刻撥打119」。

突然說不出話，或者說話含糊不清
舌頭變得不靈活，說不出話，或無法理解其他人的話。

身體一側出現麻痺現象
身體的一邊出現手腳麻痺的情況，手無法抓握、腳無法移動。

## 以「FAST」確認是否為腦中風

### Face
微笑時只能移動一邊的嘴角。臉部（face）出現麻痺情況。

### Arm
手掌朝上抬起手臂時，只能舉起、放下其中一隻手。單側手臂（arm）出現麻痺情況。

### Speech
突然說不出話，或說不出想說的話。與人對話（speech）出現異常。

### Time
以上三種症狀中，出現一種以上時，請不要拖時間（time），盡快聯絡醫療機構，呼叫救護車。

※：發生上述這些狀況，不一定就是中風。但不論是否為中風，神經系統發生異常狀況的機會很大，所以仍應儘速就醫。

# 腦中風最大的危險因子是「高血壓」和「動脈硬化」

**腦**血管堵塞（腦梗塞）、破裂（腦出血）都會讓前方的腦部組織無法獲得血液的供給，使腦細胞死亡。這會造成手腳麻痺、無法活動、難以言語、失去意識，最糟的情況下還可能導致死亡。這類腦血管疾病統稱為「腦中風」。

根據日本厚生勞動省的統計，日本每年約有120萬名腦中風患者發病，2016年因腦中風死亡的人數高達11萬人，約占總死亡人數（約130萬人）的一成，為日本人死因第4名，僅次於癌症、心臟病、肺炎。

## 血管破裂的「腦出血」與血管堵塞的「腦梗塞」

高血壓是腦出血（腦內出血、蜘蛛網膜下腔出血）的主要原因。血壓偏高時，會持續對腦血管壁施壓，最後造成血管破裂、出血，使周圍腦部組織失去功能。

腦梗塞的主要原因為動脈硬化。動脈硬化由高血壓、糖尿病、高血脂引起，會使血管變得脆弱，易形成血塊（血栓）。當血栓堵塞住血管時，便會引發腦梗塞。有時候心臟等腦部以外的組織生成的血栓順著血流來到腦部，堵塞住腦動脈，也會造成腦梗塞。

由於飲食與生活習慣西化，罹患糖尿病、高血脂症的人增加，隨之出現的腦梗塞患者比例也越來越高。

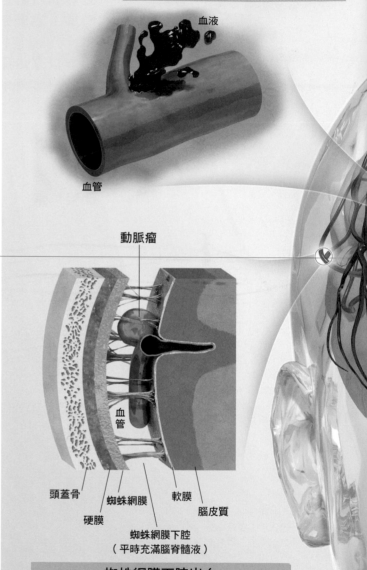

### 腦內出血

高血壓會使腦動脈變得脆弱。血壓過高時，血管可能會突然破裂出血，使腦部無法獲得血液供應。

除了高血壓之外，吸菸、糖尿病、動脈硬化都可能引發腦內出血。

血液

血管

動脈瘤

血管

頭蓋骨　　蜘蛛網膜　　　軟膜
　　　硬膜　　　　　　　腦皮質
　　　　蜘蛛網膜下腔
　　　（平時充滿腦脊髓液）

### 蜘蛛網膜下腔出血

腦部由三層膜包覆，從內側算起分別是軟膜（pia mater）、蜘蛛網膜（arachnoid mater）、硬膜（dura mater）。若軟膜與蜘蛛網膜之間的「蜘蛛網膜下腔」內，由血管形成的「動脈瘤」（aneurysm）破裂出血，就是所謂的蜘蛛網膜下腔出血（subarachnoid hemorrhage）。出現蜘蛛網膜下腔出血時，由於血液會迅速擴散到蜘蛛網膜下腔，壓迫腦部，可能瞬間引起劇烈頭痛、嚴重意識障礙、呼吸障礙。

# 腦中風為腦出血與腦梗塞的合稱

腦出血（左）與腦梗塞（右）的示意圖。高血壓與動脈硬化會使血管變得脆弱，破裂時即造成「腦出血」，血管堵塞時則會造成「腦梗塞」，兩者皆會使腦部組織無法獲得血液供應。

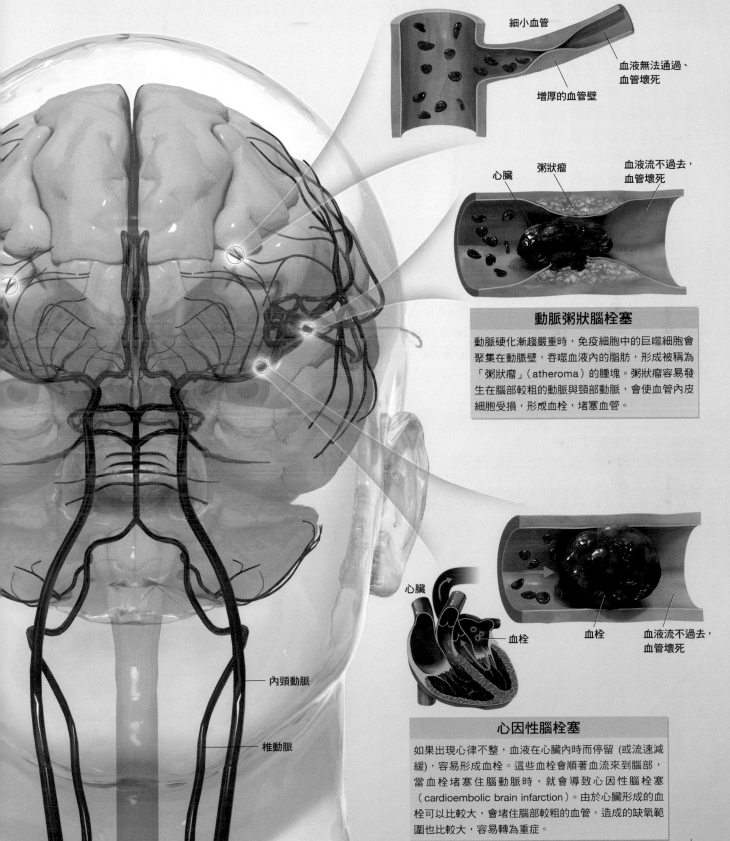

## 小洞性腦梗塞

腦內小動脈血管堵塞時的症狀。由於受影響的區域較小，症狀通常不明顯，但容易在不知不覺中出現多處梗塞，最後造成失智症，或因為頻繁發作而造成健康問題。

細小血管

血液無法通過、血管壞死

增厚的血管壁

心臟　　粥狀瘤

血液流不過去，血管壞死

## 動脈粥狀腦栓塞

動脈硬化漸趨嚴重時，免疫細胞中的巨噬細胞會聚集在動脈壁，吞噬血液內的脂肪，形成被稱為「粥狀瘤」（atheroma）的腫塊。粥狀瘤容易發生在腦部較粗的動脈與頸部動脈，會使血管內皮細胞受損，形成血栓，堵塞血管。

心臟

血栓　　血栓　　血液流不過去，血管壞死

內頸動脈

椎動脈

## 心因性腦栓塞

如果出現心律不整，血液在心臟內時而停留（或流速減緩），容易形成血栓。這些血栓會順著血流來到腦部，當血栓堵塞住腦動脈時，就會導致心因性腦栓塞（cardioembolic brain infarction）。由於心臟形成的血栓可以比較大，會堵住腦部較粗的血管，造成的缺氧範圍也比較大，容易轉為重症。

# 以白金線圈塞住「動脈瘤」，防止出血

蜘蛛網膜下腔出血主要是由腦部動脈膨脹的部位（動脈瘤）破裂所造成。動脈瘤的外壁相當薄，容易破裂。目前仍無法以藥物阻止動脈瘤破裂。因此，為預防蜘蛛網膜下腔出血，必須阻斷血液流入動脈瘤內。

基於此，醫學界開發出所謂的「線圈栓塞術」（coil embolization）。將直徑約1毫米的細管從大腿的根部插入血管，一直延伸到腦部，然後將線圈塞入動脈瘤內，直到整個塞滿（下左圖）。這樣就可以在不進行腦部外科手術的情況下，達到預防動脈瘤破裂的目的。

不過，線圈栓塞術有個問題。過去曾接受過栓塞術的患者中，有不少人在術後一年左右，原本塞滿線圈的動脈瘤內出現空隙，必須再次進行治療。

為了改善這樣的缺點，醫學界正在改良各種醫療器材。有些案例會在線圈表面加上一道塗層，塗層由再生醫療中所使用的生物吸收性物質組成，能促進動脈瘤內生成新組織，填滿線圈間的空隙。有些案例則同時使用線圈與「支架」（stent），防止血液流入動脈瘤內。這些技術革新可將復發機率降到一半以下。

## 用電腦推測動脈瘤內的血流狀況

過去會使用MRI來觀察動脈瘤的形狀，但光靠MRI很難判斷動脈瘤的脆弱程度、是否容易破裂。現在可以從MRI的影像資料截取出腦部血管的部分，從中判斷血液流量與血液對血管壁造成的壓力，再以電腦模擬可能結果（下右圖）。

這麼一來，便可以掌握動脈瘤的血液流動狀況，以及哪個部分易受血壓影響，並以此判斷應該要立刻手術，還是再觀察一陣子。

## 防止腦內的「定時炸彈」爆炸

防止動脈瘤破裂的「線圈栓塞術」示意圖。首先，將導管插入患者大腿根部較粗的動脈內，使其延伸至動脈瘤所在位置。導管內的線圈在伸出導管後會蜷曲成一團（1），因此將線圈伸入動脈瘤後，會持續塞滿整個動脈瘤（2）。用線圈塞滿內部空後便完成設置（3）。線圈可以阻斷動脈瘤內的血液流動，也能防止血栓形成，造成動脈瘤破裂。

## 將血液流動及對動脈瘤造成的損傷視覺化

以MRI拍攝動脈瘤，再於電腦上重現的影像。影像中的不同顏色代表血液的流速或力道強度。由慢到快、由弱到強依序為藍、綠、黃、紅。圖中血液是由下往上，流入動脈瘤，因此紅色箭頭指出的位置，也就是瘤的右上側會承受較強的壓力。血液與血管壁摩擦時，會對血管壁產生與血管壁平行的剪應力（shear stress）。如果剪應力過大，會傷害血管壁，使其容易破裂。（影像提供：村山主任教授）

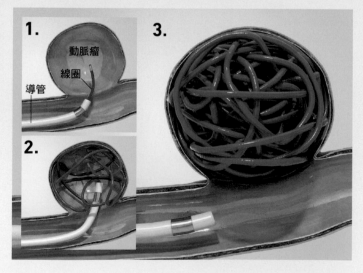

1. 動脈瘤 線圈 導管
2.
3.

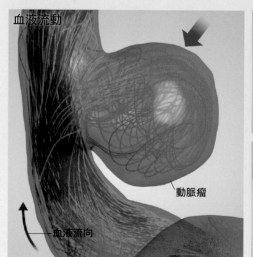

血液流動
動脈瘤
血液流向

壓力

血管壁的剪應力

# 用金屬網
# 包住血塊！

**治**療腦梗塞時，重點在於盡早削減或取出造成梗塞的血栓，恢復血液流動。這時首先會採用「血栓溶解療法」（thrombolytic therapy）。

血栓溶解療法會使用稱為「t-PA」的藥物，可以破壞固化血栓的「纖維蛋白」（fibrin），藉此溶解血栓，恢復血液正常流動。這種療法的效果很好，很少產生後遺症。

不過，血栓溶解療法有個限制，就是需要在腦梗塞發病後的4～5小時內使用。當某個區域出現腦梗塞狀況，該區會因為缺氧使血管壁變得相當脆弱。若在4～5小時後才用這種藥物，不僅效果薄弱，還會造成梗塞區域的脆弱血管破裂形成腦出血，反而陷入危險。

## 發病後的8小時內是關鍵時期

如果發病後已經超過5小時，或者是使用t-PA仍無法溶解血栓時，就會使用第二種方法「動脈取栓術」（intra-arterial thrombectomy）。使用動脈取栓術時，會將導管插入患者大腿根部較粗的動脈，使其延伸至腦部。

抵達血栓所在位置時，會將引導用的金屬導線插入血栓內，然後將金屬製的網狀「支架」沿著金屬導線捕捉血栓，再拉出支架收回血栓。

多數情況下，大約只需要1小時就可以完成治療。然而這種治療方法也有時間限制，原則上需要在發病後的 8 小時內進行（只有在 8 小時內進行手術的案例有確實效果）。因此，不管是血栓溶解療法，還是動脈取栓術，都只在腦中風的「超急性期」（hyperacute period）才有效果。能否在這段時間內進行治療，會大幅影響未來的恢復情況。腦中風的治療，就是在和時間賽跑。

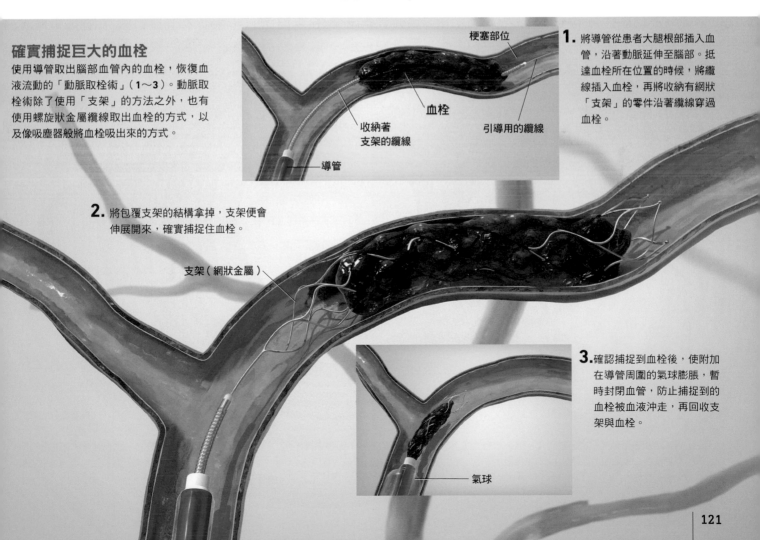

**確實捕捉巨大的血栓**
使用導管取出腦部血管內的血栓，恢復血液流動的「動脈取栓術」（1～3）。動脈取栓術除了使用「支架」的方法之外，也有使用螺旋狀金屬纏線取出血栓的方式，以及像吸塵器般將血栓吸出來的方式。

梗塞部位
血栓
收納著
支架的纏線
引導用的纏線
導管

**1.** 將導管從患者大腿根部插入血管，沿著動脈延伸至腦部。抵達血栓所在位置的時候，將纏線插入血栓，再將收納有網狀「支架」的零件沿著纏線穿過血栓。

**2.** 將包覆支架的結構拿掉，支架便會伸展開來，確實捕捉住血栓。

支架（網狀金屬）

**3.** 確認捕捉到血栓後，使附加在導管周圍的氣球膨脹，暫時封閉血管，防止捕捉到的血栓被血液沖走，再回收支架與血栓。

氣球

# 腦中風的治療正在進步，
# 以動力輔助義肢進行復健以及
# 後遺症較少的再生醫療等方法問世

**腦**中風是日本人死因的第四名，僅次於癌症、心臟病、肺炎。過去曾有一段時間，日本有許多腦中風患者，腦內出血型的中風甚至被稱做日本的「國民病」。腦內出血的主要原因是高血壓，隨著高血壓的治療與預防工作的進步，死於腦內出血的人數也越來越少。另一方面，因為飲食與生活習慣逐漸西化，使動脈硬化的患者逐漸增加，腦梗塞的患者有增加的趨勢。

腦中風的死亡人數正在逐年下降，不過腦中風也是最容易使患者臥床不起、需仰賴他人照護的疾病（如下圖）。為了不讓患者死於腦中風，或是留下後遺症，最好能做一些預防措施。

## 預防腦中風，首先要避免動脈硬化

為了防止腦中風發病或再發，管理危險因子相當重要。腦中風最大的危險因子是動脈硬化，成因包括高血壓、糖尿病、高血脂等。

因此，為了防止動脈硬化，改善生活習慣便相當重要。控制飲食中鹽分、糖分、脂肪的攝取，每週進行三到五次慢跑或游泳等有氧運動，皆有助於預防這些疾病。

另外，如果血液濃度過高，也可能會堵塞血管。故平常就要充分攝取水分。而且腦梗塞又特別常發生在早晨6點到中午的時間。因為睡眠時身體會流失水分，所以在就寢前、洗澡的前後、運動的前後等容易流失水分的時間，都要特別補充水分。

另外，吸菸、酗酒、壓力過大等因素都可能引發腦梗塞。腦梗塞再發時，情況會比第一次嚴重許多，梗塞部位也會擴大，造成大範圍的障礙，容易演變成重症。為了防止再發，最好維持規律的生活。

### 因腦中風死亡的患者，有一半是腦梗塞造成的中風

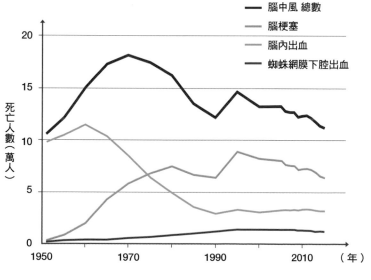

### 臥床不起的疾病中，腦中風的人數最多

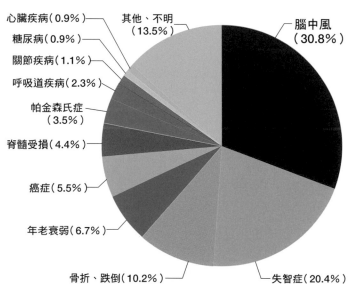

【左】日本因腦中風而死亡的人數變化。隨著超急性期治療等各項醫療的進步，因腦中風而死亡的人數近來有逐年降低之趨勢。然而隨著高齡化社會的到來，腦梗塞死亡人數卻還是遠比1950年代增加許多。（出處：日本政府統計的綜合窗口「s-Stat」）【右】患者臥床不起（所有行為無法自理，也喪失理解能力）的主要原因整理，有約3分之1是因為腦中風。（出處：日本厚生勞動省 國民生活基礎調查）

## 以 HAL 改善人體功能

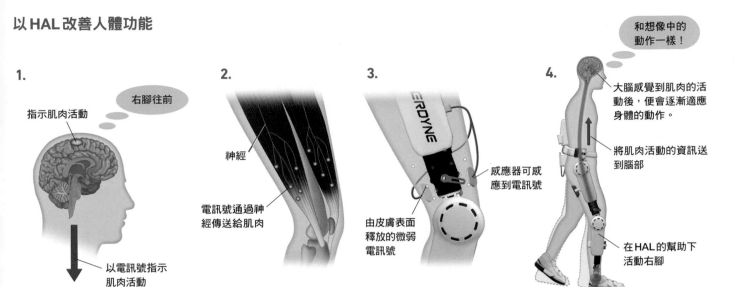

**1.**

指示肌肉活動

右腳往前

以電訊號指示
肌肉活動

**2.**

神經

電訊號通過神經傳送給肌肉

**3.**

感應器可感應到電訊號

由皮膚表面釋放的微弱電訊號

**4.**

和想像中的動作一樣！

大腦感覺到肌肉的活動後，便會逐漸適應身體的動作。

將肌肉活動的資訊送到腦部

在 HAL 的幫助下活動右腳

以HAL協助右腳活動的機制。想要活動右腳時，腦會釋放出電訊號（1）。這個電訊號會順著神經傳送到肌肉（2），使皮膚表面產生微弱的電訊號（3）。HAL感應到這些電訊號後，會開始活動右腳（4）。當腦部收到「肌肉活動方式和想像中的動作一樣」的回饋時，便能得到有效的復健效果。

### 超過40歲的人，請去做一次「腦Doc」

日本有一種專門為腦中風而設置的簡易健檢——「brain dock」，可以檢查受測者發病的危險性。

brain dock會使用MRI檢查、MRA（磁振血管造影）檢查、超音波檢查等，觀察受測者腦內是否有可能造成蜘蛛網膜下腔出血的動脈瘤；腦部的血管是否過窄、可能會導致腦梗塞。

「為了腦中風的早期發現、早期治療，40歲時請做一次brain dock，如果是本身已有高血壓與糖尿病等危險因子的人就更不用說了。就算第一次檢查沒有問題，還是建議每隔兩到三年做一次。」（村山主任教授）

### 過度靜養反而會讓後遺症惡化

嚴重腦中風的患者會出現各種問題，包括身體麻痺、言語障礙等。若想恢復這些功能，或至少不要讓這些症狀持續地惡化，就必須進行「復健」（rehabilitation）。

腦中風的復健與治療一樣，必須及早開始。這是為了防止患者出現「廢用症候群」（disuse syndrome）。出現廢用症候群的患者，會有肌肉衰弱、關節僵硬、骨骼脆弱等症狀。除此之外，還可能會陷入憂鬱或看到幻覺。

老年人可能會在不知不覺中出現廢用症候群，而且越來越嚴重。不少人在注意到的時候就已經陷入「臥床不起」的狀態。一旦進入這種狀態，只會讓活動力大幅下降，全身功能衰退得更快，陷入惡性循環。

因此，腦中風發病時固然需要靜養，但不能過度靜養，必須及早開始復健。

### 以動力服協助復健

2019年時，以日本筑波大學為中心，聯合許多研究機構一起開發出了動力輔助義肢「HAL®」（hybrid assistive limb），用於復健實驗，希望能協助腦中風患者恢復步行能力。HAL可以讀取皮膚表面的微弱電訊號，讓穿著HAL的人能夠隨個人意識活動身體，是一種具機器人或動力輔助意涵的賽博格義肢（prosthetic limb）。

HAL的運作機制（上方插圖）：當使用者想運動身體的某個部分時，腦會發出電訊號做出指示，這個電訊號會經由神經細胞傳送到肌肉，當其抵達末端時，會讓皮膚表面也產生微弱的電訊號。HAL的生物

體電位感應器可以檢測到這種極微弱的電訊號，並從這個極微弱的訊號來預測大腦希望肌肉如何動作，再操控HAL的義肢協同身體一起動作。接著，「身體已依照腦的指示，成功完成動作」的訊息會再傳送回到腦。目前認為，反覆執行這個過程，就能夠逐漸改善身體功能。

日本筑波大學附屬醫院的羽田康司教授是本次臨床實驗的責任醫師之一。他就HAL在復健上的應用做了以下的評論：「即使腳有嚴重麻痺情況，幾乎無法活動，來自腦神經的電訊號還是可能傳到皮膚表面。HAL可以捕捉這個微弱的訊號，並依此驅動腳做出動作，讓使用者覺得就像用自己的腳在走路一樣。將『成功步行』這樣的感覺回饋給腦是一個很重要的過程。以前，復健的效果會隨著醫師與物理治療師技術而有所差異，不過在HAL這種新型治療技術的加入後，應該可以減少這樣的差異，提升復健的效率。」

在這次臨床實驗中，以腦中風發病5個月內，一側有運動麻痺情況的患者為對象，希望能確認HAL對步行能力的改善效果。

## 幹細胞治療對減輕後遺症的幫助

即使經過數個月的復健，還是會有某些後遺症，而且可能終生都無法恢復。不過，目前已有團隊嘗試研究用「再生醫療」減輕後遺症，逆轉「不可能好轉」的印象。所謂的再生醫療是用尚未分化成各種細胞的「幹細胞」或「iPS細胞」，讓功能受損的內臟、組織重生的治療方法。

於日本札幌醫科大學研究腦梗塞再生醫療的本望修教授，嘗試了以下方法。

首先，從腦梗塞患者的腰部骨頭（髂骨）採取「間質幹細胞」，這是一種骨髓內的幹細胞，可以分化成神經、骨骼、血管、心臟等細胞。這些細胞平常會隨著血液在體內巡迴，維持各個內臟的功能，並且修補體內的小傷口，有一定的自我治癒能力。接著，花兩週培養增殖間質幹細胞，在確認過細胞的安全性與品質之後，再花一個小時左右的時間，將幹細胞置入患者體內。

回到體內的幹細胞能分泌特殊的營養物質，促進神經細胞修復與成長、抑制發炎、保護神經細胞、促進新生血管延伸至神經細胞。大約一週左右，神經就會開始再生。經過這樣的治療，原本麻痺、動不了的手指就可以再次動作。

本望教授對腦梗塞的再生醫療評論道：「在腦梗塞的治療中，血栓溶解療法與動脈取栓術確實是早期治療相當重要的療法。不過，幹細胞治療只要1週到2週便可完成。而且後續處理皆以復健為主。但可惜的是，就目前來看，幹細胞治

**使用自己的幹細胞克服後遺症**

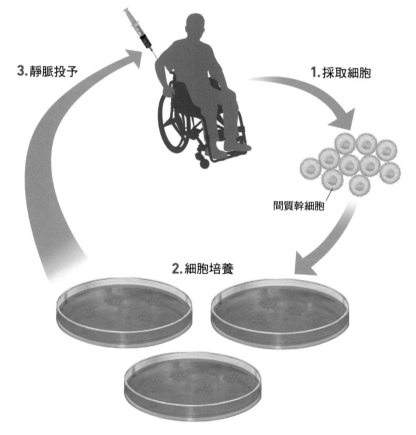

3. 靜脈投予

1. 採取細胞

間質幹細胞

2. 細胞培養

以減輕腦中風後遺症為目標的再生醫療機制。首先，從腦中風患者的腰部骨骼採取「間質幹細胞」（1），培養兩週後確認其品質（2），再將增殖後的細胞置入患者靜脈內（3）。

療仍會讓許多患者留下嚴重後遺症。我們的目標就是建立新的治療方式，給予患者希望，減輕患者的後遺症<sup>※</sup>。」

2016年2月，日本厚生勞動省指定這種細胞療法可以納入「先驅審查指定制度」。該制度可以讓國內外的新型醫療產品能夠盡快的投入應用。

## 連結各醫院的醫療系統 1秒鐘都不浪費

如同前面所述，腦中風的治療就是在和時間賽跑。可惜動脈取栓術必須在超急性期進行，能夠進行這種治療的醫療機構也相當有限。目前全日本只有500～600個醫療機構能進行這樣的手術。而且，即使是能動手術的醫院，為了能在緊急時做出應對，必須由專科醫師24小時常駐，就現實而言不可能做到。

為了改善這樣的狀況，村山主任教授與團隊開發了醫療聯合系統「JOIN」，這是一個可以讓使用者隨時掌握各種醫療資訊的交流軟體，有專屬的應用程式可以在平板電腦或智慧型手機上運作。

有了這個應用程式，即使是在運送腦中風患者的救護車內，也可以用智慧型手機即時傳送MRI檢查影像或診療資訊給附近醫院的專科醫師。這個軟體也可以整理治療時必要的資訊，譬如患者應該要送到哪間醫院，抵達醫院後需要做的處置等。

自2016年4月起，JOIN成為日本健保認可的第一個應用程式。這個系統得到世界各地的

**醫療聯合系統「JOIN」**

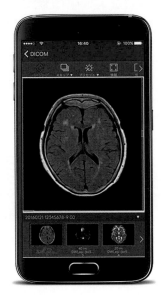

在安全性高的網路上運行，個人資訊保護嚴密的醫療聯合系統「JOIN」的畫面。JOIN可以讓各專科醫師即時確認CT、MRI等醫用影像與手術影片，也可以用群組談話的方式，讓現場的醫療人員即時提供建議。

高度評價，美國、巴西、台灣都準備引進這個軟體。

除了JOIN外，目前也有團隊在開發同時對許多人問診，判斷應該要將患者送到哪個機構的應用程式。

為了減少患者殘留的後遺症狀，腦中風發病時，1秒鐘都不能浪費。因此患者運送、超急性期治療、復健，以及如何順利銜接以上三者的研究工作，目前仍在積極進行中。

## 預防勝於治療

日本腦中風學會認為，日本超高齡化的情況相當嚴重，腦中風的患者數、發病人數，以及需要照護的人數很可能會迅速增加。

腦中風只要發病過一次，即使沒有死亡，也會留下後遺症。嚴重時甚至會讓患者臥床

不起。「40歲之後接受brain dock檢查，不要忽視TIA（第116頁）的警訊。請隨時保持警覺，預防腦中風。每天注意自己的生活習慣，延長自己的『健康壽命』（不依靠醫療、照護，能夠自立生活的期間）。」（村山主任教授）

※：此處主要指中風疾病本身所導致之殘障等等，而非由幹細胞治療本身所導致之「後遺症」。意即幹細胞治療，目前較大的問題是還不能得到確切的療效，而非治療本身具有極重大風險或副作用的疑慮。

## PART 3

# 認識憂鬱症
## 了解如何在壓力重重的社會中生存

日本厚生勞動省在2015年進行的調查顯示，罹患憂鬱症、思覺失調症等「精神疾病」的患者數高達392萬人。在壓力繁重的現代社會，究竟該如何面對憂鬱症？接下來將詳細說明憂鬱症的致病機制、治療方法、預防方法。

協助
**功刀 浩** 日本國立精神、神經醫療研究中心神經研究所 疾病研究所第三部 部長
**堀越 勝** 日本國立精神、神經醫療研究中心 認知行為療法中心 中心主任

### 簡易憂鬱量表

**【Q1】入眠**
0. 沒有問題（幾乎都可以在30分鐘內入眠）。
1. 一週內，入眠時間超過30分鐘的天數少於一半。
2. 一週內，入眠時間超過30分鐘的天數多於一半。
3. 一週內，入眠時間超過60分鐘的天數多於一半。

**【Q2】夜晚睡眠**
0. 沒有問題（夜晚幾乎不會自己醒來）。
1. 睡眠很淺，一個晚上會醒過來幾次。
2. 每晚至少醒來一次，不過很快就能再睡著。
3. 每晚會醒來超過一次，而且20分鐘內都睡不著，且一週內有一半以上的天數會出現這種情況。

**【Q3】醒來**
0. 沒有問題（或者幾乎都會在必須醒來的30分鐘以內醒過來）。
1. 一週內有一半以上的天數，會在必須醒來的30分鐘之前醒來。
2. 幾乎都會在必須醒來的1小時之前醒來，但都能重新睡著。
3. 會在必須醒來的1小時之前醒來，且無法再睡著。

**【Q4】過度睡眠**
0. 沒有問題（夜晚睡眠不會睡太多，白天也幾乎不會打瞌睡）。
1. 24小時中，含午睡在內的睡眠時間超過10小時。
2. 24小時中，含午睡在內的睡眠時間超過12小時。
3. 24小時中，含午睡在內會睡超過12小時。

**【Q5】食慾下降**

0. 和平常的食慾沒什麼區別，或食慾增加。
1. 進食次數比平時略少，或食量略為減少。
2. 食量比平時少許多，如果沒有逼自己的話就不會進食。
3. 24小時內幾乎都沒進食，只有在強迫自己，或被別人強迫時才會進食。

**【Q6】體重減少（最近兩週內）**

0. 體重幾乎沒變，或體重增加。
1. 體重略微減少。
2. 瘦了1公斤以上。
3. 瘦了2公斤以上。

**【Q9】活動速度**

0. 思考速度、說話速度、活動速度都和平時沒有區別。
1. 思考變得遲鈍，聲調變得平板。
2. 回答任何問題時都要花好幾秒思考答案，思考速度緩慢。
3. 「若沒有盡最大的努力，就無法回答問題」的情況時常出現。

**【Q7】食慾增加**

0. 和平常的食慾沒什麼區別，或食慾下降。
1. 總覺得自己應該吃得比平時更多。
2. 進食次數比平時多，食量也變得比較大。
3. 不管是進食或在兩個正餐之間，都有想吃東西的衝動。

**【Q8】體重增加（最近兩週內）**

0. 體重幾乎沒變，或者體重減少。
1. 感覺體重略微增加。
2. 胖了1公斤以上。
3. 胖了2公斤以上。

**【Q10】冷靜**

0. 無論何時都靜得下來。
1. 有時會覺得煩躁，偶爾會搓手，如果不改變坐姿就沒辦法一直坐著。
2. 有時會有想要活動身體的衝動，無法安靜下來。
3. 常有坐不住的感覺，總想起來走走。

**【Q11】是否感到悲傷**

0. 幾乎不會感到悲傷。
1. 一天內感到悲傷的時間不超過半天。
2. 一天內感到悲傷的時間多於半天。
3. 大多數時間都感到悲傷。

**【Q12】如何看待自己**

0. 認為自己的價值與其他人相同，值得受到他人幫助。
1. 比平時更責備自己。
2. 常覺得自己會造成他人麻煩。
3. 經常思考自己的大小缺點。

**【Q13】活力**

0. 和平時沒什麼差異。
1. 比平時更容易感到疲勞。
2. 必須比以前更努力，才能做到平時的活動，或者持續原本的活動。
3. 缺乏活力，無法進行各種日常活動。

**【Q14】對於死亡或自殺的想法**

0. 不曾想過死亡或自殺。
1. 覺得人生沒有意義，懷疑自己生存的價值。
2. 一週內有數次會想到自殺或死亡，一次會想數分鐘左右。
3. 一天內有數次會想到自殺或死亡，並思考到細節部分。甚至訂定具體的自殺計畫，真的考慮實行。

**【Q15】一般興趣**

0. 對於他人或各種活動的興趣與平時一般無貳。
1. 對於人群或活動的興趣比平時低。
2. 以前喜歡的活動中，只剩一、兩個還有興趣。
3. 對於以前喜歡的活動幾乎完全失去了興趣。

**【Q16】集中力／決策能力**

0. 集中力、決策能力與過去相較沒什麼差別。
1. 有時候會覺得難以做出決策，也會有注意力散漫的感覺。
2. 幾乎任何時候都覺得集中注意力或做出決策很困難。
3. 集中力低落到連閱讀文字、決定小事都很難做到。

## 計分方式

將與睡眠有關的項目（Q1～Q4）、與食慾／體重有關的項目（Q5～Q8）、與一般行動有關的項目（Q9，Q10）分別視為一組，從每一組中選出分數（項目左邊的數字）最高的題目作為該組的分數。其餘各題（Q11～Q16）則分別列出分數，再加總所有分數。

0分～5分為正常、6分～10分為輕度憂鬱、11分～15分為中度憂鬱、16～20分為重度憂鬱、得到21～27分的人可能有非常嚴重的憂鬱情況。若分數在6分以上，請向醫療機構尋求建議。

這個量表稱做「簡易憂鬱症尺度」（QIDS-J），與美國精神醫學的診斷基準彼此對應，通用於全世界十個以上的國家。

# 從孩童到老人，每個人都可能會出現憂鬱症

2011年7月，日本厚生勞動省發表了新的醫療計畫，除了過去備受重視的癌症、腦中風、急性心肌梗塞、糖尿病等四種疾病（四大疾病）之外，也將「精神疾病」列入計畫中，合稱「五大疾病」。

精神疾病中，對現代社會影響最大的疾病是「憂鬱症」。厚生勞動省的資料顯示，1984年時約有9萬7000名患者因為憂鬱症、躁鬱症等「情緒障礙」接受治療。患者人數在1999年時增加到44萬1000名，2008年更增加到104萬1000名。24年內，人數就增加了約11倍。

一般推測，有憂鬱症卻沒有到醫療機構就診的患者，約是這個數字的數倍。每10～15人中，就有1人在生涯中得過憂鬱症。WHO（世界衛生組織）的自殺預防指南提到，90％的自殺者可能患有精神疾病，且60％在自殺時應處於「抑鬱狀態」（情緒低落，做什麼事都不快樂的狀態）。可見憂鬱症會對社會帶來很大的影響。

## 若憂鬱狀態持續兩週以上，就會被診斷為憂鬱症

日常生活中碰到痛苦的事、難以解決的事，難免會讓人感到情緒低落。不過，如果症狀輕微能在短時間恢復，就不會被稱作「憂鬱症」。當出現抑鬱，也就是對任何事物都提不起興趣、無法感到喜悅的狀態持續兩週以上，同時出現不想動、失眠、活力減退等症狀，讓當事人感到痛苦，社交生活上也出現障礙，就會被診斷為憂鬱症。

有人說憂鬱症是「中年人的疾病」，但在學齡期後的任何年齡都可能出現憂鬱症（如右頁）。我們很難預測未來在何時、何地會出現大幅度的環境改變，所以事先掌握憂鬱症的種類，在人生不同階段都能面對成了重要的課題。

## 環境的變化會引起憂鬱症

右頁顯示憂鬱症發病的各種原因與症狀。不只是以工作為主要活動的青壯年會得到憂鬱症，就連孩童和老年人也有他們特有的憂鬱因素。在不同的人生階段，人會因為不同的事件引發憂鬱症。

下方為「情緒障礙」的分類。大致上可以分成「憂鬱症」與「躁鬱症」。憂鬱症患者只會表現出情緒低落的「鬱期」；躁鬱症患者則會交替表現出情緒過度高昂的「躁期」，以及情緒低落的「鬱期」。

### 情緒障礙

當情緒過度低落（抑鬱），或者過於興奮，什麼事都做過頭（狂躁），使日常生活出現障礙，就會被診斷成「情緒障礙」。

如果抑鬱狀態持續很長一段時間，就是所謂的「憂鬱症」。如果抑鬱狀態與狂躁狀態兩者兼具，則會被診斷成「雙極性疾患」（躁鬱症）。

#### 憂鬱症（重性憂鬱疾患、抑鬱性障礙）

情緒抑鬱、不再感受到對事物的喜悅與樂趣，或者兩者兼具，且這樣的情況持續兩週以上，再加上出現不想動、睡眠或食慾異常、集中力下降等變化時，會被診斷為「重性憂鬱疾患」（MDD）（典型憂鬱症）。

幾乎每天都有輕度憂鬱情緒，並持續數年的人，以及生理期（月經）前明顯情緒不穩定，容易陷入煩躁、抑鬱情緒的女性，廣義上也屬於憂鬱症。前者稱做「持續性抑鬱症」（PDD），後者稱做「經期憂鬱症」（PMDD）。

#### 躁鬱症（雙極性疾患與相關障礙）

如果抑鬱的狀態與異常興奮的「狂躁狀態」持續數個月甚至數年，就會被診斷為雙極性疾患。雙極性疾患可以分成表現出劇烈狂躁狀態的「第一型雙極性疾患」，與輕微狂躁狀態（輕躁狀態）的「第二型雙極性疾患」。

以上是憂鬱症與躁鬱症的差異。醫學界以美國精神醫學會為首，製作了「精神疾病診斷與統計手冊」（DSM），作為精神障礙的泛用診斷基準。過去的DSM中，皆將憂鬱症與躁鬱症都列於「情緒障礙」單一分類之下。後來學界發現兩者致病機制並不相同，於是在2013年發表的最新診斷基準「DSM-5」中，將憂鬱症與躁鬱症分別放在不同分類下，並拿掉情緒障礙的分類。不過，因為在一般人的觀念中，憂鬱症與躁鬱症只是狂躁程度的差別，所以「情緒障礙」一詞至今仍被廣為使用。

## 孩童的憂鬱

在學校遭到霸凌、學校生活不順利，進而出現蝸居在家、不願上學的情況。過度考試所造成的「過勞」（burnout）也可能會引發憂鬱症。

## 過度工作的憂鬱

除了遭裁員、就職／轉職失敗等環境變化之外，晉升之類乍看正面的環境變化，也可能因為不能適應工作內容或人際關係變化而出現憂鬱症。最糟的情況，還可能因為憂鬱症導致自殺或過勞死。日本自2015年12月起，規定員工數50名以上的公司須實施「員工壓力確認」。

## 精神上出現的症狀

得到憂鬱症之後，會覺得情緒低落，對任何事情都提不起興趣、不想關心。此外，還會出現悲哀感、自卑感、罪惡感等情緒，使思考能力、集中力、決策力、判斷力下降，可能造成日常生活出現障礙。

## 身體上出現的症狀

得到憂鬱症後，會有食慾下降（或是食慾亢進）、失眠（或是多眠）、頭痛、肩頸痠痛、腰痛、腹痛、便祕、嘔吐、心悸、頭暈目眩、全身倦怠感等情況，容易感到疲勞。

## 老年的憂鬱

有些人在退休或配偶生病、死亡時，會出現憂鬱症。另外，孩子獨立時，長輩也可能失去了生活目標而觸發憂鬱症。

失智症與腦中風的某些症狀與憂鬱症類似，有時候不容易診斷老年人罹患的是哪一種疾病。

## 女性的憂鬱

即使是結婚、懷孕、生產等乍看很幸福的環境變化，也可能因為家事、婆媳關係等家庭內的紛爭而感到壓力，使憂鬱症發作。

另外，生產會對身體造成很大的負擔，養育孩子可能讓人出現過度的責任感，這些都可能造成憂鬱症（產後憂鬱）。為了把工作和家事做得更完美而過度努力，也可能造成憂鬱症發作。

# 憂鬱症的原因出自
# 循環全身的壓力激素

**感**受到壓力時，身體會出現哪些變化？
此時，腦部負責身體自律功能、控制激素量的「下視丘」會分泌一種名為「CRH」（促腎上腺皮質素釋放激素）的激素。這個激素會刺激「腦垂腺」（pituitary gland）分泌促腎上腺皮質素（adrenocorticotropic hormone），促腎上腺皮質素順著血液抵達位於腎臟上方的「腎上腺皮質」（adrenal cortex），刺激腎上腺皮質分泌名為「皮質醇」（cortisol）的激素。

皮質醇也被稱做「壓力激素」，會循環全身，提升血糖與血壓，抑制免疫反應、發炎。這些反應是讓人面對壓力的必要變化。血糖上升時，腦部獲得的糖分（養分）會跟著增加，資訊處理能力也跟著增加。血壓上升時，可以將氧送到全身，提升運動能力。抑制發炎能夠減輕身體的疼痛與痛苦。

## 得憂鬱症時，腦部
## 神經元會逐漸崩潰

皮質醇也會作用在下視丘與腦垂體，抑制CRH的分泌。這會減少皮質醇的分泌量，使身體恢復原本的狀態。不過，如果長期承受壓力，腎上腺就會持續分泌皮質醇，使身體持續處於緊張狀態。

最近的研究顯示，如果皮質醇分泌過量，會讓腦部神經元（神經細胞）受損，特別是司掌記憶的「海馬迴」。因此，若長時間感到壓力，會使記憶力減退。

另外，壓力也會促進感受恐怖與不安的「杏仁核」活躍。原本就處於緊張狀態的患者，如果杏仁核又異常活躍，就會頻繁出現憤怒、悲傷、不安、覺得自己很沒用等負面感情。

## 面對壓力時的生理機制

在承受壓力時，體內產生的反應示意圖。「身體正在承擔壓力」的訊息會從下視丘傳送到腦垂體，再傳送到腎上腺。而腎上腺會分泌名為「皮質醇」的激素，使全身各處產生反應以面對壓力。下方為健康者與憂鬱症患者的腦內影像，比較他們的海馬迴大小，會發現憂鬱症患者的海馬迴明顯比較小。

### 憂鬱症患者的海馬迴有萎縮現象

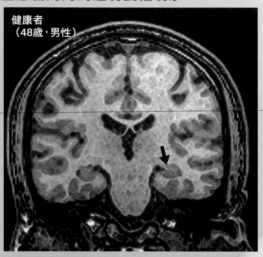

健康者
（48歲，男性）

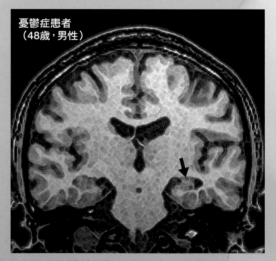

憂鬱症患者
（48歲，男性）

上方為健康者與憂鬱症患者的MRI（磁振造影）腦部剖面影像，海馬迴所在區域以紅色箭頭標示。憂鬱症患者的海馬迴明顯有萎縮。不過，並非所有憂鬱症患者都有海馬迴萎縮的情況。反覆出現憂鬱症症狀的患者，海馬迴的萎縮可能比較明顯。
（影像提供：日本國立精神、神經醫療研究中心 功刀浩部長）

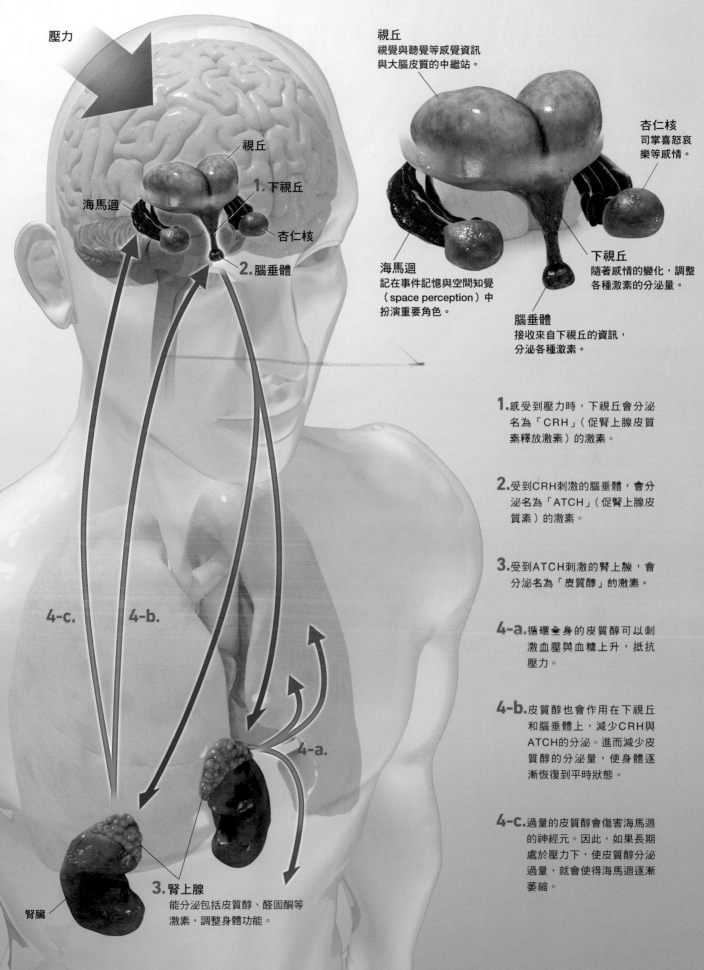

壓力

視丘
視覺與聽覺等感覺資訊
與大腦皮質的中繼站。

視丘

杏仁核
司掌喜怒哀
樂等感情。

**1.** 下視丘

海馬迴

杏仁核

**2.** 腦垂體

海馬迴
記在事件記憶與空間知覺
（space perception）中
扮演重要角色。

下視丘
隨著感情的變化，調整
各種激素的分泌量。

腦垂體
接收來自下視丘的資訊，
分泌各種激素。

**1.** 感受到壓力時，下視丘會分泌
名為「CRH」（促腎上腺皮質
素釋放激素）的激素。

**2.** 受到CRH刺激的腦垂體，會分
泌名為「ATCH」（促腎上腺皮
質素）的激素。

**3.** 受到ATCH刺激的腎上腺，會
分泌名為「皮質醇」的激素。

**4-a.** 循環全身的皮質醇可以刺
激血壓與血糖上升，抵抗
壓力。

**4-b.** 皮質醇也會作用在下視丘
和腦垂體上，減少CRH與
ATCH的分泌。進而減少皮
質醇的分泌量，使身體逐
漸恢復到平時狀態。

**4-c.** 過量的皮質醇會傷害海馬迴
的神經元。因此，如果長期
處於壓力下，使皮質醇分泌
過量，就會使得海馬迴逐漸
萎縮。

4-c.    4-b.

4-a.

**3.** 腎上腺
能分泌包括皮質醇、醛固酮等
激素，調整身體功能。

腎臟

# 改善神經的訊息傳送功能，
# 治療憂鬱症

**抗**憂鬱藥物是用什麼機制治療憂鬱症？

我們的思考與感覺都是由腦部神經元的運作而產生。神經元與神經元間並非直接相連，而是藉由名為「突觸」的結構傳遞訊息。突觸兩側的兩個神經元也非緊密相連，而是有所謂的「突觸間隙」隔開。

神經元傳送的電訊號抵達突觸時，會釋放出血清素等「神經傳導物」。神經傳導物通過突觸間隙，接觸到下一個神經元表面的蛋白質（受體）時，就會將資訊傳送給下一個神經元（**A**）。釋放到突觸間隙的血清素被分解後，之前釋出血清素的神經元會透過「血清素轉運體」這個「通道」回收血清素的殘骸。

「多巴胺」（dopamine）、血清素（serotonin）等神經

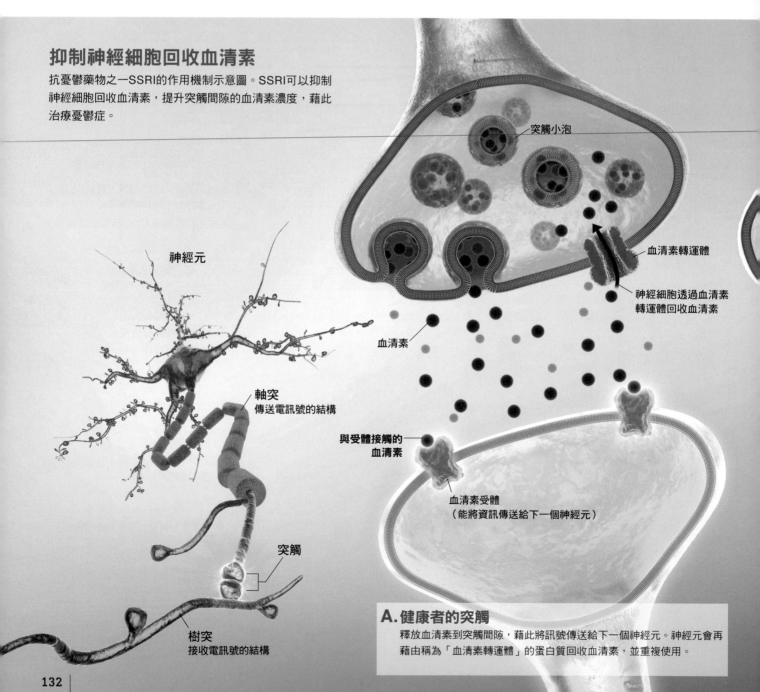

## 抑制神經細胞回收血清素

抗憂鬱藥物之一SSRI的作用機制示意圖。SSRI可以抑制神經細胞回收血清素，提升突觸間隙的血清素濃度，藉此治療憂鬱症。

突觸小泡

血清素轉運體

神經細胞透過血清素
轉運體回收血清素

血清素

神經元

軸突
傳送電訊號的結構

與受體接觸的
血清素

血清素受體
（能將資訊傳送給下一個神經元）

突觸

樹突
接收電訊號的結構

### A. 健康者的突觸
釋放血清素到突觸間隙，藉此將訊號傳送給下一個神經元。神經元會再藉由稱為「血清素轉運體」的蛋白質回收血清素，並重複使用。

傳導物在處理興趣、快感、學習等感覺或行動時扮演重要角色。但在憂鬱症患者體內，這些神經傳導物的功能大打折扣，導致患者情緒低落（**B**）。其中一種抗憂鬱藥「SSRI」（選擇性血清素回收抑制劑）可以抑制血清素的再回收，因此能間接使突觸間隙的血清素濃度增加，幫助神經傳導回復原本的狀態（**C**）。

## 抗憂鬱藥物需要花一定時間才能發揮效果

服用SSRI後幾個小時，突觸間隙內的血清素濃度便會上升。不過，要改善抑鬱狀態至少也要花幾週，這段期間也必須持續服用藥物。血清素的濃度上升後，可能會使神經元間的資訊傳送變得活躍，促使神經元分泌更多能促進神經元成長的蛋白質「腦源性神經營養因子」（BDNF）等等，使海馬迴等部位的神經元伸出更多樹突，與其他神經元形成更多突觸，這對改善憂鬱症相當重要。

不過，SSRI要花一些時間才能發揮效果，所以不能因為剛開始沒看到效果就自行停藥，必須連續服用好幾個月，甚至幾年。

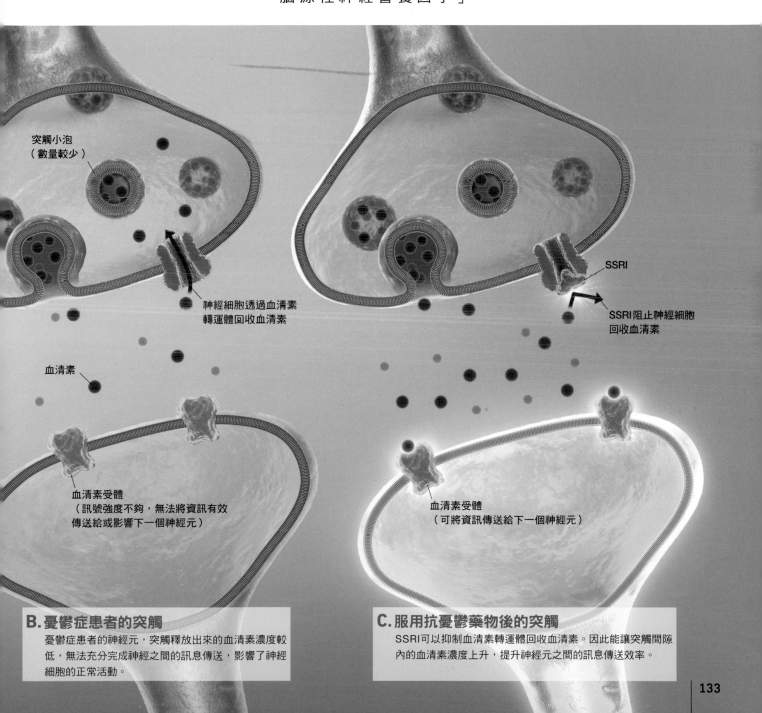

突觸小泡
（數量較少）

神經細胞透過血清素
轉運體回收血清素

SSRI

SSRI阻止神經細胞
回收血清素

血清素

血清素受體
（訊號強度不夠，無法將資訊有效
傳送給或影響下一個神經元）

血清素受體
（可將資訊傳送給下一個神經元）

**B.憂鬱症患者的突觸**
憂鬱症患者的神經元，突觸釋放出來的血清素濃度較低，無法充分完成神經之間的訊息傳送，影響了神經細胞的正常活動。

**C.服用抗憂鬱藥物後的突觸**
SSRI可以抑制血清素轉運體回收血清素。因此能讓突觸間隙內的血清素濃度上升，提升神經元之間的訊息傳送效率。

# 踩下剎車，停止負面思考的「認知行為療法」

**許**多憂鬱症患者對事物的認知會產生偏誤。有些患者的「黑白思維」讓他們認為事物非黑即白，有些患者的「擴大解釋」讓他們過度放大自己的失敗。

如果習慣這樣思考，就會產生悲觀的想法。這種負面思考會引出更負面的想法，使得患者陷入惡性循環之中（如下圖所示）。

以活動或對話的方式，使患者用更為現實的角度觀察這種自行浮現出來的想法（自動思考），重新評估一件事是否真的有那麼嚴重，調整自己的想法，這種治療方式稱做「認知行為療法」（右頁圖）。調整自己認知的偏誤能減輕憂鬱症。英國醫師在面對輕度憂鬱症的患者時，不會開立憂鬱症的處方藥，而是會先嘗試認知行為療法。

## 認知偏誤的修正

以青壯年因職場上的煩惱而引發的憂鬱症症狀（下）為例，說明認知行為療法的實際做法（右）。

### 面對壓力時的想法

**負面思考**
覺得不可能會順利進行，對未來感到悲觀。
「不管做什麼都沒有用，我已經完了」

**黑白思維**
極端看待所有事物，認為事物非黑即白。
「我沒辦法做到完美的，是個沒有用的人」

**猜忌**
私自認定別人一定在背後指指點點。
「部下一定在背後把我當笨蛋」

**妄自菲薄**
眼裡只看到不好、不順利的部分。
「我的決策一直出錯」

### 面對壓力時的身體變化

**睡眠變化**
不容易入睡、容易失眠。或是一整天都在睡、過度睡眠。

**慾望衰退**
不想吃早餐。對原本很喜歡的事物突然失去興趣。

**疲勞累積**
早晨起床仍感到疲勞。
一直有倦怠感。

### 壓力的原因

**升遷**為課長，但與其他公司的競爭變得激烈，**營業額下降**。於是**工作量增加**，每天都要加班。最後疲勞持續累積，**工作效率持續下降**。感覺自己失去部下與上司的信任。

### 壓力下的行動

**控制他人**
遷怒於部下、配偶、孩童等周圍的人。

**逃避**
不想起床。
一接近公司，腳步就變得沉重。
遲到、早退、缺勤頻率增加。

**依賴**
沉迷於酒精或賭博。
經常衝動性購物。

### 壓力下的情緒

因為工作不如所願而感到**憤怒**
因為失去公司的信任而感到**悲傷**
不曉得未來會變成什麼樣子而感到**不安**、**擔心**
擔心自己會被懲罰、減薪而感到**害怕**
因為自己的工作能力沒有想像中那麼厲害感到**空虛**
覺得工作時的自己**很沒用**
不被他人認可的**寂寞**、**羞恥**

## 以「正念」技巧調整情緒

Google（谷歌）等大企業為了減輕員工壓力、讓員工能發揮創造力，將近年來相當熱門的「正念療法」（mindfulness Therapy））引入公司。正念療法也是認知行為療法的一種，利用呼吸與冥想，在當下的瞬間集中意識，讓自己脫離原本的固執想法。運用正念療法，即使陷入難熬的艱苦狀況，也能調整情緒。

日本國立精神、神經醫療研究中心，認知行為療法中心的堀月勝主任，就認知行為療法做出以下評論：「過去的治療方法，就像計程車司機和乘客之間的關係一樣。乘客搭上車（患者來醫院）後，再由司機（醫師）載到目的地（治癒疾病）。但如果用這種方法來醫治憂鬱症，治療結束後，患者又再度出現憂鬱症的症狀。」

堀越主任還說，「另一方面，認知行為療法則像是汽車駕訓班的教練和學員的關係。駕訓班的學員可以從教練身上學到怎麼開車，患者可以透過認知行為療法，學習正確看待事物的方式，瞭解自己的性格，進而掌握自己的人生。這不只能治療憂鬱症，也可以防止憂鬱症復發。」

### 針對面對壓力時的想法進行治療

**重新建立認知**

將自然浮現的負面想法具體寫出來，檢視這些想法是否有確實的證據，若想法出現偏誤，就進行修正，具體上包括：

- 確認自己在什麼情況下會感受到強烈的壓力。
  （晉升後公司營收下降）
- 將當時的想法、情緒、行動、身體變化寫出來。
  （想法：自己的能力不足，造成公司損失
  情緒：悲傷、空虛、不安等
  行動：休假不去公司
  身體變化：失眠等）
- 重新思考這是不是一己之見，試著用情緒表現出來。
  （公司之所以會晉升我，是因為看好我的能力）
  （只是自己的晉升和其他公司的營收上升剛好在同一時間發生而已，不需要過度責備自己）→讓心情好一些。

### 針對面對壓力時的身體變化進行治療

**放鬆**

放鬆肌肉，以腹式呼吸深呼吸，或者用類似方法緩和緊張的心情，讓自己冷靜下來。

重度憂鬱症的情況下，可以服用適量的抗憂鬱藥物、情緒穩定藥物、助眠藥物等。

### 消除壓力的原因

- 寫出不擅長的工作領域，尋求與這些工作有關之員工的幫助，聽聽他們的建議。
- 將部門異動、轉職納入考量後再展開行動。
- 影響嚴重時，提出離職。

### 針對壓力下的行動進行治療

**暴露療法**

針對想逃避的想法，可以先試著從較小的行動開始，逐漸習慣想逃避的事物。
例：不想離開公司。
　　→先到公司附近的公園走一走。

**問題解決療法**

將煩惱的具體部分細分，並列出多種解決方案，思考每種方案的優點、缺點，用其中最好的方案來解決問題。

### 針對壓力下的情緒進行治療

**去中心化（正念療法等）**

暫時遠離意識中心的煩惱，客觀看待它，尋找能讓自己從憤怒、悲傷等負面感情抽離的方法。不要只關注位於中心的煩惱，試著接納心中的每個想法，從各種不同角度去觀察各種事件，找到平衡點。

例：「因為工作不像自己想的那麼順利而感到煩躁」
　　→「自己心中有『煩躁』的想法」

不要否定憤怒的情緒，不要覺得「憤怒是不對的」而想抑制憤怒。要讓自己慢慢接受這樣的情緒，才不會被負面情緒牽著走，也不會陷入難以自拔的思緒。

# 與憂鬱症相關的常見問答

## Q. 憂鬱症發病與遺傳有什麼關係？

**A.** 研究精神疾病發病機制的日本國立精神、神經醫療研究中心的功刀浩部長說道：「如果兄弟姊妹等血緣關係較近的親戚有憂鬱症，得到憂鬱症的機率會是一般人的1.5～3倍。另外，同卵雙胞胎中如果有一人得憂鬱症，另一人也有憂鬱症的機率（發病一致率）是異卵雙胞胎的近2倍。由此可以看出，憂鬱症應該和遺傳有關。」

不過，目前並沒有找到確實能影響憂鬱症發病的基因。而且，能夠用遺傳因素解釋的憂鬱症案例大概只有三到四成。所以，若和環境因素相比，憂鬱症與遺傳的關係應該沒有那麼大。

另一方面，雙極性疾患（躁鬱症）與遺傳的關係就很大了。有研究報告指出，同卵雙胞胎中的發病一致率高達80％。

「最近越來越多報告指出，某些基因確實會提高罹患雙極性疾患的風險。有日本團隊在研究報告中提到『FADS』這個基因與雙極性疾患的發病有關，可以說是全世界最早得到這個結果的研究。學界將進行更多基因上的研究，釐清雙極性疾患的發病機制。」（功刀部長）

## Q. 患者日漸增加的「新型憂鬱症」是什麼？

**A.** 「新型憂鬱症」的患者也會有抑鬱的情緒，不過在做自己喜歡的事，譬如約會、購物時，仍會表現出自己的欲求，這與憂鬱症的典型症狀不同，因此被稱作新型憂鬱症。但新型憂鬱症並非正式疾病名稱，不會在正式的醫療文件中使用。有些研究報告認為，新型憂鬱症可能是一種正式病名為「非典型憂鬱症」（atypical Depression）的憂鬱症，但目前專家之間還沒有共識。

那麼，近年來新型憂鬱症的患者真的在增加嗎？功刀部長做出以下評論：「數十年前就有人報告過這類案例，在醫學界廣為人知。不過這類病例並沒有表現出失眠、食慾下降等典型的憂鬱症症狀，因此不會被診斷為憂鬱症。近年來，媒體常用『新型憂鬱症』一詞來描述這種症狀，間接造成看診的患者也日漸增加，實際上新型憂鬱症的患者人數並沒有增加那麼多。」

SSRI之類的抗憂鬱藥物（第130頁）對新型憂鬱症的效果較差，倒是雙極性疾患所使用的「情緒穩定藥物」的效果比較好。以認知行為療法（第134頁）正確認知到自己在人際關係方面較為敏感，藉此改善自己與上司等人的關係、改變周圍的環境，是治療的重點。

「如果是傳統憂鬱症，暫時停止工作有助於治療。但如果是新型憂鬱症，就要一邊工作，一邊調整生活步調。要是生活步調被打亂、日夜顛倒，就很難治好新型憂鬱症，這點要特別注意。」（功刀部長）

### 傳統憂鬱症與新型憂鬱症的比較

|  | 傳統憂鬱症 | 新型憂鬱症 |
|---|---|---|
| 抑鬱的感覺 | 幾乎一整天都有抑鬱的感覺。 | 碰到好事時，抑鬱感會好轉。 |
| 活動慾望 | 幾乎所有活動都提不起勁。 | 做自己喜歡的事時會比較有精神。 |
| 睡眠變化 | 早上會很早醒來。有失眠情形。 | 會在半夜時醒來。有睡眠過度的情形。 |
| 食慾變化 | 食慾、體重減少。 | 食慾或體重增加。 |
| 罪惡感 | 責怪自己。 | 責怪他人。 |
| 情緒變化 | 集中力、決策能力下降。 | 出現衝動、煩躁的情緒。 |

傳統憂鬱症與新型憂鬱症的比較表。新型憂鬱症的患者相對較年輕，人際關係上比較敏感、比起責怪自己，較常責怪他人。

## Q. 如何客觀判斷是否得了憂鬱症？

**A.** 許多疾病都有客觀的診斷標準。以糖尿病為例，可以從定期測得的血糖數值，判斷當事人的糖尿病有多嚴重。

不過憂鬱症並沒有這種客觀指標，基本上都是靠問診來判斷當事人是否患有憂鬱症。通常會到身心科就診的人，都是講自己的情緒有多低落，很少會在情緒亢奮的時候來就診。因此，許多患者其實是雙極性疾患，卻被診斷成是憂鬱症。

為了要改善這一種情況，有一些醫療機構開始使用所謂的「光拓樸造影術」（optical topography）進行診斷。光拓樸造影術會用肉眼看不到的「近紅外線」照射頭皮。近紅外線可以穿過頭皮，在照到在腦部血管內流動的紅血球（血紅素）時反射回來。捕捉反射回來的光線，就可以測量腦部活動時的血液血紅素濃度變化（血流量）。

診療時，須讓患者戴上光拓樸造影裝置，回答一些聯想遊戲般的簡單問題。健康的人在回答問題時的血流速度會上升，但憂鬱症患者的血流速度則不會上升。而且，思覺失調症、雙極性疾患、健康者、憂鬱症患者的光拓樸造影會呈現出不同的圖樣，故可以從血液流動狀態，診斷患者得到的是哪一種疾病。

2013年6月，以日本國立精神・神經醫療研究中心為首的眾多研究機構共同發表的研究報告中提到，光拓樸造影可正確診斷出74.6％的憂鬱症，以及85.5％的雙極性疾患或思覺失調症。2014年4月，日本厚生勞動省核准了健保補助診斷抑鬱症狀用的光拓樸造影。

但另一方面，我們仍不曉得為什麼不同精神疾病患者會有不一樣的血液流動模式。因此，醫師不能僅以光拓樸造影判斷，仍要搭配問診結果才能做出診斷。

## 以光拓樸造影診斷各種精神疾病

| 健康者 | 憂鬱症 | 雙極性疾患 | 思覺失調症 |
|---|---|---|---|

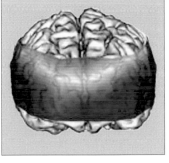 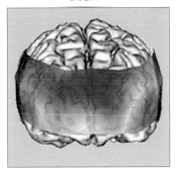 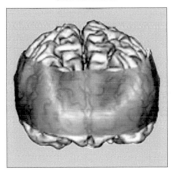 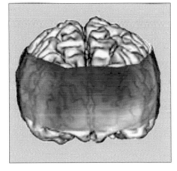

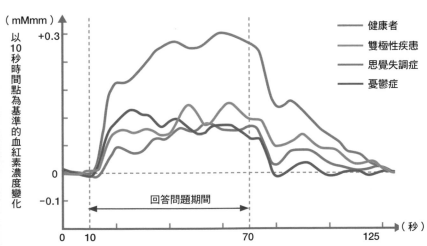

健康者與各種精神疾病患者的光拓樸造影圖像（上），以及額葉區域血紅素濃度隨時間的變化（左）。受測者須在1分鐘的時間限制內回答簡單的問題，並測定這段期間的血液流量。上圖最左邊的圖片是問題開始後50秒（左圖橫軸的60秒）時，腦內血紅素的濃度。紅色為血紅素量（血液流量）較多處，藍色則是血紅素較少處。由此可以看出，憂鬱症患者的腦部活動量比健康者還要少。圖片取自《精神疾病與NIRS》（福田正人著，2009年發行，中山書店）第48頁。

## Q. 除了抗憂鬱藥物、認知行為療法以外，還有其他治療方法嗎？

A. 近年來，除了抗憂鬱藥物、認知行為療法之外，另一備受矚目的治療方式是用磁場治療，就是所謂「穿顱磁刺激治療」（TMS）。藉從頭上施加強力磁場，使腦內產生微弱的電流，這一種方式可以只讓特定的部位或是神經元興奮。

憂鬱症患者的杏仁核常會過度反應，引起恐怖、不安、悲傷、自我厭惡等負面感情。正常情況下，腦的「背外側前額葉皮質」（DLPFC）可以控制杏仁核。但如果長時間處於壓力之下，會讓DLPFC的功能減弱，使杏仁核功能失控。以磁場刺激DLPFC的作用，抑制杏仁核過度活動，有助於治療憂鬱症。這就是穿顱磁刺激治療的機制。

### 不使用抗憂鬱藥物，僅以磁場活化神經元

服用SSRI等抗憂鬱藥物後，可以增加突觸間隙內的血清素濃度，並進一步增加名為「腦源性神經營養因子」（BDNF）的蛋白質濃度。BDNF可以促進神經元的成長，改善憂鬱症情況（第132頁）。同樣地，實驗證實穿顱磁刺激也可以增加BDNF的濃度。也就是說，穿顱磁刺激也和抗憂鬱藥物一樣，可以藉由BDNF恢復神經元的功能，抑制憂鬱症發作。

而且，就像本例中用磁場集中照射DLPFC，穿顱磁刺激也可以集中照射功能不正常的腦部特定區域。以藥物療法治療精神疾病時，需要讓藥物巡迴全身，會有一定的副作用，但穿顱磁刺激能避免這樣的情況，而且不只可用於治療憂鬱症，也對頭痛、腦梗塞等症狀有一定效果。

穿顱磁刺激並不能取代抗憂鬱藥物或認知行為療法，不過只要善加使用，就可以將抗憂鬱藥物的使用降至最低。美國FDA（美國食品藥品監督管理局）於2008年核准了穿顱磁刺激治療。日本尚未核准這種療法，但目前正朝著健保診療化的方向努力。

### 治療重度憂鬱症患者，可直接在腦中通電流

「電痙攣療法」（electro-convulsive therapy）是一種與穿顱磁刺激類似的治療方法。治療時會將電極貼在患者頭部，以100伏特左右的電壓進行電擊，讓電流通過腦內特定部位，持續幾秒鐘（通常是10秒內）來活化神經元。

於那些抗憂鬱藥物無效的頑強憂鬱症，電痙攣療法有一定的即時效果，在面對重度憂鬱症或有高度自殺風險的患者時，醫師就會使用電痙攣療法。在抗憂鬱藥物出現前，已開始使用這種治療方法，但因為安全性問題沒有成為主流。近年來隨著技術進步，在確立安全性之後，電痙攣療法已成一種重要的治療方式。

### 使用磁場治療憂鬱症

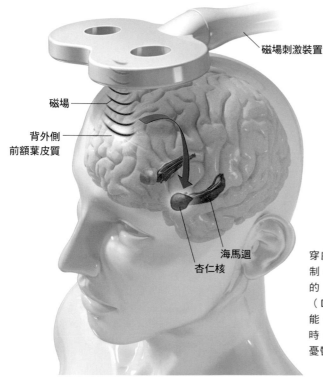

磁場刺激裝置

磁場

背外側前額葉皮質

海馬迴

杏仁核

穿顱磁刺激（TMS）的運作機制。杏仁核司掌喜怒哀樂，大腦的「背外側前額葉皮質」（DLPFC）可調節杏仁核的功能。所以對DLPFC施加磁場時，可以強制活化杏仁核，治療憂鬱症。

## Q. 如何預防憂鬱症？如何幫助瀕臨憂鬱症，或者是極可能自殺的人？

**A.** 憂鬱症的發病與個人性格有很大的關係。特別是對於一絲不苟、耿直認真、有強烈的責任感與正義感、完美主義的人來說，當環境出現很大變化時，會因為難以適應而承受比別人還多的壓力，容易出現憂鬱症症狀。

這種情形在日本特別嚴重。日本將一絲不苟與耿直認真的性格視為美德，即使因此承擔了更大的壓力，也不會向周圍尋求援助，而想要獨自解決問題。但實在沒必要所有事都自己承擔。對於這些人來說，能否察覺自己的性格對壓力比較敏感，並尋找能適當轉換情緒的方法，是預防憂鬱症發病的關鍵。「要消除身心的疲勞，最重要的還是營養均衡的飲食以及充足的睡眠，再加上適當的運動。首先還是要養成良好的生活習慣。」（功刀部長）。

### 以「TALK」原則幫助憂鬱症患者

憂鬱症患者會表現出什麼樣的訊號呢？判斷重點是「飲食與睡眠」。如果飲食量比平常少，早上很早醒來，就需要特別注意了。

另外，自殺常與憂鬱症有關。請多留意周圍的人，別讓他們獨自煩惱。右上的表格整理了憂鬱症發病時的訊號。若發現相似的徵兆，請盡可能及早接受治療。

發現對方有症狀時，請好好聽對方說話，並建議他到身心科就診。如果這時候過度小心對待患者，反而會讓對方覺得沮喪。請保持和平時一樣的態度。

陪伴憂鬱症患者是有訣竅的。就像「憂鬱症會傳染」這句話說的一樣，陪伴者可能會受患者的情緒感染，進而也得到憂鬱症。所以陪伴者不需要一直待在患者身邊，請和患者保持適當距離，讓患者有自己的時間轉換心情。

我們希望能極力避免「自殺」成為憂鬱症患者的結局。「TALK」是預防自殺的原則，分別為tell（傳達：讓對方知道自己正在擔心他，請他不要自殺。）、ask（詢問：直接詢問對方為什麼想要自殺。）、listen（聆聽：聆聽對方的絕望心情）、keep safe（確保他的安全：如果覺得他很可能要自殺，盡量陪在他身邊）的首字母。

只要服用抗憂鬱症藥物，搭配其他適當的治療方法，就能治癒憂鬱症。為了不要讓重要的人因此離開，只要發現憂鬱症的訊號，請立刻勸他們到身心科就診。 🪐

| 憂鬱症的訊號（生活習慣） |
| --- |
| 表情陰暗、沒有精神、臉色差。 |
| 話少、嘆氣次數增加。 |
| 變得不重視服裝、打扮等外在。 |
| 食慾減退，飲酒量卻增加。 |
| 常說出「自己是個沒用的人」之類的自我否定發言。 |
| 日常生活習慣消失。譬如以前每天都會看早報，現在卻不再這麼做。 |

| 憂鬱症的訊號（工作） |
| --- |
| 體力、判斷力、效率降低。加班、未完成工作增加。 |
| 遲到、缺勤、早上就想休息。 |
| 不願尋求周圍援助，想一個人完成工作。 |

## PART 4
# 近在你我身邊的
# 依賴症
## 「無法戒除」的心病

碰上討厭的事時，你會做出什麼反應呢？大肆購物、吃甜食、玩電動到深夜……每個人都會在生活中，不知不覺依賴起某樣東西。當一個人過度依賴某樣東西，嚴重到成為工作或家庭生活的阻礙，就是所謂的「依賴症」（也稱為「成癮」）。說到依賴症，可能會讓人聯想到酒精或藥物。不過，可以成為依賴對象的東西很多，依賴症也可能出現在每個人身上，因此依賴症可說是近在你我身邊的疾病。接著介紹備受大眾誤解的依賴症實際狀況。

協助
**松本俊彥** 日本國立精神·神經醫療研究中心　精神保健研究所　藥物依賴研究部　部長，藥物依賴症中心　中心主任

**鶴身孝介** 日本京都大學　醫學研究科研究所　腦病態生理學講座（精神醫學），日本京都大學醫學院附屬醫院　日間照護診療部助理教授

藥物（或處方藥）依賴症　　　購物依賴症　　　戀愛依賴症

遊戲依賴症　　　竊盜依賴症（竊盜癖）　　　工作依賴症

以上為依賴症的例子，只有部分情況被認為是疾病。不過，這些例子都有「無法停止依賴，嚴重到會影響到生活」這個共通點。

# 各式各樣的依存對象，
# 例如遊戲、購物、戀愛、網路⋯⋯

**說**到「無法停止對某項事物的依賴，嚴重到像生病一樣」，通常會聯想到酒精、香菸、毒品等刺激物。這些東西確實會讓人產生高度依賴，但即使是「不菸、不酒，也不吸毒」的人，也可能出現依賴症。

舉例來說，藥局裡販賣的感冒藥、醫院處方的助眠藥物等。成藥、處方藥都可能含有高依賴性的物質，持續服用就可能會成癮，大量服用甚至會造成生命危險。另外，咖啡等飲品內的咖啡因也是會造成依賴症的物質。這種對某類物質（藥物）產生依賴感的情形，稱做「物質依賴症」（substance dependence）。

另一方面，如果對某種「行為」產生依賴感，則稱做「行為依賴症」[※]。包括購物、上網、工作、戀愛、遊戲、飲食、賭博、竊盜、自殘等行為。日常生活中的各種行為，也都可能成為被依賴的對象。

## 對上網產生依賴感
## 的孩子們

據日本厚生勞動省2018年的調查報告，日本的國中生與高中生約有四成，即250萬人有病態的網路依賴症（internet addiction disorder，也稱網路成癮症），或幾乎算是網路依賴症。約有一半的學生表示他們因為過度使用網路導致成績下降。

但是，網路依賴症至今仍不被認為是疾病。2018年WHO所公布的國際疾病分類「ICD-11」中，並不包含網路依賴症等各種行為的依賴症。這些依賴行為至今仍沒有明確定義。

不過，將遊戲依賴症視為疾病是ICD-11的方針之一。以此為基準，如果「因為遊戲嚴重影響到個人或家庭生活」的情況超過一年，就會被診斷為遊戲依賴症。

※：行為依賴症有時會被稱做「行為成癮」，本文中一律稱為「依賴症」。

**過度依賴網路的孩子**

隨著智慧型手機的普及，有網路依賴症的人迅速增加，成為世界性的問題。其中又以孩童特別容易出現網路依賴症，同時可能因此出現成績下降或睡眠不足，容易與朋友產生衝突等不良影響。

# 「再一點點就好」。熱衷與依賴症的界線在哪裡？

**每**天長時間慢跑的人、每天打電玩打到深夜的人、不管到哪裡都在用智慧型手機的人⋯⋯每個人都經歷過沉浸在某種事物中，覺得「想再多做一些」的感覺吧。這些「無法停止的行為」在哪個範圍內算是「熱衷」，超出哪個範圍算是「依賴症」呢？

日本國立精神、神經醫療研究中心的松本俊彥博士團隊研究的是以藥物依賴為核心的依賴症。松本博士說「我們並不曉得依賴症的底線在哪裡。通常只能由相關症狀是否會嚴重影響到這個人的生活來判斷是否進行依賴症的治療」。也就是說，如果一直玩遊戲卻不工作、不去學校，或者沉溺於賭博而欠債，嚴重影響到人際關係時，很可能就是依賴症。

不過，如果是有錢人，即使因為賭博而欠債，也不會影響到人際關係，這時就不一定會被診斷為依賴症。如果懷疑自己有依賴症，還是建議到身心科就診。

## 「重要事物的排行」大幅變化

出現依賴症時，患者本人對於「重要事物的排行」會出現變化。出現依賴症之前，最重要的事依序可能是家庭、夢想、健康⋯⋯真正重要事物的排名往往比依賴對象還要高。不過一旦出現依賴症，依賴對象的排行就會升到第一名，遠遠勝過家庭與健康。

得到依賴症的人無法控制自己的依賴行為（控制障礙）。要是發現某人出現「重要事物排行」異常，而且「無法停止依賴行為」，可能就是依賴症的徵兆。

---

## 遊戲依賴的診斷基準（ICD-11）

1. 無法自我控制玩遊戲的時間與頻率。
2. 遊戲的優先度大於其他生活事務與日常活動。
3. 即使身心出現問題，仍會一直沉浸在遊戲中。
4. 遊戲對個人、家庭、學業、工作產生嚴重影響。

此狀況持續12個月以上，就會被診斷為遊戲障礙。

---

## 重要事物排名變化（遊戲依賴的情況）

**興趣階段**
· 能夠紓解壓力。
· 不會影響生活。

**有依賴症潛力**
· 大致上可以抑制自己的依賴感。
· 偶爾會影響日常生活。

**依賴症**
· 一整天都在想著遊戲。
· 浪費時間與金錢。
· 嚴重影響社會生活。

### 認為遊戲比家庭、生活還要重要

如果無法停止自己做某件事，而且嚴重影響到社會生活，就可能是依賴症。

# 「我隨時都可以戒掉」。不承認自己有依賴情形的心理狀態。

**依**賴症的定義相當曖昧,當事者依賴什麼,處於什麼樣的情況,這些都會影響到醫師的判斷。不過,不管是哪種依賴症,所有患者都有一些共同的特徵。

就是「不承認自己有依賴症,而且不想讓周圍的人知道自己依賴某種事物」。因為當事者有這樣的心理狀態,當旁人說他可能有依賴症時,當事人會回答「我才沒有依賴症」,強力否認,或回答「我確實和一般人不太一樣,但這並不嚴重」,輕視狀況的嚴重性。

依賴症患者常有這類「否認」的說法或想法。否認這點的人,通常缺乏自覺。他們會說出「我沒有依賴症,我控制得很好,再喝一杯酒也沒關係」之類的話,做出掩飾自己有依賴情況的藉口。

## 自欺欺人會讓依賴症變得更嚴重

當你發現家人或朋友可能有依賴症時,會對他說什麼呢?「你就是因為意志太薄弱才會有依賴症」、「你這樣會麻煩到別人,最好馬上戒掉」,一般人大概會這樣責備對方吧。但這樣的說法只會讓對方想否認自己有依賴症,藉由否認來逃避周圍的批評,甚至欺騙自己來保持心理穩定。

依賴症患者去醫院就診的比例非常低。原因之一就是他們會否認自己的病情,所以本人和周圍的人都沒有意識到他有依賴症。依賴症的症狀會在不知不覺中變得相當嚴重,進而演變成需要周圍人們的幫助才有辦法改善的情況。

## 酒精依賴症患者的說法

依賴症患者會否認自己有依賴症。這裡以酒精依賴症患者為例,列出各種常見的說法。這些說法都衍生自「我不承認自己有依賴症,也不想讓周圍的人知道自己在依賴某項事物」的心理。

**否認問題**

> 我沒有依賴症。

> 我只是在喝啤酒而已。啤酒不是酒。

> 我有照我自己的標準控制飲酒量。

**放棄**

> 這個社會不好混啊。就算戒酒也不會變得比較快樂。

> 我知道這對身體有害。我就是想被這些東西害死。

**輕視狀況**

> 我有想戒酒啦，
> 明天就會戒了。

> 這點程度根本不算是
> 沉溺於酒精吧。

> 雖然有時候喝得有點誇張，
> 但又沒給人添麻煩，
> 沒那麼嚴重啦。

**責任轉嫁**

> 工作需要不得不喝啊。

> 因為生存在這個社會的壓力太大，
> 才放不下酒杯啊。

## 去醫院就診的人僅為冰山一角

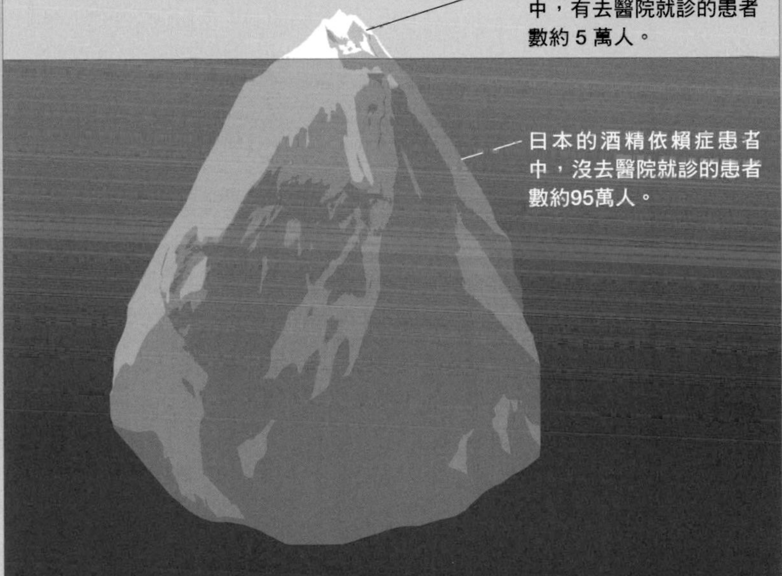

日本的酒精依賴症患者中，有去醫院就診的患者數約 5 萬人。

日本的酒精依賴症患者中，沒去醫院就診的患者數約95萬人。

根據日本厚生勞動省在2013年的調查，日本國內患有酒精依賴症的人數約為100萬人。然而，同年內有持續到醫療機構接受治療的患者只有 5 萬人。也就是說，酒精依賴症的患者中，約有95%的人沒有到醫院就診。

否認自己有酒精依賴是患者沒有就診的原因之一。如果是其他疾病，通常還在懷疑階段，就會自己去醫院了。但依賴症患者常會欺騙自己，缺乏病識感。

另外，由這項調查的結果推測，日本國內約有1000萬人有酗酒習慣，也被認是酒精依賴症的潛在患者。

# 能輕鬆獲得的
# 快樂容易引發依賴症

**依**賴症和腦部稱作「報償機制」的神經迴路有很密切的關係。報償機制是一種可以讓人感到快樂（喜悅）的神經迴路。舉例來說，努力讀書，在考試中獲得很高的分數，受到親人或朋友誇獎時，報償機制的神經元會分泌神經傳導物「多巴胺」，讓腦記住這種快樂的感覺。我們便會「學習」到讀書與快樂的連結，變得想用功讀書。

成癮性藥物會強行讓報償機制興奮，就算沒有努力也能感到快樂。我們便「學習」到藥物與快樂的連結，變得想使用更多的藥物。然而，如果反覆攝取藥物，腦部會「習慣」這種快樂，沒有這種藥物時反而會產生不快樂的感覺，導致對藥物念念不忘。

這種狀態也稱做「精神依賴」（psychological dependence，也稱為心理依賴）。像是賭博、遊戲等可以輕鬆獲得成就感（促進多巴胺分泌）的行為，經過報償機制的學習後，也可能會生精神依賴。

## 成癮性藥物都有提升
## 多巴胺的作用

會產生依賴症的藥物主要可分為兩種，分別是「中樞神經興奮劑」（central nervous system stimulants，簡稱興奮劑），譬如古柯鹼與尼古丁，以及「中樞神經抑制劑」（central nervous system depressants，簡稱抑制劑），譬如酒精與海洛因。兩種藥物分別作用在報償機制上的不

同神經細胞。中樞神經興奮劑會直接作用在可釋出多巴胺的神經細胞上，增加多巴胺與多巴胺受體結合量。中樞神經中有另一群神經細胞會抑制「可釋出多巴胺的神經細胞」，中樞神經抑制劑便是藉由「阻止」這群神經細胞產生作用，間接增加多巴胺的釋出量。

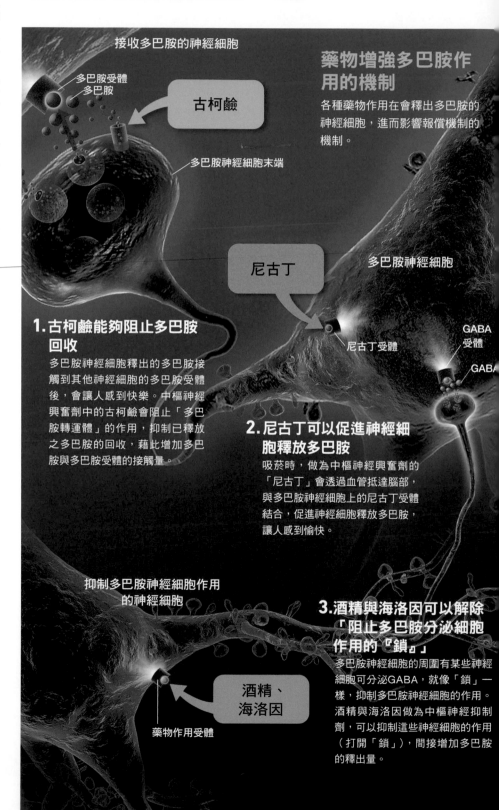

接收多巴胺的神經細胞

多巴胺受體
多巴胺

古柯鹼

多巴胺神經細胞末端

### 藥物增強多巴胺作用的機制

各種藥物作用在會釋出多巴胺的神經細胞，進而影響報償機制的機制。

尼古丁

多巴胺神經細胞

**1. 古柯鹼能夠阻止多巴胺回收**

多巴胺神經細胞釋出的多巴胺接觸到其他神經細胞的多巴胺受體後，會讓人感到快樂。中樞神經興奮劑中的古柯鹼會阻止「多巴胺轉運體」的作用，抑制已釋放之多巴胺的回收，藉此增加多巴胺與多巴胺受體的接觸量。

尼古丁受體

GABA
受體

GABA

**2. 尼古丁可以促進神經細胞釋放多巴胺**

吸菸時，做為中樞神經興奮劑的「尼古丁」會透過血管抵達腦部，與多巴胺神經細胞上的尼古丁受體結合，促進神經細胞釋放多巴胺，讓人感到愉快。

抑制多巴胺神經細胞作用的神經細胞

**3. 酒精與海洛因可以解除「阻止多巴胺分泌細胞作用的『鎖』」**

多巴胺神經細胞的周圍有某些神經細胞可分泌GABA，就像「鎖」一樣，抑制多巴胺神經細胞的作用。酒精與海洛因做為中樞神經抑制劑，可以抑制這些神經細胞的作用（打開「鎖」），間接增加多巴胺的釋出量。

酒精、
海洛因

藥物作用受體

# 腦除了賭博以外，對其他事都提不起興趣

**賭**博依賴症患者難以戒賭，進而嚴重影響到社會生活。日本厚生勞動省在2017年的調查結果顯示，日本在2016年內被認為可能有賭博依賴症的人數高達70萬人，一生中曾有一度出現賭博依賴症情形的人則高達320萬人。

任職於日本京都大學醫學院附屬醫院日間照護診療部，專門研究賭博依賴症患者腦部的鶴身孝介博士提到，賭博依賴症患者在參與沒有賭博要素的遊戲時，比較難享受到樂趣。鶴身博士設計了一個搶答遊戲，遊戲開始時，畫面上有一個符號，過一陣子之後，畫面上會出現其他符號，此時受試者必須立刻按下按鈕。受試者完成任務後可以得到分數。隨著最初符號種類的不同，受試者得到的分數也不一樣。鶴身博士想藉由這個遊戲比較健康者與賭博依賴症患者的腦部反應。

結果發現，健康者在玩遊戲時，與報償機制有關的腦部區域會活化起來。相較之下，賭博依賴症患者在該區域的反應程度比健康者還要小。鶴身博士認為，這是因為「賭博症候群患者在賭博時，腦部會出現過度反應，但在進行其他活動時，則顯得興趣缺缺」。這種「興趣窄化」的現象，也常見於其他依賴症。

## 賭博本身能讓人感到快樂

賭博依賴症患者並非在大贏的瞬間感到快樂，而是從開始賭博到結果出來之間的「等待時間」中感到快樂。也就是說，和輸贏無關，他們只是單純享受賭博這個行為。

長時間賭博對身體不至於造成太大影響，但腦部產生變化後，賭博依賴症患者光是看到賭博的廣告，就會出現想賭博的念頭。如果輸太多錢，還可能會發展成欠債、侵占、拋家棄子等情況。

## 賭博依賴症患者的腦

比較健康者與賭博依賴整患者在搶答遊戲中的腦部反應。

### 健康者的平均腦部活動狀態

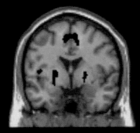
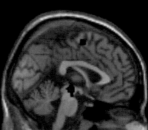
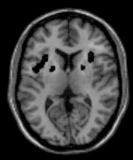

紋狀體　扣帶皮質　中腦　扣帶皮質　島葉

從前端觀看的腦　　從側面觀看的腦　　從上方觀看的腦

### 賭博依賴症患者的平均腦部活動狀態

圖像：Kosuke Tsurumi *et al.*, *Frontiers in Psychology* (2014)

### 腦部反應變化

以上是讓健康者與賭博依賴症患者遊玩沒有賭博要素的搶答遊戲時，他們的腦部血流量變化。兩組圖像分別是數十人腦部圖像的平均結果。腦部活躍的活動區域，也就是血流量增加的區域以紅色、黃色表示。健康者在紋狀體與扣帶皮質等與報償機制有關的部位顯得比較活躍，賭博依賴症患者的這些部位則相對沒有那麼活躍。研究團隊認為，這是因為賭博依賴症患者對賭博以外的事情不感興趣的關係。

# 千萬不可大意的咖啡因成癮，也有死亡案例

咖啡內的咖啡因有保持清醒的功能，卻也是一種有依賴性的藥物。適量使用咖啡因並不會造成問題，但因為法律並沒有限制使用量，因此每個人都有咖啡因依賴症的危險。

特別是近年來，越來越多孩童為了讓自己保持清醒，會選擇飲用含咖啡因的能量飲料。「咖啡因中毒」的事件也越來越多，其中甚至出現死亡的案例。

## 身體出現耐性，飲用量也逐漸提升

咖啡因有讓腦部興奮的作用，但如果長期慢性攝取，身體會產生耐性，腦部也會越來越難讓興奮。原本一罐能量飲料就能讓人保持清醒，後來卻需要喝兩、三罐才夠。

在已經養成耐性的狀態下，如果突然停止攝取咖啡因，就會出現「戒斷症狀」（withdrawal symptom）。在沒有攝取咖啡因時，會有頭痛、想睡、集中力減退、噁心等症狀。

為了緩和戒斷症狀，當事人會再度攝取咖啡因。這種對依賴物質產生耐性，或是出現戒斷症狀的狀態，稱作「生理依賴」或「身體依賴」（physical dependence）。出現生理依賴時，大多數情況下只要攝取依賴物質，或減少攝取，在幾日到幾週內就能完全治好戒斷症狀。不過，有些案例先是持續飲用大量能量飲料，後來又服用含有大量咖啡因的錠劑，使身體因為過量攝取而嚴重異常，甚至出現咖啡因中毒的情形。這樣的案例仍在逐漸增加。

並非所有藥物都會產生生理依賴。但即使沒有出現生理依賴，也可能還是會以其他依賴症的形式顯現出來，這點需要特別注意。

## 咖啡因中毒過程

咖啡因攝取過量，最終導致死亡的過程。咖啡因容許量較低的青少年請特別注意。

**剛開始飲用時**
喝下一罐能量飲料時可以明顯感受到心跳加快，祛除睡意的效果。

### 限制含咖啡因飲料販售的國家

一罐能量飲料約含有100～160mg的咖啡因（200ml的滴漏式咖啡約含有90mg的咖啡因），一顆咖啡因錠的咖啡因含量則比能量飲料更高。每個人的體質與耐受程度不同，不過一般而言，若成人在短時間內攝取200～1000mg的咖啡因，就可能會出現中毒症狀。青少年的容許量更少。

青少年的咖啡因中毒已是世界性問題。加拿大禁止販售或提供能量飲料的試用品給青少年。韓國高中以下學校禁止販售咖啡。英國也在討論是否該規定禁止商家販售咖啡給未成年顧客。台灣沒有咖啡因的相關規定，故必須自行判斷、避免咖啡因造成危害。

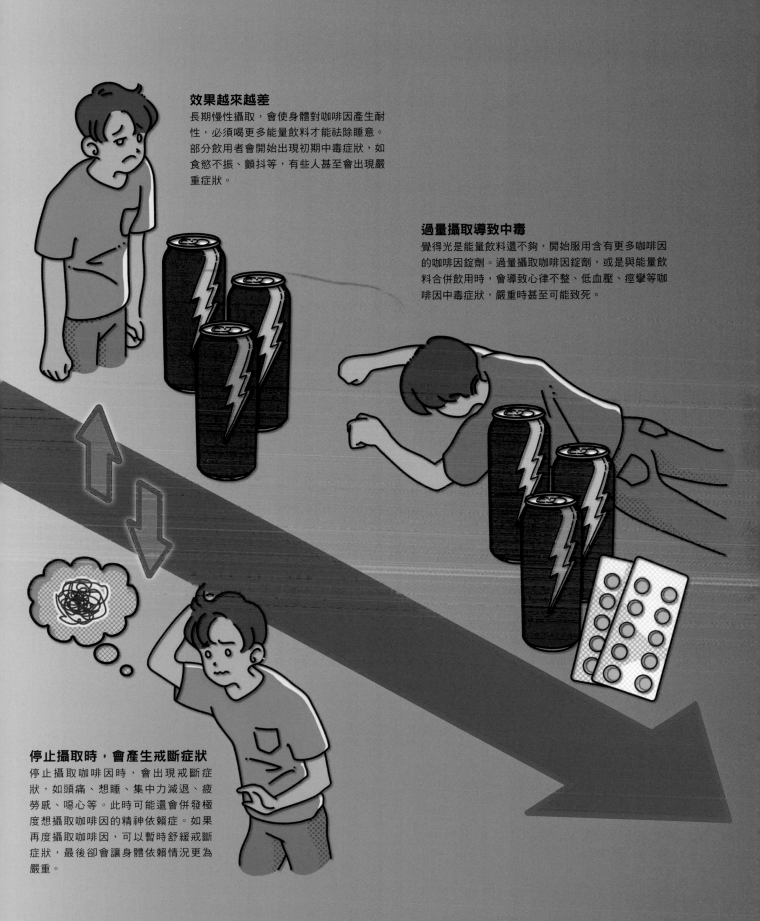

**效果越來越差**

長期慢性攝取，會使身體對咖啡因產生耐性，必須喝更多能量飲料才能祛除睡意。部分飲用者會開始出現初期中毒症狀，如食慾不振、顫抖等，有些人甚至會出現嚴重症狀。

**過量攝取導致中毒**

覺得光是能量飲料還不夠，開始服用含有更多咖啡因的咖啡因錠劑。過量攝取咖啡因錠劑，或是與能量飲料合併飲用時，會導致心律不整、低血壓、痙攣等咖啡因中毒症狀，嚴重時甚至可能致死。

**停止攝取時，會產生戒斷症狀**

停止攝取咖啡因時，會出現戒斷症狀，如頭痛、想睡、集中力減退、疲勞感、噁心等。此時可能還會併發極度想攝取咖啡因的精神依賴症。如果再度攝取咖啡因，可以暫時舒緩戒斷症狀，最後卻會讓身體依賴情況更為嚴重。

# 有些藥物可以抑制依賴症

**依**賴症患者沒辦法依照自己的意志停止對某些事物的依賴，所以不能靠「毅力」或「強烈的意志」來治療。要治好依賴症，必須求助專科醫師的治療，以及他人的支援。

治療時依賴症可能會使用某些藥物幫助患者回復正常。日本相關單位也核准了幾種酒精依賴症的藥物。

順著血液來到肝臟的酒精（乙醇）會先被分解成對身體有害的乙醛，接著再轉變成無害的乙酸。「戒酒藥」會抑制肝臟將乙醛轉變成乙酸。因此，即使飲酒量不多，在喝下解酒劑後，血液中的乙醛濃度卻會大幅上升，讓人出現噁心、頭痛等感覺，進入「宿醉狀態」。這會讓當事人對喝酒產生抗拒感，有助於減少飲酒量。

## 藥物終究只是幫助回復正常的工具

近年來，開始有藥物可以直接作用於腦部。2013年時，一款能幫助戒酒人士抑制飲酒慾望的「斷酒藥」上市。2019年3月起，一款「減酒藥」上市，能抑制飲酒慾望，讓當事者無法獲得飲酒的滿足感，藉此減少飲酒量。

減酒藥可以間接抑制接受多巴胺之神經細胞的活性，讓人即使喝了酒也沒辦法獲得滿足感。某些國家已核准某些與這種藥物有類似結構的化學物質，做為乙醇依賴症的處方藥。有研究報告指出，這些藥物也有抑制賭博、自殘行為的作用。

但就現狀而言，可以用藥物治療的依賴症仍相當有限。而且，這些藥物絕非特效藥，需要搭配專科醫師的治療使用，才能發揮效果。請一定要在醫師的指導下，適當使用。

## 戒酒藥、減酒藥

治療酒精依賴症所使用的藥物。戒酒藥作用於肝臟，斷酒藥與減酒藥則作用於腦。

### 刻意讓人進入宿醉狀態的戒酒藥

服用戒酒藥後，只要喝下少量的酒就會進入宿醉狀態。日本核准上市的藥物包括二硫龍（disulfiram，商品名disulfirm）與氰胺（cyanamide）。

少量的酒就會宿醉

### 抑制喝酒快感的斷酒藥與減酒藥

2013年上市的阿坎酸（acamprosate，商品名Regtect）是一種斷酒藥，戒酒時服用可以抑制飲酒慾望。2019年3月上市的納美芬（nalmefene，商品名Selincro）是一種減酒藥，除能抑制飲酒慾望之外，也可以減少飲酒量。

抑制想喝酒的感覺

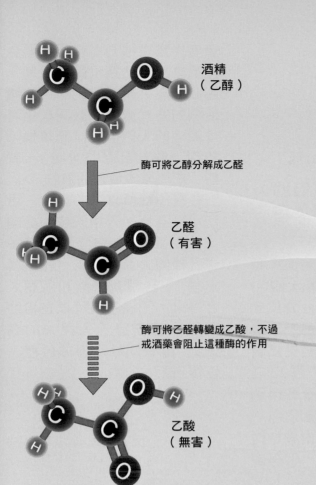

酒精
（乙醇）

酶可將乙醇分解成乙醛

乙醛
（有害）

酶可將乙醛轉變成乙酸，不過
戒酒藥會阻止這種酶的作用

乙酸
（無害）

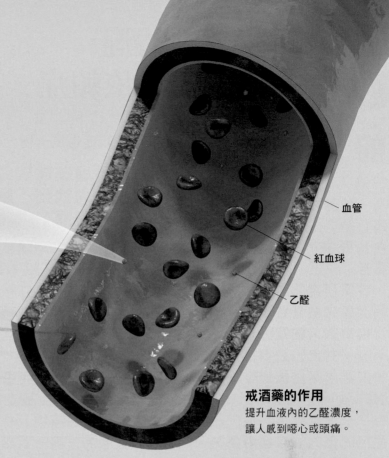

血管

紅血球

乙醛

**戒酒藥的作用**
提升血液內的乙醛濃度，
讓人感到噁心或頭痛。

**斷酒藥與減酒藥的作用**
斷酒藥與減酒藥都可以降低飲酒慾望，不
過詳細機制目前仍不清楚。一般認為，減
酒藥可以間接抑制接受多巴胺的神經細胞
活性。

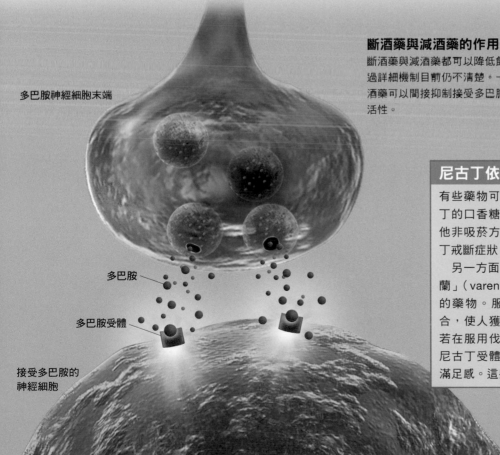

多巴胺神經細胞末端

多巴胺

多巴胺受體

接受多巴胺的
神經細胞

### 尼古丁依賴症的藥物療法

有些藥物可以幫助戒菸。過去人們會嚼含有尼古
丁的口香糖，或將尼古丁貼片貼在皮膚上，用其
他非吸菸方式攝取尼古丁，減輕戒菸所致之尼古
丁戒斷症狀。

另一方面，2008年核准於日本上市的「伐尼克
蘭」（varenicline，商品名chantix）為不含尼古丁
的藥物。服用後，伐尼克蘭能與尼古丁受體結
合，使人獲得些許快感，抑制戒斷症狀。而且，
若在服用伐尼克蘭後吸菸，已和伐尼克蘭結合的
尼古丁受體不會與尼古丁結合，減少吸菸帶來的
滿足感。這些效果皆可幫助戒菸。

# 減少孤立情況，有助於治療依賴症

**前**面提到，腦會記住快樂的感覺，進而產生依賴症。不過，現在有越來越多人認為，依賴症患者之所以會有依賴行為，並非是為了「想沉溺在快樂中」，而是想要「逃離痛苦」。

許多研究報告指出，有些依賴症患者被社會所孤立，或經常抱有很大的壓力、嚴重感到不安、對自己沒有自信，因此會去尋求某些能輕鬆獲得快樂的方法，暫時消除「痛苦」。有了一次經驗後，他們就會反覆用同種方法來逃避痛苦。所以依賴症也是一種「心病」。

## 讓患者在醫院或自助團體內找到「屬於自己的空間」

那麼，該如何讓依賴症患者恢復正常呢？松本博士說：「依賴症常發生在被社會孤立的人身上，隨著依賴症漸趨嚴重，患者也會被孤立得更加嚴重，可說是一種『孤立之病』。要讓依賴症患者恢復正常，就必須減少孤立情況。」

醫院的治療中，會由專科醫師與患者一對一對話，但有些患者光靠這種方式仍不能避免被孤立，無法讓依賴症好轉。因此，越來越多醫院改用團體治療的方式處理。讓同樣擁有依賴症的人們彼此傾聽煩惱，找到「屬於自己的空間」，就能「戒掉原本依賴的事物」。

在醫療機構以外的地方，患者可以選擇加入相同依賴症的「自助團體」，在團體內與各式各樣的人進行交流。松本博士說：「雖然未必能和所有人合得來，不過患者可以在自助團體內建立起『人與人的關係』，這有助於治療依賴症，恢復到原本的生活。」

## 自助團體可以防止患者孤立

參加自助團體的人們來自各方，以治療依賴症為目標聚在一起，彼此交流。幾乎所有自助團體都可以匿名參加。患者在這裡可以坦白自己的欲求、經驗，見到擁有共同目標的人們，找到屬於自己的空間。這些特點都有助於治療依賴症。

### 自助團體在做什麼呢？

為了讓白天工作的人也可以參加，自助團體的集會基本上都在晚上進行。沒參加過的人可以自由參加，也沒有必要說出本名。

集會上可以坦白自己的想法或經驗。初次參加集會的人如果過於緊張，也可以選擇什麼都不說。依賴症患者透過這樣的集會，完成諸如「承認自己對酒精沒有抵抗能力」等十二項課題，通過後有可能擺脫依賴症。

「可以靠意志力治好」是許多人對依賴症的誤解。本人與周圍的人需認知到「因為無法戒除，所以被稱為疾病」，並做出適當的行動，才是治好依賴症的關鍵。最後來看松本博士的Q&A傳遞正確的依賴症知識，了解如何幫助受依賴症所苦的人。

## Q. 依賴症可以完全治癒嗎？

**A.** 如果所謂的完全治癒指的是「即使看到原本依賴的事物，也完全不會想再去嘗試」，那依賴症可說是不可能治癒的疾病。即使已經戒除了很長一段時間，也有可能在某個契機之下，再次出現依賴情形。

不過，如果目標是能夠重新控制住慾望，恢復原本的生活，這個目標是很有可能達成的。依賴症雖然無法完全治癒，還是有辦法讓患者的生活恢復原狀。

## Q. 依賴症可以預防嗎？

**A.** 可惜的是，「只要這麼做，就能預防依賴症」之類的方法並不存在。之所以會產生依賴症，主要還是因為「環境」中可以輕易獲得能讓人成癮的事物。反過來看，只要注意別讓環境中出現這些東西，就可以預防依賴症了。

另一方面，每個依賴症患者的社會背景、心理背景各不相同。依賴症的人可能會因為過去經歷的事件而難以吐露真心話，難以與人相處。要消除讓他們人生過得不順的原因，並不是件容易的事。

其中不少人是因為過去曾遭受霸凌、虐待，才得到依賴症。所以減少霸凌與虐待，在一定程度上或許能預防人們得到依賴症。

## Q. 依賴症與其他疾病有什麼關聯嗎？

**A.** ADHD（注意力不足過動症）的患者被認為容易得到依賴症。另外，還有些人是因為憂鬱症、PTSD（創傷後壓力症候群）、焦慮症等精神疾病等原因。不少人就是為了緩和這些精神疾病的症狀而濫用酒精、藥物。醫療機構碰到這樣的患者時，除了治療依賴症之外，也需要同時治療這些精神疾病。

## Q. 如果懷疑家人或朋友出現依賴症，該如何與他們相處呢？

**A.** 首先，與他們相處時需保持溫和。說教、斥責會讓當事人更覺得自己被否認，產生反效果。如果讓當事人覺得自己的依賴行為很可恥，依賴症的情況只會越來越嚴重。所以不要用第二人稱的角度對他說「你應該這麼做」，而是要用第一人稱的角度對他說「我很擔心你」，才能把自己的心意傳達給對方。

依賴症患者通常「沒有可以信任、倚賴的對象」。因此，如果家人或朋友能夠持續與當事人對話，成為當事人倚賴的對象，就有機會讓病情好轉。

## Q. 覺得某人可能有依賴症時，當事人以及他的家人、朋友應該要向誰求助？

**A.** 當事人應先前往有精神科的大醫院就診，家人與朋友可一起同行。身心科會以心理療法為核心，教導患者如何改變想法與行動，讓依賴狀況好轉。有些醫院還有集體治療的療程。

如果當事人拒絕去醫院就診，醫院便無法協助。不過，日本各都道府縣都至少有一個「精神保健福祉中心」，就算當事人不在場，家人或朋友也可以前往諮詢，尋求協助。

精神保健福祉中心會教導當事人的家人或朋友如何與依賴症患者交流。在周圍的適當幫助下，可以大幅提升患者恢復的可能性。所以請不要客氣，盡量前往諮詢。當然，如果當事人願意一起前往的話更好，全日本有一半以上的精神保健福祉中心都可以提供療程。

另外，患者也可以選擇參加自助團體。酒精依賴症有「匿名戒酒會」（Alcoholics Anonymous，AA），賭博依賴症有「匿名戒賭會」（gamblers anonymous，GA），藥物依賴症有「匿名戒毒會」（narcotics anonymous，NA）。日本各地都有著不同的自助團體，分別幫助各種依賴症患者。其中也有由依賴症家屬組成的自助團體。請試著尋找附近的自助團體，和他們討論看看該怎麼做。

另外，日本民間也有一些復健機構，可以讓依賴症患者共同生活，一起復健。代表性的復健機構是以藥物依賴症患者為主要對象的「DARC」。

要選擇醫療機構、自助團體，還是民間復健機構，依患者狀況而定。同時使用多種方法，可能會有更好的恢復效果。　　🪐

# 日常生活中的腦科學

**本**章將會介紹各種日常生活中的腦科學。我們如何判斷得失或公平性？以腦神經科學或心理學的實驗方法，研究人類經濟行為，稱做「行為經濟學」。2017年的諾貝爾經濟學獎就頒給了行為經濟學獎的學者。故本章的第一個Topics便會以這門新學問為基準，說明腦在判斷得失時有哪些「偏誤」。後面兩個Topics則會來談「男性與女性的腦部結構差異」、「人類只用到10％的腦」這類常聽到的話題，驗證與腦和智力有關的各種傳言。

協助　友野典男／春野雅彦／村上宣寛／坂井克之

# 腦如何判斷得失

## 直覺是否有「偏向」?

「聽到期間限定或限時特賣就會立刻被吸引」、「明知道不會中獎,還是會買彩券」……許多人會依照自己的情緒或直覺做出決定。由這些實際的人類行為解讀經濟現象的學問,就稱做「行為經濟學」。近年來,行為經濟學也引進了腦神經科學的實驗方法,研究為什麼每個人會做出不同的判斷。接下來就一邊回答這個問題,一邊感受支配著你我腦部的「偏向」(進行選擇或決定時之傾向)吧。

協助 友野典男
日本明治大學 資訊通訊研究所 兼任講師

春野雅彥
日本資訊通信研究機構腦資訊通訊融合研究中心
研究主任

### ⟩ 益智問答的獎金要選A還是B?

※在本文中,會說明題目中每個選項所代表的意義。請先勾選自己的選擇,再繼續閱讀。

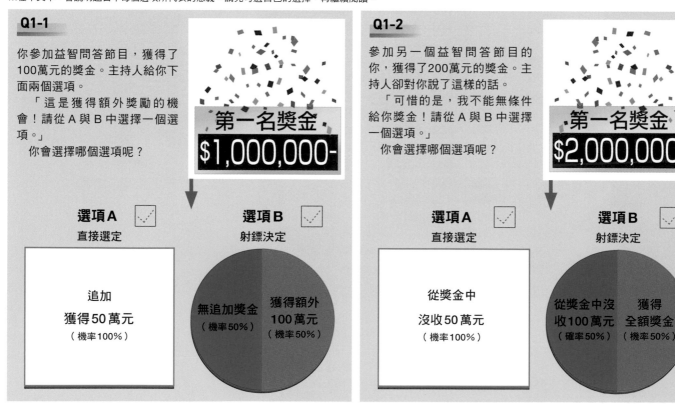

**Q1-1**

你參加益智問答節目,獲得了100萬元的獎金。主持人給你下面兩個選項。

「這是獲得額外獎勵的機會!請從A與B中選擇一個選項。」

你會選擇哪個選項呢?

**第一名獎金 $1,000,000-**

**選項A** ☑
直接選定

追加
獲得50萬元
(機率100%)

**選項B** ☑
射鏢決定

無追加獎金
(機率50%)　獲得額外100萬元
(機率50%)

**Q1-2**

參加另一個益智問答節目的你,獲得了200萬元的獎金。主持人卻對你說了這樣的話。

「可惜的是,我不能無條件給你獎金!請從A與B中選擇一個選項。」

你會選擇哪個選項呢?

**第一名獎金 $2,000,000-**

**選項A** ☑
直接選定

從獎金中
沒收50萬元
(機率100%)

**選項B** ☑
射鏢決定

從獎金中沒收100萬元
(確率50%)　獲得全額獎金
(機率50%)

**首**先，試著回答左頁下方的 **Q1-1** 與 **Q1-2**。這個問題並無正確答案，請憑直覺回答。

一般來說，在 **Q1-1** 應該會選擇 A，**Q1-2** 應該會選擇 B 吧。也就是說，在可以獲得確實金額時，會選擇能確實獲得的選項；在可能會遭遇損失時，則會寧願冒著風險，也要迴避損失（當然，也會有人選擇不同的選項）。這個問題的答案可以判斷你對得失的傾向。

在一個以25名美國研究生作為對象的實驗中，受試者需回答許多這類問題。當受試者碰上 **Q1-1** 之類的問題時，約有80～90%的機率會選 A；但碰上 **Q1-2** 之類的問題時會反過來，約有80～90%的機率選擇 B。

事實上，不管是哪個選項，計算出來的期望獎金總額（期望值）都是150萬元[1]，人們卻傾向選擇特定選項。這是為什麼呢？

請試著回答本頁右上的 **Q2**，這也與人們的得失傾向有關。由這些問題可以具體瞭解一個人對於得失的感覺。許多研究都會使用類似的形式提問。

實際得到的答案是一個分布。如果沒收金額是 1 萬元，參加賭局的條件為有機會拿到 2～3 萬元的獎金。也就是說，在一個輸贏機率都是50%的賭局中，獲勝時得到的獎金需為失敗時損失獎金的 2～3 倍，一般人才願意參加這個賭局。

這些問題都是在詢問人們面對不確定狀況，只能交給運氣決定時的判斷。在這樣的情況下，多數人會有共通的選擇「偏向」。

## 什麼是行為經濟學？

美國心理學家康納曼（Daniel Kahneman，1934～）與他的同事特沃斯基（Amos Tversky，1937～1996）長年研究人們在不確定的情況下會如何做出決定。他們於1979年時，基於客觀的實驗結果提出了「展望理論」（prospect theory）。「展望」意為期待中的滿足水準，將用次頁的兩張圖來說明。

康納曼博士的展望理論與一連串相關研究讓他獲得了2002年的諾貝爾經濟學獎。得獎理由是他用心理學的實驗方法，研究人類在經濟活動中的實際行為，將人類行為單純化，並與過去的經濟學整合。這種基於現實中的人類行動發展出來的經濟學，形成了一門更為貼近現實的經濟理論，「行為經濟學」便由此誕生。

專長為行為經濟學的日本明治大學友野典男兼任講師說道：「展望理論中，假定多數人有三個重要的共通點。分別是『人們在判斷事物價值時，不是看絕對值，而是看該事物與基準值的差異』（參考點依賴性），『比起獲利，更重視損失』

> **拋擲硬幣遊戲**
——你要賭多少呢？

**Q2**

拋擲一枚硬幣時，出現正反兩面的機率各為50%。

假設出現正面時算你輸，要沒收 1 萬元。出現背面時算你贏，可以獲得獎金。

而賭贏時的獎金金額最低要多少，你才願意參加這個賭局呢？

你的回答：＿＿＿＿＿ 元

（損失趨避性），以及『絕對值越大，對獲利的滿足度變化就越小』（靈敏度遞減性）。」且以本篇一開始的問題為例，依序說明這些性質。

## 人們往往會把「損失」看得比「獲得」嚴重

在 **Q1-1** 和 **Q1-2** 中，假設作答者一開始就獲得了一定數量的金額。這個金額便成為作答者回答問題時的判斷基準（參考點）。**Q1-1** 的選項 A 與 B 以100萬元為基準，要作答者選擇一種「獲得」情況。相對地，**Q1-2** 的選項 A 與 B 以200萬元為基準，要作答者選擇一種「損失」的情況（參考點依賴性）。

拿周圍的例子來說，看到商品的折扣價時，會以原價作為

※1：期望值是由每個「可能數值」（這裡為金額）與「該數值的機率」相乘後加總的結果。以Q1-1為例，選擇A的期望值為「100萬元＋50萬元×1＝150萬元」（這裡的1是100%的意思）；選擇B的期望值為「100萬元＋（0元×0.5＋100萬元×0.5）＝150萬元」（這裡的0.5是50%的意思）。Q1-2選擇A的期望值為「200萬元－50萬元×1＝150萬元」；選擇B的期望值為「200萬元－（100萬元×0.5＋0元×0.5）＝150萬元」。

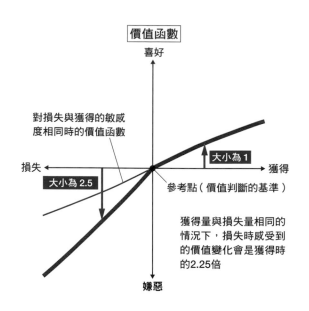

價值函數

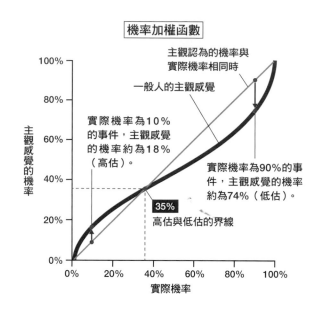

機率加權函數

提倡定量實驗的「展望理論」。左圖（價值函數）表示「發生某件事時，感覺到的價值大小」。如果對損失的敏感度與獲得相同，價值函數在損失一側就會呈現綠色細線。但實驗結果顯示，人們對損失的敏感度比獲得還要大，如圖中橘線所示。右圖（機率加權函數）為「某事件的實際發生機率」與「人對這個機率的主觀認定數值」的對應關係。兩者一致時會得到圖中細線，但實驗結果卻是途中的彎曲粗線。一般人高估較低的機率，卻會低估較高的機率。展望理論就是基於價值函數與機率加權函數，嘗試說明人類在面對不確定的未來時，為什麼會做出偏向某一邊的決定。

「參考點」。店家會讓顧客看到原價，藉此讓顧客覺得打折後很划算，進而想要購買商品。

因此同樣是50萬元的金額，我們會覺得損失50萬元時所失去的價值，比獲得50萬元時所獲得的價值還要多（損失趨避性）。因此多數人會選擇獲得確定的50萬元（**Q1-1**的A），卻會避免損失確定的50萬元（**Q1-2**的A）。康納曼博士等人提到，每個人對得失的感覺落差都不一樣，中間值大約是2.25（即損失一定金額時所失去之價值，是獲得同樣金額時所得到價值的2.25倍，如上方左圖所示）。這個數值與**Q2**所得到的答案沒有相差太多。

友野教授認為，限量商品或限時販售之所以會讓人受到吸引，是因為人們對機會有「損失趨避性」。康納曼博士在自傳中提到「在研究人類如何做決策的領域中，損失趨避的概念或許是我們最大的貢獻。」（引用自日譯版《康納曼論心理與經濟》第111頁）。

如果稍微改變**Q2**問題的條件，就可以看到展望理論的第三個特性「絕對值越大，對獲利的滿足度變化就越小」。假設在手上只有數萬元的情況下，開始玩獎金比沒收金額多的拋擲硬幣遊戲。

當持有金額很少時，會覺得一次遊戲的獎金或沒收金額都很大。但持有金額增加到數十萬元或數百萬元時，就會覺得一次遊戲的獎金或沒收金額變小了。這就像許多社會新鮮人在加薪一千元的時候，覺得自己薪水加了很多，但對於重要幹部來說，一千元的加薪就像沒有一樣。

## 為什麼會覺得自己買的彩券可能中獎呢？

你是否曾經覺得，發生機率非常低的事故或疾病，很有可能會發生在自己身上呢？展望理論指出，我們對於機率的看法可能會出現「偏向」，而這種偏向會影響判斷。

這種「偏向」會讓我們高估罕見事件發生的機率，或是低估常見事件發生的機率（如左頁

右圖所示）。康納曼博士的實驗結果顯示，高估與低估的界線約為35%，這表示我們對於發生機率為35%的事件，不太會產生判斷上的偏誤。

基於這樣的結果，一般人會將Q1-1的選項B「50%無追加獎金，50%追加獲得100萬元」中的「50%」低估成「44%」，使得選項B的期望值降低。

相對地，即使彩券中頭獎的機率不到1000萬分之1，仍然有很多人購買彩券，就是因為一般人會主觀認為中獎機率比實際機率高出許多的關係。

## 從腦科學的角度 陸續觀察到 「偏向」與個人差異

一定也有人在做前面的題目時，選擇與多數人不同吧。康納曼博士的研究中也提到，確實有許多人作出與大多數人不同的選擇。友野教授說，每個人的價值函數（左頁左圖）形狀各有不同，金額或其他條件不同時，也會影響到人們對價值的看法，但在心理學領域中，仍未充分理解為什麼會有這樣的差異。

另一方面，腦科學與神經科學中已開始研究人們做決定時，腦部會如何運作，運作方式又有什麼不同。以下介紹一篇發表在2007年美國科學期刊《Science》的研究論文。該篇論文的作者使用了能即時測定腦部活動的fMRI（功能性磁振造影）裝置，研究人員表現出展望理論中提到「損失趨避性」時的腦部活動。

研究中對16名受試學生提出許多如Q2「50%機率獲得獎金，50%機率沒收持有的錢」等問題，並以不同金額的排列組合提問，請學生們依照直覺回答是否要加入賭局，計算出每個人把「損失」看得比「獲得」嚴重多少。最後得到的中間值為1.93（討厭損失的程度是喜好獲得程度的1.93倍），與康納曼博士得到的2.25相當接近。不過，該研究得到的數值小至0.99，大至6.75，分布範圍很廣。對某些人來說，損失與獲得會造成相當程度的影響（0.99），卻也有人極端地討厭損失（6.75）。

分析fMRI測得的腦部活動結果，可以知道哪些腦部區域造成損失趨避的個人差異。其中最受人注目的是人類、猴子、老鼠等動物都有，可以讓個體依本能作出判斷，屬於「原始腦部」代表區域的「紋狀體」，以及人類腦部中特別發達，能讓人做出理性決定，屬於「新生腦部」的「前額葉」（參考以下插圖）。把損失看得比獲得更重的人，這些部位就越活躍。做決定時的偏向之所以有個人差異，就是因為每個人腦部區域的活躍程度不同。

## 改變描述方式時，選項 也會跟著改變？

人類做決策時可能會產生很多種「偏向」，難以一一介紹。比方說，請你試著憑直覺回答以上兩個問題。

Q3-1和Q3-2的B選項完全相

### ⊙ 與得失判斷有關的腦部區域

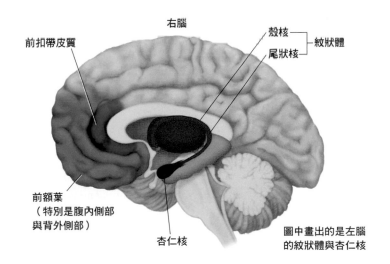

實驗結果顯示，人類基於邏輯與推論，長時間思考、判斷的部位主要為前額葉與前扣帶皮質；但基於情緒與直覺，迅速思考、判斷時，紋狀體與杏仁核常扮演重要角色。上圖畫出了這些部位的大致位置。其中，紋狀體是由殼核與尾狀核兩個部位組成。

## Q3-1

參加益智問答節目的你，獲得了50萬元的獎金。但主辦單位不打算讓你無條件帶走獎金，而是給你以下兩個選項二選一。

A：「獲得獎金中的20萬元。」

B：「跟主辦單位打賭。有40%可以帶走全額獎金，60%獎金被全額沒收。」

## Q3-2

參加益智問答節目的你，獲得了50萬元的獎金。但主辦單位不打算讓你無條件帶走獎金，而是給你以下兩個選項二選一。

A：「主辦單位沒收獎金中的30萬元。」

B：「跟主辦單位打賭。有40%可以帶走全額獎金，60%獎金被全額沒收。」

同，A選項也只是改變了描述方式而已，結果是一樣的（「50萬元中的30萬元遭沒收」與「獲得50萬元中的20萬元」，實際拿到的金額都一樣）。而且，A與B的獎金期望值也一樣[2]。即使如此，許多人還是會在 Q3-1 中選擇 A，在 Q3-2 中選擇 B。

這個問題不只可以看出人的損失趨避性，也可以看出人會被不同描述方式影響判斷（框架效應）。一項發表於2006年《Science》的研究中，也是用這種方式提問。該研究的受試者為20名大學生、研究生。研究人員問他們許多如 Q3-1、Q3-2 般的問題，將題目中的金額與打賭輸贏的機率換成許多不同的數字，並請受試者憑直覺回答。

結果，用 Q3-1 的描述方式詢問時，受試者有57%的機率會選擇 A；用 Q3-2 的描述方式詢問時，受試者有62%的機率會選擇 B，且兩者在統計上有顯著差異。也就是說，在描述問題時，是以「得」（獲得）的方式表現，還是以「失」（沒收）的方式表現，選擇傾向就會完全相反。

在這項研究中，研究人員也對受試者進行腦部活動測定。結果發現，前額葉的部分區域越活躍的人，做決定時越容易受描述的方式影響。

## 你的「公平」和我的「公平」相同嗎？

近年來，還有團隊研究人們在更為複雜的狀況下會如何做出決策。日本資訊通信研究機構腦資訊通訊融合研究中心的春野雅彥主任，研究的就是關於「不公平決策」的個人差異。

春野主任等人的實驗中，會請受試者回答如右頁 Q4 般的題目。讀者也憑直覺回答 Q4 的問題吧，你最能接受的分配方式是哪一種呢？

選項A中，自己與對方的差額最小，且總額最大，春野主任把這稱為「社會優先選項」（重視社會性）；選項B中，自己獲得的金額最大，稱為「個人優先選項」；選項C中，自己與對方的差額最大，稱為「競爭優先選項」。

春野研究團隊於2010年在英國神經科學領域期刊《Nature Neuroscience》發表的研究中，以不同金額的排列組合，出了許多類似的題目，並請64名大學生受試者回答這些問題。結果顯示，有25人從頭到尾都選擇了選項 A；14人全部都選 B；也有少數幾人全選 C。也就是說，若排除選擇沒有一致性的人，受試者中約有65%為社會優先，34%為個人優先，1%為競爭優先。

接著，研究團隊挑出社會優先與個人優先的39名受試者，給他們看三種分配情形中的某一種，請他們勾選出自己對這種分配情形的好感程度（好感程度分成四個等級），並反覆執行這個步驟。研究團隊會以fMRI裝置觀測他們的腦部活動，看這兩組人的腦部活動區域有什麼差異。春野主任說：「社會優先的人看到分配額度相差很大的分配情況時，屬於「較古老的腦」的『杏仁核』會比較活躍。相較之下，個人優先的人比較不會出現這種現象。而且杏仁核越是活躍的人，看到分配額度額度相差很大，就越厭惡這樣的分配情況。」

春野主任在2014年發表的研究結果顯示，社會優先者與個

※2：例如Q3-1之 B 的期待值就計算成「50萬×0.4＋0元×0.6＝20萬元」（0.4為40%，0.6為60%），與 A 獲得相同金額。

**Q4　分配遊戲──你能接受哪種選項呢？**

選項 A ☑　　　　選項 B ☑　　　　選項 C ☑

$100　$100　　$110　$60　　$100　$20

你　對方　　你　對方　　你　對方

假設某個第三方提供金錢，請你將這些錢和你不認識的人分。分配方式有三種，「A：使兩人獲得金額的差額最小，合計金額最大」（本例中，兩人差額為$0，合計金額為$200）、「B：使自己獲得的金額最大」（這個例子中為$110）、「C：使兩人獲得金額的差額最大」（本例中為$80）。受試者需回答一系列的類似問題。

接著，挑出一直選擇A與B的受試者，給他們看三種分配情形中的某一種，請他們勾選出自己對這種分配情形的好感程度，反覆執行這個步驟。同時研究人員會以fMRI觀測腦部活動，定位出腦部判斷公平性的位置。

會持續選擇 A 選項之「社會優先」者的fMRI圖像。在給他們看到 B 與 C 這種不公平分配情況時，「杏仁核」（圖片中的黃色區域）會活躍起來。持續選擇 B 選項的人則不會出現這種現象。

---

人優先者的杏仁核與紋狀體特定迴路活躍程度有所差異。可見我們在判斷分配情形是否公平時，直覺比理性還要重要。

### 用來判斷得失的兩個「系統」

那麼，腦究竟是用什麼方式判斷得失的呢？

多數學者認為，腦內有兩個「資訊處理系統」。其中一個系統會基於邏輯，花時間推論、進行判斷；另一個系統則會基於情緒與直覺，迅速做出判斷。前者由屬於「較新的腦」的前額葉負責，後者則由屬於「較古老的腦」的紋狀體與杏仁核來扮演重要之角色（第159頁的插圖）。

如前所述，判斷或行動會被各種情緒或直覺上的「偏向」影響。從人類演化史的角度看來，某些乍看是「非理性」的決定，也存在其「合理性」。

早期人類生活在許多無法預測的危險中。有些人認為，在這些情況下，某些看似有損失趨避性的行為，其實是利於生存的「合理」做法。

另外，早期人類的族群比現在還要小，常需要和同一群人交流，可能因此逐漸發展出了不完全以自己利益為優先的「合理」決定。春野主任的團隊認為，這或許就是社會優先者在人類族群中的比例相對高的原因。

### 將行動的「偏向」應用在實際生活上

本文提到的人類直覺「偏向」，可以應用在現實的社會制度中。其中一個例子就是個人年金，特別是美國企業年金中的「401k退休福利計畫」[※3]（401k plan）。

美國過去的退休金制度中，薪水增加時，會讓員工選擇是否要增加提撥額度。401k制度則會自動增加提撥額度。如果在加薪時也增加提撥額度，實際拿到的加薪幅度就會縮小。

以前就是因為這種「損失」的感覺，讓很多人不願意增加提撥的金額。一篇刊載於2013年3月《Science》的文章指出，新的機制讓美國整體的提撥金額每年至少增加了74億美元（約為2200億元台幣）。

友野教授說：「行為經濟學仍在發展中，我們還在試著瞭解人類直覺性的判斷與行動『偏向』從何而來。不過至少在先進國家，已有許多人懂得利用人類的這種選擇『偏向』來販賣產品。如果能多瞭解判斷或行動時的『偏向』，就更利於在現代社會中生存了。」　　🪐

※3：由員工自行決定年金提撥金額使用方式的制度，是美國企業的主要退休金制度，台灣的勞工退休金也是類似的制度。

# 與智力有關的謊言與真實

## 「年紀一到，智力就會下降？」「男女生的智力有差別嗎？」
## 用科學方式驗證人類智力

我們偶會碰到一些這樣的人，他們可能擅長心算，或是記憶力絕佳，又或是知識豐富，或能研發出新技術，他們都是「頭腦很好」的人。頭腦好壞是如何決定的呢？心理學家藉由大規模的智力測驗衡量人類的智力，接著就一一檢視智力與年齡、性別、工作能力的關係，揭開「智力」的奧祕。

協助 **村上宣寬**
日本富山大學人類發展科學系名譽教授

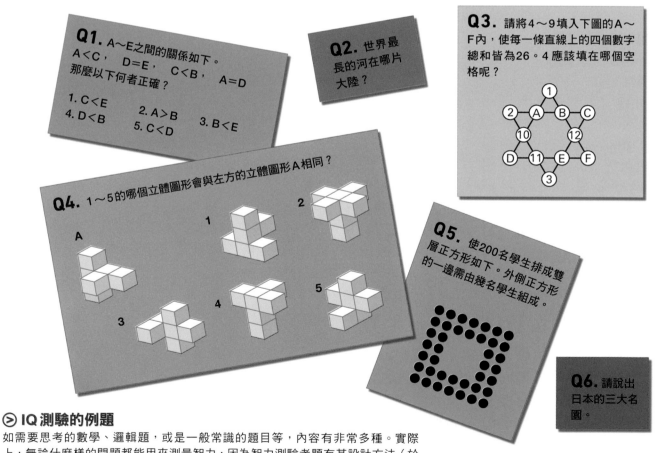

**Q1.** A～E之間的關係如下。
A＜C， D＝E， C＜B， A＝D
那麼以下何者正確？

1. C＜E　　2. A＞B　　3. B＜E
4. D＜B　　5. C＜D

**Q2.** 世界最長的河在哪片大陸？

**Q3.** 請將4～9填入下圖的A～F內，使每一條直線上的四個數字總和皆為26。4應該填在哪個空格呢？

**Q4.** 1～5的哪個立體圖形會與左方的立體圖形A相同？

**Q5.** 使200名學生排成雙層正方形如下。外側正方形的一邊需由幾名學生組成。

**Q6.** 請說出日本的三大名園。

### ⊙ IQ測驗的例題

如需要思考的數學、邏輯題，或是一般常識的題目等，內容有非常多種。實際上，無論什麼樣的問題都能用來測量智力，因為智力測驗考題有其設計方法（於第165頁解說）。Q1～Q4部分改自《公務員測驗2006年一般智力》，Q5、Q6取自《IQ的本質為何》（村上宣寬著）。

（答案：01. 4　02. 非洲大陸　03. E　04. 1　05. 27人
06. 兼六園、後樂園、偕樂園）

**題**目：114減去38是多少呢？現在的你應該覺得，和年輕時相比，得花更多時間來計算這個題目了吧。上了年紀後，計算能力會出現變化嗎？

志在科學的人多為男性，表示男女的智力有差別嗎？

世界上有些人可以解出數學難題，有些人可以發明新技術，有些人博學多聞。這些人的智力有哪些共通點？

這些問題都與人類的智力有關。心理學家們從100年前左右，就使用智力測驗等工具研究人類的智力。接著就從智力研究的立場來回答這些問題吧。

## 智力是什麼樣的能力呢？——CHC理論

| | 一般性因素（第二層） | 特殊性因素（第三層） |
|---|---|---|
| 一般智力 g（第一層） | 流體智力／推理 | 歸納性推理、推理速度等 |
| | 晶體智力／知識 | 言語能力、語彙、外語能力等 |
| | 特定領域的一般性知識 | 地理、一般性科學資訊的知識等 |
| | 視覺空間能力 | 視覺化、空間掃描、長度估算等 |
| | 聽覺處理 | 聲音辨別、對節奏的記憶與判斷等 |
| | 短期記憶 | 工作範圍、工作記憶 |
| | 長期記憶與檢索 | 聯想記憶、想法的流動性等 |
| | 認知處理速度 | 知覺、推理、讀書、筆記的速度等 |
| | 決策／反應速度 | 單純的反應時間、意義的處理速度等 |
| | 精神上的活動速度 | 手腳運動速度、筆記速度等 |
| | 關於量的知識 | 數學上的知識、數學成績 |
| | 讀寫 | 閱讀速度、對單字的認知等 |
| | 精神上的活動能力 | 手的靈巧度、控制的精確度等 |
| | 嗅覺能力 | 嗅覺記憶、嗅覺感受性 |
| | 觸覺能力 | 觸覺感受性 |
| | 運動感覺能力 | 運動感覺的感受性 |

以上取自美國卡羅爾（John Carroll，1735～1815）於1993年發表的「CHC理論」（第164頁），知識結構模型的第二層與第三層。在這個模型中，「一般智力 g」由「流體智力」、「晶體智力」、「一般性知識」等十六種一般性因子組成，這些一般性因子又是由更小的能力因子組成。CHC理論是一套相當詳細，且常被驗證的理論。

## 學者們的挑戰——如何衡量智力？

究竟智力是什麼樣的能力呢？事實上，要下定義並不容易。優秀的人通常具備「談話的思路清晰」、「知識豐富」、「腦筋動得快」等特徵，但優秀的智力需要哪些條件卻無人知曉。

學者們的意見也各不相同。人類研究智力的歷史已超過100年，對智力仍有許多不同定義。有些人會定義「智力是抽象嘗試與執行的能力」，也有人會定義「智力由抑制力、分析力、努力組成」。

人們開始研究智力時，曾以這些智力理論為基礎，設計了各種智力測驗。譬如19世紀的德國心理學家馮特（Wilhelm Wundt，1832～1920）說：「頭腦好的人，知覺較敏銳、反應也比較迅速。」他認為握力可以展現出一個人的意志力；對痛覺敏感的人，對其他事物的感受能力也一定比較好，即頭腦比較好。於是他便依此設計了「精神測驗」。

但人們發現這種方法並不好用。1901年時，美國的研究生魏克斯勒（David Wechsler，1896～1981）邀請大學生做精神測驗，卻發現精神測驗的成績與大學的成績幾乎無關。於是，精神測驗就此退出舞台。

另一方面，1905年時法國的心理學家比奈（Alfred Binet，1857～1911）、西蒙（Theodore Simon，1872～1961）用一種完全不同的方法，成功設計出了一套實用的「智力測驗」。原本目的是為了找出發展遲緩的孩子。兩人先請許多孩子解開各種題目，然後將「以五歲孩童的平均智力可以解開的問題」蒐集起來，用以衡量 5 歲孩童的智力發展程度。測驗成績並非由智力理論計算出來，而是由其他人的實際作答情況計算出來的。

比奈的測驗獲得了很大的成功，這也成為了現代智力測驗的基本原型。自此之後，人們開發出各式各樣的智力測驗，用於軍隊的徵兵考試、企業徵才考試等地方。第162頁列出的問題就是例子。

## 智力只有一種，還是有很多種呢？

曾經與精神測驗一起消失在歷史中的智力理論，隨著智力測驗的出現而繼續發展起來。

1904年，英國心理學家斯皮爾曼（Charles Spearman，1863～1945）用統計方式呈現出學生在

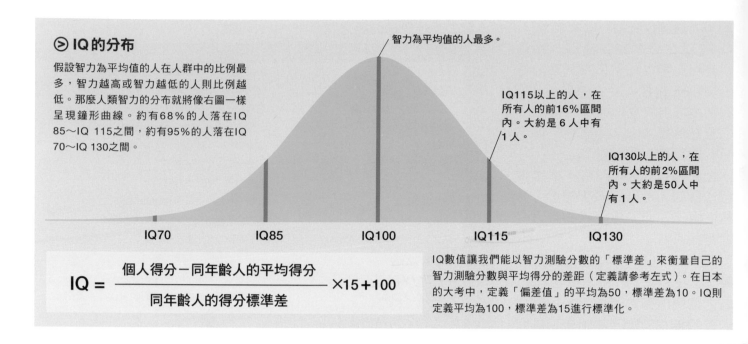

**IQ 的分布**

假設智力為平均值的人在人群中的比例最多，智力越高或智力越低的人則比例越低。那麼人類智力的分布就將像右圖一樣呈現鐘形曲線。約有68%的人落在IQ 85～IQ 115之間，約有95%的人落在IQ 70～IQ 130之間。

智力為平均值的人最多。

IQ115以上的人，在所有人的前16%區間內。大約是6人中有1人。

IQ130以上的人，在所有人的前2%區間內。大約是50人中有1人。

IQ70　　IQ85　　IQ100　　IQ115　　IQ130

$$IQ = \frac{個人得分 - 同年齡人的平均得分}{同年齡人的得分標準差} \times 15 + 100$$

IQ數值讓我們能以智力測驗分數的「標準差」來衡量自己的智力測驗分數與平均得分的差距（定義請參考左式）。在日本的大考中，定義「偏差值」的平均為50，標準差為10。IQ則定義平均為100，標準差為15進行標準化。

古典文學與英語等科目的學力彼此相關。他認為唯一的智力（一般智力 g）是存在的，且學習每個領域的知識時，都需要發揮一般智力 g，所以各科成績才會彼此相關。1938年，美國心理學家瑟斯頓（Louis Thurstone，1887～1955）以統計方式說明，一般智力包括言語理解、聯想記憶、計算能力、空間掌握等七種「智力因子」。

在這之後，許多研究團隊開始以各種與一般智力有關的因子為基礎，分析智力測驗的結果。在背後支持這些分析方法的是許多新的數學方法，以及計算能力大幅提升的電腦。1993年時，美國心理學家卡羅爾分析了400個以上的智力研究（整合分析，meta-analysis），將智力整理成三個階層，發表「CHC理論」（參考第163頁的表）。

另一方面，也有人認為「人類擁有各種獨立的能力」。1980年代的美國心理學家加德納（Howard Gardner，1943～）提出

了「多元智能理論」（theory of Multiple Intelligences）。加德納特別關注自閉症患者中，擁有非凡計算能力與樂器演奏能力的例子。在他的理論中提到，某些案例只有在某方面的能力特別厲害，所以人類的智力應可分成言語智力、音樂智力、空間智力等八種智力，分別獨立存在。不過，擁有這種特徵的人非常少，很難用科學方式檢驗。

## IQ是什麼？

智力測驗的結果可以進一步數值化，得到IQ（intelligence quotient，智商）。IQ的起源可以追溯至比奈提倡的「精神年齡」（mental age）概念，指的是這個人在智力測驗中可以回答出哪個年齡水準的問題。一開始IQ（比率IQ）的定義是「精神年齡除以實際年齡（肉體年齡），再乘上100」。如果一個5歲孩童可以回答出10歲孩童才能回答的問題，比率IQ就是200。不過，這

類問題幾乎都只適用於孩童，最多只能測到15～16歲左右。而且，隨著年齡的增加，分母（身體年齡）也會跟著增加，使IQ算出來低了許多，並不適用於成人的IQ測驗。

為了解決這些問題，後來便出現了改良後的成人IQ計算方式，就是「標準差IQ」（參考上圖），可以用來表示受測者的智力「在族群中位於前百分之多少的區域內」。舉例來說，「IQ 145」就表示受測者的智力「在族群中位於前0.1%的區域內」。「IQ130」為前2%，「IQ115」為前16%。而「IQ100」則是前50%，也就是與平均智力相同。這和日本用來表示入學難易度的「偏差值」是類似概念。

順帶一提，標準差IQ只有在45～145的範圍內有意義。145以上，或者是45以下誤差過大，幾乎沒有任何意義。研究智力測驗的日本富山大學村上宣寬名譽教授說「電視上常介紹『IQ 180』的人，他們的IQ數值恐怕是用以

前的方式測出來的。」

## 智力測驗與一般測驗的差別

現在的智力測驗如何進行？學校的考試如果要測驗應用機率的能力，題目就會是用機率才能解開的問題。那麼，如果想單純衡量「智力」，則要出什麼樣的問題呢？

事實上，並不存在能夠衡量一般智力g的問題。所以相關人士會「盡可能蒐集智力高的人才能快速解開的問題」，並以此設計智力測驗題目。這些問題的內容是什麼樣子呢？

## 智力測驗題目的設計方式

來看智力測驗題目是如何設計出來的。

首先，找一個有數千名學生的

學校，而且學校已計算出所有學生的學業成績。我們可以說，這群學生中成績排序越高的人，智力也越高。

接著，準備大量且多樣的題目，請這群學生解題，依照答題狀況為這些問題分類。比方說，有些問題每個人都解得出來，有些問題沒有人解得出來，有些問題的答題狀況與作答者的成績無關，只有特定的人回答得出來。這樣就可以知道哪些問題只有成績好的人可以迅速回答，成績差的人卻答不出來。

這些問題就是能夠辨別出成績好壞的好問題。用這些問題，就可以製作智力測驗題目。

乍看之下，智力測驗的題目中有許多問題似乎與智力沒什麼關係，但智力測驗的題目正是這樣產生的。與題目內容無關，設計題目的人會以「成績好的人能答對，成績差的人會答錯」為基準蒐集題目。

第162頁中「世界最長的河在哪個大陸？」這個問題乍看與智力沒什麼關係，卻很常出現在智力測驗中。

## 人類的智力正在急速上升中！？

世界各國的智力測驗成績有年年增加的趨勢。速度大約是每20年IQ增加15。這種現象又稱做「弗林效應」（Flynn effect），由紐西蘭的心理學家弗林（James Flynn，1934～）於1987年提出。

照理來說，人類的智力不可能在數十年內急速增加。弗林效應的原因可能是年輕世代受教育的期間相當長，許多人已習慣回答智力測驗中出現的問題，才會使分數迅速提升。過去能夠鑑別出成績好壞的題目，也變成了眾所周知的題目。於是，與當初設計題目時作為參考的人們相比，年輕一代的人們普遍能獲得更高的

### ▶ 智力測驗題目的設計及使用方式

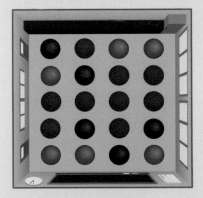

**1. 請學生回答大量問題**
找數千名已知學業成績與排名的學生，請他們回答測試用的大量問題。圖中以●表示成績好的學生、●表示成績中等的學生、●表示成績差的學生。

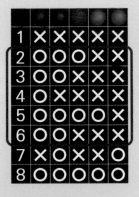

**2. 篩選出測驗用的問題**
篩選出成績好的學生多能答對，成績差的學生多會答錯的問題（橘色框框內的問題），無論這些題目的內容為何。將篩選出來的題目拿給各個年齡層的人測驗，統計出答對題數的平均值與標準差（建立各年齡的標準）。這樣便可以得到答對題數與標準化IQ值間的對應關係。

**3. 將篩選出來的題目用於智力測驗**
將1～2篩選出來的題目用於智力測驗。理論上，在智力測驗中答對越多的人，智力就越高。

## ⊘ 隨著年齡的增加，智力會如何變化呢？

除了某部分的智力，大多數的智力從20歲起就會開始下降嗎？

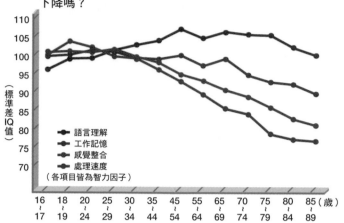

除了某部分智力，60歲前，多種智力都會緩慢上升嗎？

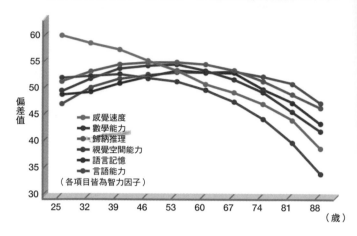

上圖是以各年紀的人為對象，進行「WAIS-III」智力測驗的結果。除了語言理解之外，20歲以後的組別中，年齡越大，各種智力的成績越低。這可能是因為越年輕，習慣考試的人越多，成績才會偏高。

在某個時間點對各年齡層的人進行智力測驗的研究，稱為「橫斷面研究」（cross-sectional study）。雖然實驗做起來比較簡單，卻沒考慮到各年代的人們有不同經驗，也就是所謂「年次效果」（或稱世代效果，cohort effect）的影響。（取自Kaufman, A.S. and Lichtenberger, E.O. 2002 Assessing adolescent and adult intelligence）

上圖是以各年紀的人為對象進行智力測驗，數年後再對同一群人進行智力測驗所得到的結果，也就是所謂的「世代研究」（cohort study），這種方式可排除弗林效應的影響。結果除了數學能力與感覺速度外，各種智力在60歲以前都會緩慢上升，之後則緩慢下降。感覺速度則是從年輕時便開始逐年下降。這個結果與左圖「除語言理解外，多數種類的智力都會逐年下降」的結果顯然有所差異。

世代研究會讓某個年紀的族群在每隔數年做一次智力測驗，是一種「縱貫研究」（longitudinal research）。這種方法與前述的橫斷面研究（在某個時間點對不同年紀的人進行智力測驗）組合使用，便可將世代效果與年齡效果分離開來。（取自Schaie, K. W. 1994 The course of adult intellectual Development.）

---

分數。這就是為什麼原本應該很難看到的「IQ 145天才」越來越常見。

不過，情況也可能剛好相反，隨著教育內容的改變，有些題目反而變得沒人解得出來，於是得到整體智力下降的結果，也就是所謂的「反弗林效應」。

如果想防止弗林效應影響測驗結果，該怎麼做才好？「一套智力測驗題目設計好之後，隨著時間的經過，弗林效應會越來越強。為了防止弗林效應影響測驗結果，智力測驗題目必須定期更新。」（村上名譽教授）

---

### A國的IQ為115，B國的IQ卻只有100？

接受智力測驗後，理論上可以知道「自己的智力大約贏過世界上多少百分比的人」。但現實中每個國家的智力測驗題目都不一樣，所以做一份智力測驗最多也只能知道「自己的智力大約贏過國內多少百分比的人」而已。

為什麼各國智力測驗會用不同的題目呢？以日本為例，日本的智力測驗在篩選題目時，會參考日本民族的作答情形，因此題目中會有許多「請說出日本的三大名園」這種與日本文化有關的題目。同樣地，各國的題目也都有

---

自己的特徵。

這表示，在國外長大的人接受智力測驗時，會測出比較低的IQ。在A國長大的人，做A國的智力測驗時，可能得到IQ115的結果；做B國的智力測驗時，卻可能會得到IQ100的結果。對於在A國出生、長大的人來說，做A國的智力測驗比較能測出真正的IQ。

---

### 智力會隨著年齡改變嗎？

從智力測驗的結果，來看年齡與智力的關係。左上圖為各年紀的族群接受智力測驗（WAIS-III）得到的結果。結果顯示，除

了語言理解之外，多數種類的智力在20歲以後就會逐漸下滑。

不過，在弗林效應之下，接受長期教育的年輕世代會獲得較高的分數。不同世代的團體之所以在智力測驗中得到不同的分數，有可能不是因為智力的落差，而是教育經驗的不同，才會出現年紀越大，成績越差的結果。

如果要降低弗林效應的影響，最理想的做法是讓同一群人每隔數年接受一次智力測驗。左頁的右圖中，就是用所謂的「世代研究」方法得到的智力與年齡關係圖。由這個調查可以知道，人們在50～60歲之前，「歸納推理」、「語言能力」、「語言記憶」、「視覺空間能力」等智力都會持續上升，在這之後才會逐漸下滑。只有「感覺速度」從20多歲以後一路下滑。

消除弗林效應之後，年齡與智力的關係變如右圖所示。由此看來，60歲以前，各種智力都傾向逐漸上升。不過，這並不代表「所有人的智力發展都會經歷一樣的過程」。

## 智力有
## 男女差異嗎？

擅長數學的人多為男性。事實上，智力測驗結果也顯示男女擅長的能力各有不同。男性在計算與空間掌握能力方面較為優秀，女性則較擅長和語言有關的能力（參考右上圖）。

請你試著回想一下，周圍的每個人都是這樣嗎？恐怕並非如此吧。事實上，有許多男性並不擅長數學，也有許多女性不擅長語言。比起男女族群各自平均值的

### 男女的擅長領域相同嗎？

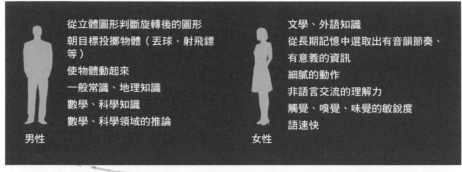

| 男性 | 女性 |
| --- | --- |
| 從立體圖形判斷旋轉後的圖形<br>朝目標投擲物體（丟球、射飛鏢等）<br>使物體動起來<br>一般常識、地理知識<br>數學、科學知識<br>數學、科學領域的推論 | 文學、外語知識<br>從長期記憶中選取出有音韻節奏、有意義的資訊<br>細膩的動作<br>非語言交流的理解力<br>觸覺、嗅覺、味覺的敏銳度<br>語速快 |

比較男性族群與女性族群的成績，可知男女擅長的領域並不相同。不過，這畢竟只是比較「族群」的結果。族群內不同個體的能力落差相當大，所以擅長語言的男性，以及擅長計算的女性並不少見。

差異，其實個人之間的差異還比較大。

男女的一般智力有差異嗎？由過去的大規模調查顯示，男性IQ的平均值確實稍微高了一些。但村上名譽教授說：「其實兩性的IQ差異很小。男女擅長的項目並不一樣，當智力測驗的題目組成不同時，常會反轉這個差異。」

IQ非常高的人常是男性。由此可以看出，男性族群的IQ分散程度比較大。

## 工作能力與智力
## 有關係嗎？

企業徵才時，有時會用到智力測驗。企業為了在短時間內找出優秀的人才，會用智力測驗作為徵才工具。那麼，智力測驗可以用來預測工作能力嗎？

1998年時，美國的心理學家施密特（Frank Schmidt，1944～）與杭特（John Hunter，1939～2002）整理了過去85年間的研究，分析了3萬人以上的資料（整合分析），發現智力測驗的預測力※高達0.51。除此之外，實際讓應徵者做做看（0.54）、工作知識測

驗（0.48）、朋友的評價（0.49）等因子也有很高的預測力。另一方面，工作經歷年數的預測力則是0.18，幾乎沒甚麼預測力。而海爾森（Ravenna Helson，1925～）等人於1999年發表的研究中指出，工作成功機率較高的人，常是「外向、知識豐富、情緒穩定、非協調性的人」，這樣的結果稍微有些讓人意外。

與工作成績有關的因子中，某些因子無法用智力測驗來衡量。「比方說，工作成績優秀的人，大多努力了好幾年，才有這樣的成果。短時間的智力測驗，恐怕沒辦法測出他的毅力」（村上名譽教授）。

就像「有志者事竟成」這句話說的一樣。智力並不會決定一切事物的結果。

※：預測力是一個從-1到1的數值，可以用來表示考試成績與工作能力的相關程度。如果一項測驗的預測力為1，表示測驗成績越好時，工作能力也越好。如果測驗的預測力為0，表示測驗成績與工作能力無關。如果測驗的預測力為-1，測驗成績越差，工作能力就越好（負相關）。

# 不要被腦的「迷思」騙了！

**坊間有許多和腦相關的「傳言」。這些傳言有科學根據嗎？**

「人只用了整個腦的10％」、「『活化』你的腦，好好鍛練它吧」、「吃魚可以讓頭腦變好」。坊間流傳著許多與腦相關的傳言。其中也包括了科學證據薄弱的傳言，稱做「神經迷思」（neuromyth）。如何看出這些傳言在科學上是否正確，首先該做的事是取得與腦部有關的正確知識。

協助｜**坂井克之**
日本代代木站前坂井診所院長

**不**少人聽過與腦有關的「傳言」吧。譬如「人只用到整個腦的10％」、「右腦型人類比較重藝術，左腦型人類比較重邏輯」等。另外，坊間也有許多號稱「對腦很好」的益智遊戲或營養品。想必也有不少人對這些說法與商品抱持著疑問，懷疑它們沒有科學根據。

與腦有關的各種傳言又稱為「神經迷思」（neuromyth）。近幾年來，隨著神經迷思越來越廣為流傳，相關的學會也做出了表態。2010年1月，「日本神經科學會」發表了一篇聲明，要求研究者在發表研究成果時須特別注意，「避免傳播與腦有關的不正確資訊，或過度解釋腦的功能，以免形成新的神經迷思」。

另外，以提升各國經濟活動與生活水準為目的，在世界各地活動的機構「OECD」（經濟合作暨發展組織）在2007年時發表了《理解什麼是腦：教育科學的誕生》這本報告書。報告書中有一章是「dispelling「neuromyths」」（一掃「神經迷思」），警示了神經迷思流傳開來的風險。

坊間有著各式各樣的傳言，但我們不是專家，很難判斷這些傳言在科學上的正確性。不過，只要具有腦部結構或運作模式的基礎知識，就不至於產生太大的誤解。

接下來將以各式各樣的神經迷思為題材，確認其可信度與問題點，並介紹如何從科學角度思考腦的相關知識。

## 人只用了腦的10％嗎？

首先要介紹的是在世界各地廣為流傳的傳言「人只用了腦的10％」（ten percent of the brain myth）。日本代代木站前坂井診所的坂井克之院長，使用腦部影像研究人類的行動與思考模式，近年來也針對腦科學熱潮所產生的問題著書說明，他說：「確實，腦內的每個細胞並非無時不刻都在活動。

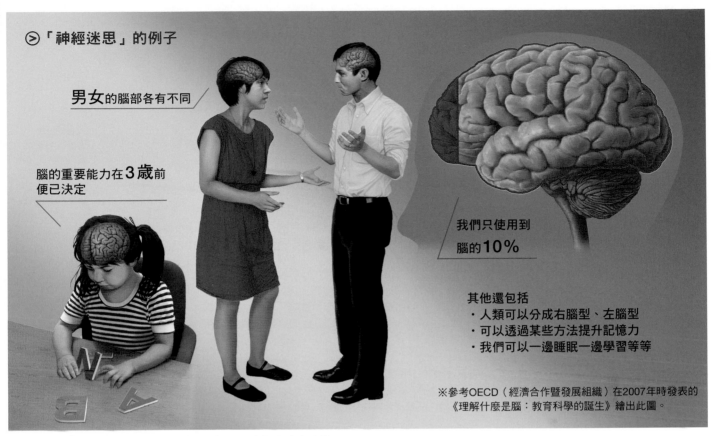

「神經迷思」的例子

**男女**的腦部各有不同

腦的重要能力在**3歲**前便已決定

我們只使用到腦的**10%**

其他還包括
・人類可以分成右腦型、左腦型
・可以透過某些方法提升記憶力
・我們可以一邊睡眠一邊學習等等

※參考OECD（經濟合作暨發展組織）在2007年時發表的《理解什麼是腦：教育科學的誕生》繪出此圖。

與腦有關的「神經迷思」例子。這類神經迷思在世界上廣為流傳。

但是，活動中的神經細胞並非10%，這個數字沒有根據。而且，腦內的神經細胞為了要將訊號傳給其它細胞，必定會與某處的神經細胞相連，所有的神經細胞其實都會被用到。」

腦內約有1000億個以上的「神經細胞」（神經元）彼此相連，構成了一個相當複雜的網路。這個網路中某些特定細胞會將訊號傳送到身體各處，讓手腳動起來，說出話來。一個神經細胞必定會和數千個，甚至數萬個神經細胞相連。

坂井院長指出，「大腦皮質」內多個區域的神經細胞在身體安靜時反而會更為活躍。大腦皮質覆蓋著整個腦部，表面布滿皺紋，負責處理感覺資訊、控制動作，讓我們說得出話，記得住事物，與許多只有人類做得到的複雜功能有關。安靜狀態下的神經細胞活動，可以說是基本的必要活動，也稱做「預設模式網路」（default mode network）。腦部消耗的能量中，有一半以上是由這些活動消耗掉的。

腦只有在必要時會讓必要的神經細胞活動。「要是所有腦神經細胞都開始活動，反而什麼事都不能做。」（坂井院長）腦的運作機制並不是「一次動到越多神經細胞，就越能夠發揮出能力」。

## 鍛鍊腦部，雖然鍛鍊到的功能會變強……

接著來看「腦部鍛鍊」的傳言吧。據說只要讓一個人反覆進行簡單計算，或者是玩某些益智遊戲，就可以鍛鍊腦部，增強資訊處理能力與記憶力，一次提升多種腦部功能。

2010年6月10日出刊的英國科學雜誌《Nature》有一篇論文就是在驗證「腦部鍛鍊」的效果。英國研究團隊的實驗內容如下。

研究人員將超過一萬名受測者分成三組。第一組進行推理能力與提案能力的「腦部鍛

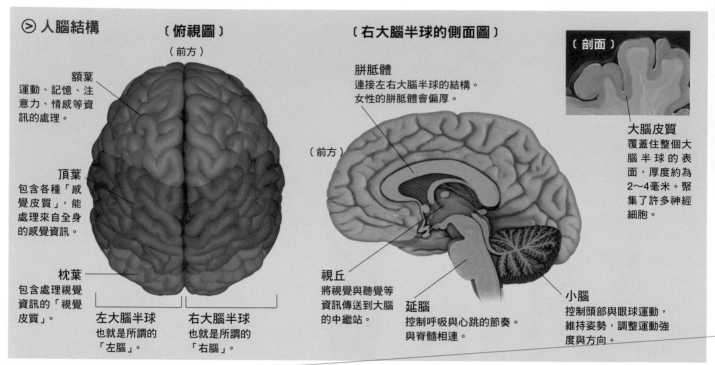

**人腦結構**

〔俯視圖〕
（前方）

**額葉**
運動、記憶、注意力、情感等資訊的處理。

**頂葉**
包含各種「感覺皮質」，能處理來自全身的感覺資訊。

**枕葉**
包含處理視覺資訊的「視覺皮質」。

**左大腦半球**
也就是所謂的「左腦」。

**右大腦半球**
也就是所謂的「右腦」。

〔右大腦半球的側面圖〕

**胼胝體**
連接左右大腦半球的結構。女性的胼胝體會偏厚。

（前方）

**視丘**
將視覺與聽覺等資訊傳送到大腦的中繼站。

**延腦**
控制呼吸與心跳的節奏。與脊髓相連。

**小腦**
控制頭部與眼球運動，維持姿勢，調整運動強度與方向。

〔剖面〕

**大腦皮質**
覆蓋住整個大腦半球的表面，厚度約為2～4毫米。聚集了許多神經細胞。

人腦結構示意圖。左圖是從腦的上方俯瞰的樣子。俗稱的「右腦、左腦」，正確稱呼應為「右大腦半球、左大腦半球」。兩者中間的大溝槽分開了左右兩個大腦半球。大腦的額葉、頂葉、枕葉等區域，在圖中以顏色區分。右圖是將腦分成左右兩邊後，右大腦半球的橫剖面。圖中可以看到連接左右兩個大腦半球的胼胝體結構。右上方的小圖是大腦半球表面部分的剖面。一般而言，腦的重量約為1200～1500公克，約占體重的2～3%，消耗的熱量卻接近全身的20%。

鍊」，第二組進行記憶力與注意力的「腦部鍛鍊」，第三組則是對照組，僅進行與腦部鍛鍊無關的簡單問答。每一種訓練都在電腦上進行，每週有3天都練習10分鐘以上，共進行六週。

每一組在反覆鍛鍊後，受鍛鍊的項目都能在測驗拿到很好的分數。但即使有些項目在腦科學中常被視為有密切相關，卻沒被直接鍛鍊到的部分，分數沒有明顯變化。一言以蔽之，腦部鍛鍊「沒有效果」。

為免造成誤解，需要補充一下。在這個實驗所採用的訓練方法與評分方法下，沒辦法確認腦部鍛鍊的效果，但這並不表示科學上可以完全否定腦部鍛鍊的效果。

## 不能用鍛鍊肌肉的方式鍛鍊腦

坂井院長說：「Nature期刊論文的結論十分合理。」一般的腦部鍛鍊通常是簡單的計算或益智遊戲，某些理論認為，這樣的活動可以「活化」額葉等特定部位，進而鍛鍊腦部，提升腦部功能。但他認為這樣的想法有幾個問題。

首先，「沒有證據能證明越是使用腦的某個區域，越能使該區域的腦部功能提升。」舉例來說，進行簡單計算時會用到額葉。額葉位於大腦皮質的前方，可以整合來自腦部其他部分的資訊、進行判斷、做出指

示。額葉與注意力與記憶力有關，功能很廣。

藉由計算數學題目促進額葉活動，鍛鍊額葉，能提升額葉的各種功能……。「有些人想讓腦的同一個部位反覆進行同樣的活動，用重訓練肌肉的方式鍛鍊腦部，藉此提升腦的功能。但這只是一廂情願，目前沒有證據能證實這種方式有效。腦在執行不同功能時，活動的神經元很可能是同一批。舉例來說，吃冰淇淋也會活化額葉的某個區域，卻不會有人認為只要吃冰淇淋『活化』額葉，就可以讓額葉的功能提升。」（坂井院長）

還有一個問題，就是「反覆解決同樣的問題時，腦的活躍

區域會逐漸改變位置。」（坂井院長）在重複相同動作多次時，腦就會減少多餘的活動，活動量與區域也會出現改變。剛開始做益智問答，以及連續做了好幾週同樣的題目時，腦部活動的細胞未必屬於同一區域。

## 腦部活動量越大，一定就越好嗎？

在確認腦部是否活動時，也要特別注意，一般會使用「fMRI」來觀察腦部活動。這種方法可以看到受測者在進行某項課題時，腦部特定區域的血流量變化（＝神經細胞的活動量變化）。

為了排除觀測時的誤差，以及與課題無關的腦部活動，只有活動在某個基準以上的區域會被視為「正在活動」。不過，fMRI只能捕捉到受測者腦部在進行某項課題時的「相對變化」。並沒有一個「絕對」的基準能判斷腦部是否在活動。如果判斷的基準太低，血流量稍有變化，就會被fMRI判定為「有在活動」。

腦部活動本身並沒有好或壞的差別。「認為腦的特定部位有在活動，或是活動區域增加就是「好」的人，只是一廂情願。」（坂井院長）至少就目前而言，「多做一點腦部鍛鍊，可以提升額葉功能」的想法並不符合現實。

## 「右腦型人類」比較有藝術氣質？

接著來看「右腦」與「左腦」的傳言。有不少人說「常用右腦的人比較有藝術氣質，常用左腦的人比較重邏輯。」這樣的說法是正確的嗎？

首先，大腦左右半球處理各種工作的機制確實存在差異。判斷物體位置、空間的時候，「右大腦半球」（右腦）會處於優勢，也就是說這時候右大腦半球的活動量會比「左大腦半球」（左腦）還要大。另一方面，處理語言的時候，多是左大腦半球處於優勢。右腦重藝術，左腦重邏輯的想法便由此而生。

不過，「只因為執行某特定功能時，左右大腦的活動量不同，就判斷一邊重視藝術，另一邊重視邏輯，這樣的連結實在過於簡單。雖然左腦或右腦處於優勢的狀況不同，但實際上仍會協力作業。科學上並不會把人分成右腦型和左腦型。」

### ⊙ 稍加改變判斷基準，就會讓腦部活動區域擴大？

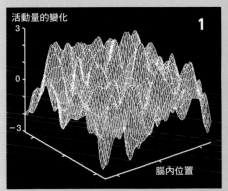
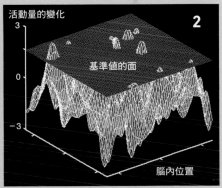

活動量的變化　1　腦內位置

活動量的變化　2　基準值的面　腦內位置

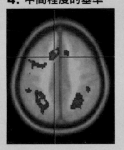
**3. 嚴格的基準**

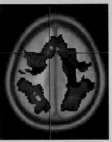
**4. 中間程度的基準**

**5. 寬鬆的基準**

fMRI測得的腦部活動變化是相對數值。舉例來說，受測者執行某項課題時的腦部活動強度（A），減去沒有執行課題時的腦部活動強度（B），就是fMRI觀測受測者執行某項課題時的腦部活動變化（A-B）。

圖1就是用這種「減法」計算出來的腦部活動變化，可以看出不同區域的活動變化量（＝山峰的高度）是多少。圖2則加上了「基準」，以排除與課題無關的腦部活動與誤差，只顯示出比基準更高的部分。圖3～5則是不同基準下的腦部活動。由此可以看出，基準越高，被判定為在活動的腦部區域也越少。使用較低的基準時，看到的腦部活動範圍也會比較廣。

（坂井院長）

執行不同功能時，處於活動優勢的腦部區域也不一樣，這些區域稱為腦的「功能定位」。研究人員藉由因疾病或事故造成腦部特定部位缺損的患者症狀，可以推測各個部位分別對應的功能。目前已經知道聽覺、視覺、運動、記憶等各種功能的主要負責區域。

不過，關於特定區域負責特定功能的對應關係，至今仍有很多疑問。「fMRI只能『定位』出活動量超過基準活動量的區域。這個區域的神經細胞仍然必須與其他區域的神經細胞交換訊息，才能發揮功能。功能定位得到的區域，並不表示這個區域可以獨立進行該特定功能。」（坂井院長）

## 男人不聽人說話，女人看不懂地圖？

關於男女腦部差異有許多傳言。譬如男女腦部形狀與性質不同，所以男性的空間認知能力比較強，女性的言語認知能力比較高等等。

「男女的腦部形狀基本上是一樣的。由統計的資料看來，女性連接左右腦的『胼胝體』比較厚，男性的大腦則稍微比女性大了一些。不過，比起男女之間的統計差異，個人差異明顯還比較大。」（坂井院長）如果想用腦部形狀來說明男女的能力與氣質差異，目前的資料仍不夠完全。

另外，關於腦的形狀與功能也有許多傳言，譬如「腦的體積越大，或皺褶越多，智力就越高」即為知名傳言。在檢視了許多腦部標本之後，學者們發現腦的大小確實與額葉體積及智力有正相關。但這個相關性並沒有強到可以單由個人的腦部大小推測他的智力高低。

## 「3歲」前就決定了「一輩子」？

幼兒教育中有一個傳言是「腦的重要能力會在3歲前全部發展完成」。這是因為稱為「關鍵期」或「臨界期」的這段期間，腦部容易因為外界刺激出現變化的緣故。

某些動物實驗確實證實了關鍵期的存在。如果貓在一隻眼睛被遮住的狀態下度過幼年期，長為成貓後被遮住的眼睛也不會恢復視力。在出生後三～四週遮住貓的眼睛時，這種現象最為明顯。如果在出生後十五週之後才遮住眼睛，就沒有這種效果。也就是說在一

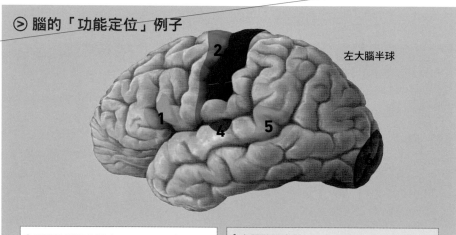

### 腦的「功能定位」例子

左大腦半球

**1 運動性語言皮質（Broca's area）**
又稱為布洛卡區，是發出語言的重要部位。若有損傷就無法說話（但仍具有理解語言的能力），即所謂的「運動性失語症」。基本上位於左半球（但仍有少數位於右半球或分布於兩半球者）。

**2 主要運動皮質**
與運動功能有關的重要部位。損傷時會手腳無力或癱瘓的症狀。右半球也有這個區域。

**3 主要體感覺皮質**
處理全身皮膚、關節、肌肉等資訊的部位。損傷時會出現觸覺障礙等等。右半球也有這個區域。

**4 主要聽覺皮質**
處理聽覺資訊的部位，也存在於右半球。主要接收來自另一邊耳朵的資訊，但也會接受同一邊耳朵的資訊。

**5 感覺性語言皮質（Wernicke's area）**
又稱為韋尼克區，是理解語言意義的重要部位。損傷時會無法理解語言的意義。因此雖能說話，但只能說出沒有意義的內容，即所謂的「感覺性失語症」。大部分位於左半球。

**6 主要視覺皮質**
處理視覺資訊的部位，也存在於右半球。左／右半球的主要視覺皮質，分別處理來自右／左視野的視覺資訊。

大腦皮質各個區域主要負責的功能，稱為大腦的「功能定位」。上圖只顯示出左大腦半球的功能定位，有些功能區域僅存在於左／右大腦半球。舉例來說，大多數人的語言皮質主要位於左大腦半球。但如果將左右腦的活動量差異直接連結到個人能力與氣質差異，判斷右腦重視藝術，左腦重視邏輯，就是過度解讀。不過，左腦負責右半身的感覺與運動，右腦則負責左半身的說法是正確的。

定期間內，腦的視覺處理功能就已經建立好了。同樣的現象也發生在猴子和人類身上。

坂井院長針對人類的關鍵期說明如下：「視覺和語言等部分功能，顯示出人的成長也有關鍵期。不過，這段期間未必會在在3歲就結束，結束方式也各不相同。目前我們並不清楚腦的其他功能是否也有關鍵期。」

有研究報告指出，人類語言等功能的關鍵期會持續到10歲以後。看來，應該是這些動物實驗結果，以及人類部分功能關鍵期的相關研究資料被人過度解釋，才會出現「『3歲』時腦部就已發育完成」的傳言。

## 吃魚會讓頭腦變好嗎？

最後，就來看傳說中「對腦有效」的營養素吧。最知名的就是魚類富含的脂肪酸「DHA」（二十二碳六烯酸），以及胺基酸「GABA」（$\gamma$-胺基丁酸）。

DHA是組成細胞膜的物質之一，人腦就含有很多DHA。不過，「目前還沒有科學證據證實DHA可以讓人頭腦變好。」（坂井院長）

GABA是神經細胞使用的其中一種神經傳導物。兩個神經細胞的連接處，有著數奈米（1奈米為10億分之1公尺）的間隙。神經細胞的末端將GABA釋出到間隙時，可以抑制另一個神經細胞的活動，因此一般人對GABA會有「鎮靜神經」、「減

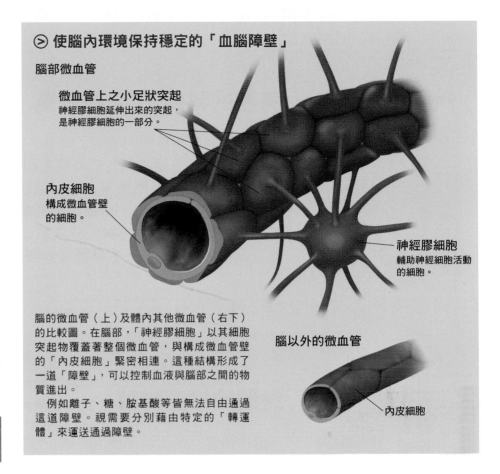

### ▷ 使腦內環境保持穩定的「血腦障壁」

腦部微血管

微血管上之小足狀突起
神經膠細胞延伸出來的突起，是神經膠細胞的一部分。

內皮細胞
構成微血管壁的細胞。

神經膠細胞
輔助神經細胞活動的細胞。

腦的微血管（上）及體內其他微血管（右下）的比較圖。在腦部，「神經膠細胞」以其細胞突起物覆蓋著整個微血管，與構成微血管壁的「內皮細胞」緊密相連。這種結構形成了一道「障壁」，可以控制血液與腦部之間的物質進出。

例如離子、糖、胺基酸等皆無法自由通過這道障壁。視需要分別藉由特定的「轉運體」來運送通過障壁。

腦以外的微血管

內皮細胞

輕壓力」的印象。不過坂井院長說：「目前仍無科學證據證實口服的GABA可以抵達腦部發揮作用，也無法證明GABA即使不抵達腦部也能減輕壓力。」

一般來說，從嘴巴攝取的物質要抵達腦部並沒有那麼簡單。因為腦部微血管有一種其他微血管所沒有的「血腦障壁」，可以限制物質出入腦部。

如同前面提到的GABA，神經細胞會將甘胺酸等化學物質釋放到兩個神經細胞的連接處，藉此傳遞神經訊息。要是這個區域有血液流過，且血中之化學物質可任意進出腦部，就會讓資訊傳達陷入混亂。血腦障壁的功能就是要避免這種情況

發生。

坂井院長對許多坊間的傳言做了以下評論：「腦科學研究的是難以具體數值化的『能力』與『感情』。因此，很難做出明確結論，這也導致許多人容易過度解釋實驗數據，產生跳躍性的思維。」

今後要是看到「根據腦科學研究」之類的描述，請先冷靜下來思考這段描述的可信度，才是恰當的做法。　🪐

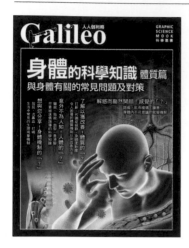

人人伽利略 科學叢書 07

## 身體的科學知識 體質篇

與身體有關的
常見問題及對策　　售價：400元

　究竟您對自己身體的機制了解多少呢？

　本書嚴選了生活中與我們身體有關的50個有趣「問題」，如路癡、耳鳴、鬼壓床、自然捲等，並對這些機制和對應方法加以解說。只要了解這些對應方法，相信大家更能與自己的身體好好相處。不只如此，還能擁有許多可與人分享的「小知識」，破除迷思。希望您在享受閱讀本書的同時，也能獲得有關正確的人體知識。

人人伽利略 科學叢書 08

## 身體的檢查數值

詳細了解健康檢查的
數值意義與疾病訊號　　售價：400元

　健康檢查不僅能及早發現疾病，也是矯正我們生活習慣的契機，對每個人來說都非常重要。

　本書除了帶大家解讀健康檢查結果，了解WBC、RBC、PLT等數值的涵義，還將檢查報告中出現紅字的項目，羅列醫生的忠告與建議，可借機認識多種疾病的成因與預防方法，希望可以對各位讀者的健康有幫助。

人人伽利略 科學叢書 14

## 飲食與營養科學百科

人體的吸收機制和11種症狀
的飲食方法　　售價：350元

　「這樣吃真的健康嗎？」「網路資訊可信嗎？」本書內容涵蓋生理學、營養學和家庭醫學，帶您循序漸進，破除常見的健康迷思，學習營養素的種類、缺乏時會造成的症狀、時下流行的飲食法分析，以及常見疾病適合的飲食方式等等。無論是對消化機制有興趣、注重健康，或是想瘦身的讀者都能提供幫助！想過健康的生活，正確飲食絕對是必要的。本書教你如何吃才「正確」，零基礎也能快速理解！

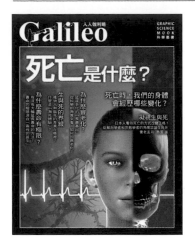

人人伽利略 科學叢書 16

## 死亡是什麼？
死亡時，我們的身體
會經歷哪些變化？　　　　售價：380元

　　「死亡」是所有來到這個世上的生物無可避免的宿命，而「老化」即是死亡前的必經過程。

　　除了身體的老化現象，本書以介於生與死之間的植物人、腦死為例，探究人體在生死之境會出現的變化，以及臨終前的迴光返照、瀕死體驗等目前科學上無法解釋的現象。而生物之所以會有壽命的限制，一般認為與「性別」有密切的關聯。將從生物種的壽命如何決定等各方觀點來看壽命的奧秘。

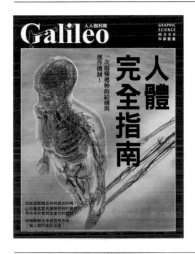

人人伽利略 科學叢書 21

## 人體完全指南
一次搞懂奧妙的結構與運作機制！　售價：500元

　　大家對自己的身體了解多少呢？你們知道每次呼吸約可吸取多少氧氣？從心臟輸出的血液在體內循環一圈要多久時間呢？其實大家對自己身體的了解程度，並沒有想像中那麼多。

　　本書用豐富圖解彙整巧妙的人體構造與機能，除能了解各重要器官、系統的功能與相關疾病外，也專篇介紹從受精卵形成人體的過程，更特別探討目前留在人體上的演化痕跡，除了智齒跟盲腸外，還有哪些是正在退化中的部位呢？翻開此書，帶你重新認識人體不可思議的構造！

人人伽利略 科學叢書 22

## 藥物科學
藥物機制及深奧的新藥研發世界　　　售價：500元

　　藥物對我們是不可或缺的存在，然而「藥效」是指什麼？為什麼藥往往會有「副作用」？本書以淺顯易懂的方式，從基礎解說藥物的機轉。

　　新藥研發約須耗時15～20年，經費動輒百億新台幣，相當艱辛。研究者究竟是如何在多如繁星的化合物中開發出治療效果卓越的新藥呢？在此一探深奧的新藥研發世界，另外請隨著專訪了解劃時代藥物的詳細研究內容，並與開發者一起回顧新藥開發的過程。最後根據疾病別分類列出186種藥物，敬請讀者充分活用我們為您準備的醫藥彙典。

★國立臺灣大學特聘教授、臺大醫院神經部主治醫師　郭鐘金老師 審訂、推薦

【 人人伽利略系列 23 】

# 圖解腦科學
## 解析腦的運作機制與相關疾病

作者／日本Newton Press
執行副總編輯／陳育仁
編輯顧問／吳家恆
審訂／郭鐘金
翻譯／陳朕疆
編輯／林庭安
商標設計／吉松薛爾
發行人／周元白
出版者／人人出版股份有限公司
地址／231028 新北市新店區寶橋路235巷6弄6號7樓
電話／（02）2918-3366（代表號）
傳真／（02）2914-0000
網址／www.jjp.com.tw
郵政劃撥帳號／16402311 人人出版股份有限公司
製版印刷／長城製版印刷股份有限公司
電話／（02）2918-3366（代表號）
經銷商／聯合發行股份有限公司
電話／（02）2917-8022
第一版第一刷／2021年02月
定價／新台幣500元
　　　港幣167元

國家圖書館出版品預行編目（CIP）資料

圖解腦科學：解析腦的運作機制與相關疾病／
日本Newton Press作；陳朕疆翻譯. -- 第一版. --
新北市：人人, 2021.02
面；公分. —（人人伽利略系列；23）
ISBN 978-986-461-231-4（平裝）
1.腦部 2.科學

394.911　　　　　　　　　　　109020200

## Staff

| Editorial Management | 木村直之 |
| --- | --- |
| Editorial Staff | 疋田朗子 |

## Photograph

| | | | | | |
| --- | --- | --- | --- | --- | --- |
| 8 | "Image by Tamily Weissman. The Brainbow mouse was produced by Livet J, Weissman TA, Kang H, Draft RW, Lu J, Bennis RA, Sanes JR, Lichtman JW. Nature (2007) 450:56-62", 國際電気通信基礎技術研究所脳情報研究所神経情報学研究室 | 48 | 理化学研究所 | 113 | John Hardy, 安友康博／Newton Press |
| | | 49～50 | 安友康博／Newton Press | 114-115 | MedicalRF.com/Getty Images |
| | | 51 | 理化学研究所 | 120 | 東京慈恵会医科大学附属病院 村山雄一 |
| 9 | 東京大学大学院医学系研究科 河西研究室, 自然科学研究機構生理学研究所 鍋倉淳一, 根本知巳, 生理学研究所心理生理学研究部門 | 54 | Granger/PPS通信社, Bettmann/Getty Images | 125 | 京都ブロメド株式会社 |
| | | 55 | Granger/PPS通信社, Granger/PPS通信社, Shutterstock.com | 130 | 国立精神・神経医療研究センター 功刀 浩 |
| | | | © Lipnitzki／Roger-Viollet /amanaimages | 137 | 群馬大学医学部 福田正人 |
| 17 | 自然科学研究機構生理学研究所 鍋倉淳一 | 60～62 | OHA 184.06 Harvey Collection. Otis Historical Archives, National Museum of Health and Medicine. | 141 | 【市販薬】i viewfinder/Shutterstock.com |
| 18 | 自然科学研究機構生理学研究所 鍋倉淳一, 和気弘明 | | | | 【買い物】William Potter/Shutterstock.com |
| 24 | 東京大学大学院医学系研究科 河西研究室 | 63 | Dr. Weiwei Men of East China Normal University(Reproduced by permission of Oxford University Press on behalf of The Guarantors of Brain.) | | 【恋愛】Marjan Apostolovic/shutterstock.com |
| 25 | 東京大学 河西春郎 | | | | 【ゲーム】sezer66/Shutterstock.com |
| 27 | 沖縄科学技術大学院大学 銅谷賢治 | | | | 【窃盗】Andrey_Popov/Shutterstock.com |
| 28 | Newton Press | 64-65 | Agencia EFE／アフロ | | 【仕事】Jacob Lund/Shutterstock.com |
| 33 | 京都大学情報学研究科 神谷之康 | 72 | 理化学研究所 脳神経科学研究センター | 142 | Daniel Jedzura/shutterstock.com |
| 35 | カリフォルニア工科大学 下條信輔 | 78 | AP／アフロ, Super Stock／アフロ | 143 | Alamy／ユニフォトプレス |
| 37 | 東北福祉大学, Science Photo Library／アフロ | 79 | アフロ, Super Stock／アフロ | 147 | Kosuke Tsurumi et al., Frontiers in Psychology (2014) |
| 42 | 小島真也／Newton Press | 82～83 | Courtesy of Bethlem Art & History Collections Trust | 152 | Alamy／ユニフォトプレス |
| 45 | 安友康博／Newton Press | 92 | 量研機構 放医研 | 161 | 情報通信研究機構脳情報通信融合研究センター 春野雅彦 |
| 47 | 理化学研究所・慶應義塾大学医学部 畑 純一 | 106～107 | 量研機構 放医研 | 171 | 東京大学大学院医学系研究科認知・言語神経科学分野 |

## Illustration

| | | | | | |
| --- | --- | --- | --- | --- | --- |
| Cover Design | 米倉英弘（細山田デザイン事務所）（イラスト：Newton Press） | | 1MWP, 1IYT, 5FN2 を元にそれぞれ作成） | 138 | Newton Press（credit②を加筆改変） |
| 1～2 | Newton Press | 94-95 | Newton Press（PDB ID: 3J2U を元に作成） | 139 | 黒田清桐, Newton Press |
| 3 | Newton Press（credit①）, 黒田清桐・Newton Press（PDB ID: 1IGT を元に作成） | 96-97 | 黒田清桐 | 140-141 | Newton Press |
| | | 98-99 | 木下真一郎 | 143 | Newton Press |
| 4～9 | Newton Press | 100-101 | Newton Press | 144～146 | Newton Press |
| 10～12 | 黒田清桐 | 102-103 | 黒田清桐・Newton Press（PDB ID: 1IGTを元に作成） | 148-149 | Newton Press |
| 13～15 | Newton Press | | | 150-151 | Newton Press（分子モデル：PDB ID EOH, ePMV(Johnson, G.T. and Autin, L., Goodsell, D.S., Sanner, M.F., Olson, A.J. (2011). ePMV Embeds Molecular Modeling into Professional Animation Software Environments. Structure 19, 293-303） |
| 24-25 | 小林 稔 | 104-105 | Newton Press（PDB ID: 1R1I, 4J71 を元にそれぞれ作成） | | |
| 26-27 | 富﨑 NORI | 106 | Newton Press | | |
| 28～35 | Newton Press | 108-109 | カサネ・治 | 155～161 | Newton Press |
| 38～40 | Newton Press | 110～111 | Newton Press | 162～169 | Newton Press |
| 46 | Newton Press | 116-117 | Newton Press | 170 | Newton Press, 黒田清桐 |
| 53 | Newton Press | 118-119 | Newton Press [credit②を加筆改変] | 172～175 | Newton Press |
| 56～81 | Newton Press | 120 | Newton Press | credit①： | 頭蓋骨のデータ：鶴見大学歯学部クラウンブリッジ補綴学講座 |
| 85 | Newton Press（credit①） | 121 | Newton Press | | |
| 86-87 | Newton Press | 122 | 佐藤蘭名 | credit②： | BodyParts3D,Copyright© 2008 ライフサイエンス統合データベースセンター licensed by CC 表示-継承 2.1 日本 [http://lifesciencedb.jp/bp3d/info/ license/ index.html] |
| 88-89 | Newton Press（credit①） | 123 | Newton Press | | |
| 90 | Newton Press [credit②を加筆改変] | 124 | 佐藤蘭名・Newton Press | | |
| 91 | Newton Press | 126～129 | Newton Press（credit②を加筆改変） | | |
| 92-93 | 木下真一郎・Newton Press（PDB ID: 1SGZ, | 130-131 | Newton Press（credit②を加筆改変） | | |
| | | 132～137 | Newton Press | | |